中国语言学论丛

江苏省社会科学基金项目（09YYB012）

[网络变异语言现象的认知研究]

吉益民 著

南京师范大学出版社
NANJING NORMAL UNIVERSITY PRESS

图书在版编目（CIP）数据

网络变异语言现象的认知研究/吉益民著. —南京：南京师范大学出版社，2012.10
（中国语言学论丛）
ISBN 978-7-5651-0902-7

Ⅰ.①网… Ⅱ.①吉… Ⅲ.①互联网络—变异（语言）—研究 Ⅳ.①H08

中国版本图书馆 CIP 数据核字（2012）第 177522 号

书　名	网络变异语言现象的认知研究
著　者	吉益民
责任编辑	崔　兰
出版发行	南京师范大学出版社
地　址	江苏省南京市宁海路 122 号（邮编：210097）
电　话	(025)83598919（传真）　83598412（营销部）　83598297（邮购部）
网　址	http://www.njnup.com
电子信箱	nspzbb@163.com
印　刷	兴化印刷有限责任公司
开　本	960 毫米×1304 毫米　1/32
印　张	10.875
字　数	313 千
版　次	2012 年 10 月第 1 版　2012 年 10 月第 1 次印刷
书　号	ISBN 978-7-5651-0902-7
定　价	29.00 元
出 版 人	彭志斌

南京师大版图书若有印装问题请与销售商调换
版权所有　侵犯必究

序

益民托我给他主持的江苏省社会科学基金项目研究成果写序,我尽管工作繁忙,但念及师生情谊,还是欣然应允了。收到他寄来的书稿后,我断断续续地用了三个月的时间才看完。拜读以后,感到益民从福建师大研究生毕业以后,在学术研究上毫不懈怠,不断探索,已经取得了很大的进步。

我们经常看到一条广告语:"世界触手可及。"真的,互联网已经成为当今社会一个非常重要的社会现象和社会存在,因此,运行于其中的网络语言也受到人们的高度重视。益民以其敏锐的学术眼光,把自己的学术研究定位于新兴网络社会生活中的语言变异研究,选题具有一定的创新价值和现实意义。

《网络变异语言现象的认知研究》以新兴网络语言为研究对象,以广义认知语言学理论为研究手段,系统考察探究了网络虚拟交际平台上有别于现实语境的种种变异语言现象,包括网络新创各种交际符号、传统既定构式的变异用法、表达风格变异,以及动态言语交际变异等。纵览全书,我认为有以下几点是值得肯定的:

一是研究领域的拓展深化。对网络变异语言现象做如此广泛而深入的研究是本书的一大亮点。因为,就目前国内相关研究来看,系统性研究基本上还停留在描写分析阶段,有关网络变异语言的理据性探究还是空白。因此,益民在综合考虑现有研究及其局限的基础上,将异质性网络变异语言现象纳入考察研究范畴，运用广义认知语言学理论进行多维透视，系统全面地阐述了网络变异语言现象的表现形态及其生成动因。相关研究成果既拓展了学科研究视野，也深化了人们对网络语言的认识。

二是理论运用新颖科学。在研究过程中，益民能够独辟蹊径，将具有跨学科性质的广义认知语言学理论作为理论基础与研究方法。所运用的理论并不局限于一般常规认知语言学理论，诸如范畴化、意象图式、隐喻转喻、概念合成、象似性、语用关联等理论，而且还包括模因论、后现代主义、社会认知情境与文化心理等在内的具有跨学科性质的综合性认知语言学理论，充分体现出认知语言学并非单一理论，而是一种研究范式的先进理念。该理论与异质性网络语言研究具有较高的适配性，便于开展跨学科交叉型研究和学科内外统摄性研究，可以提升学科研究解释力，对相关问题的探究具有正本清源的作用。理论运用对当代语言学研究具有一定的启示意义与借鉴价值。

三是研究内容翔实缜密。全书将理论阐释建立在相关语言现象的描写分析基础之上，援引了大量网络语言变异语料，力避泛泛而论，所得出的研究结论有迹可循，理据充分。每章内容均按"引言—理论简介—主体研究—小结"程序进行编排，条理清晰，重点突出。此外，为了直观显示网络语言的变异状况及其生成理据，作者在书中还配置了大量图表以辅助相关说明，体现出作者具有很强的材料分析能力和处理能力。

当然，诚如作者所言，"任何研究都是认识上的一偏，是旧问题的终结，也是新问题的肇始，我们无法为其画上休止符"。用注重心智探究和意义阐释的认知语言学理论来探究复杂多变的网络语言，其中困难可想而知，存在不足也在所难免。就此而言，书中仍有部分内容需要进一步斟酌完善，如网络语言动态经济性变异问题、语音变异中的隐喻转喻问题、非范畴化变异的类型问题等。此外，若从宏观研究的整体规划角度看，语料库建设当是开展相关研究的必要前提，建议作者在后续研究中能够尽快启动这一工作计划,且最好能够将其建成可以随时更新完善的动态在线语料库,以便于动态观察和适时采用。

总体来看,益民所主持的该项研究已经取得了极大成功,选题科学,理论新颖,方法得当,资料翔实,语言流畅。相关研究充分显示出作者具有高超的学术驾驭能力和语言表达能力。对复杂多变的网络语言做出如此全面而合理的阐释,使该书具有了很高的学术价值,定为学界所赏识,为读者所喜爱。

士别三日,当刮目相看。益民离校后所取得的学术成就,令人欣慰。由衷希望他能以此为基础,在学术大道上继续阔步前进!

是为序。

于福州炳仙斋

2012年4月18日

前　言

互联网发展至今,其对现实社会所产生的影响似乎怎么评价都不为过,诸如"数字化生存"、"新生活范式"、"意见自由市场"、"人性开放实验室"、"社会变革发动机"等等,不一而足。而美国麻省理工学院建筑与规划学院已故院长威廉·米切尔在其《比特之城》中曾经断言:"如果你根本不联网——即带宽为零,你就成了数字化隐士,一个电脑化空间的自我放逐者。网络创造了新的机会,但游离于网络之外正成为边缘化的一种新形式。"[①]互联网已经渗透到当代人类社会生活的每一个角落,成为我们无法回避与逃遁的生存魔域。数字化生存使我们成了网络软城市中的"电子人"(cyborg),E时代中的E人类(E-human),社会学意义上的"网络公民"(netizen)。显然,互联网已经成为当今社会一个极其重要的社会现象和社会存在,或者说是一种特殊的社会形态。这种社会形态与现实社会有着千丝万缕的联系,基于现实又高于现实,是现实社会的映射与翻版,又是现实社会的拓展与延伸。

鉴于网络社会形态日渐成型,以及语言与社会之间的依存共变关系,本书便将研究重点定位于新兴网络社会生活中的语言变异研究。基本研究构想是,互联网发展迅猛,目前已经成为人类极其重要的社会活动场域,运行于其中的语言符号具有创新求变特点,"源发于网络,迥异于传统,了无规则,随意之极,'我的语言我作主',甚至刻意求新、求异、求变,

---

① [美]威廉·J.米切尔.1995.比特之城:空间·场所·信息高速公路:19.范海燕,胡泳,译.1999.生活·读书·新知三联书店.

兼收并蓄,海纳百川,无可无不可。语言不再仅仅是人际交流的工具,而且成为一种任由个人摆弄的玩具"①。变异性已经成为新兴网络语言的重要特点,理应成为当代语言学研究所受重点关注的对象。因此,本书便将新兴网络语言纳入研究范畴,重点考察探究网络虚拟交际平台上有别于现实语境的各种变异语言现象,包括网络新创各种交际符号、传统既定构式的变异用法、表达风格变异,以及动态言语交际变异等。具体研究对象定位于两个层面:一是静态研究,着重考察分析网络语言在语音、词汇、句法和表达风格等语言系统内部因素方面的变异特点及其生成理据,尤其是网络语言词汇变异的特点与动因;二是动态研究,着重对网络语境中的言语交际进行认知语用分析,分别从交际语境、话语策略、言语行为、会话原则、话轮转换、语用顺应等方面来考察探究网络言语交际过程中的诸多变异现象及其功能动因。

将广义认知语言学理论作为本书研究的理论基础与研究方法,主要是出于对其先进理念与工作方法的一种认同。因为人类语言系统并不是一个封闭、自足、一成不变的形式系统,而是与宏观人类社会文化环境不断进行能量交换的矛盾复综体。新兴网络变异语言现象并不是偶然的、孤立的形式技艺,潜层次上乃是受控于人类的认知特点与概念结构。因此,对网络语言种种变异现象的探究必须要深入到其所赖以存在的广义认知层面,方能揭开其中奥秘。此外,适配性与解释力是衡量理论运用可行性的最高标准。运用广义认知语言学理论来探究新兴网络交际平台中的变异语言现象满足了这一标准,而且也顺应了当今语言学研究的最新走向,即跨学科交叉型研究和学科内外语言、认知、社会和文化的统摄性研究。

本书研究内容共分九章。根据研究对象与研究思路,大致分为三部分。第一部分即第一章,为本书研究的总论,分别介绍和阐述了互联网与

---

① 参见:网络语言来历.百度知道,http://www.zhidao.baidu.com/question/149150213.html.[2012-03-21].

语言变异、研究现状与发展趋势、理论基础与研究方法等问题。其中"互联网与语言变异"着重阐述了互联网与语言变异之间的内在关联及其表现;"研究概况与发展趋势"总结了网络语言的研究现状,概括成绩,指出不足,提出发展方向,并勾勒了本书的研究框架;"理论基础与研究方法"重点介绍了认知语言学的理论特点与理论体系,并着重就广义认知语言学理论特点作出说明,指出相关理论,不仅包括范畴化、意象图式、隐喻转喻、概念合成、象似性、语用关联等狭义认知语言学理论,而且还包括模因论、后现代主义、社会认知情境与文化心理等在内的具有综合性特征的广义认知语言学理论。广义认知语言学理论便于开展跨学科交叉型研究和学科内外统摄性研究。第二章到第六章为本书研究的第二部分,属于狭义认知语言学研究范畴。分别运用了认知经济性、隐喻转喻、象似性、非范畴化和认知语用等理论来探究发生在网络语境中的种种变异语言现象。其中,认知经济性研究属于统领全局的宏观研究,着重考察分析了网络语言超经济性变异的表现形态及其生成动因。经研究发现,简化符号与模态衍生是其主要表现形态,相关变异本质上受控于人类的认知表达经济性。隐喻转喻研究强调了隐喻和转喻是人类特有的一种思维方式和认知工具,人类的概念系统和语言系统本质上具有隐喻转喻性。网络语言变异,从跨域映射角度看,乃是一种隐喻转喻性变异,该类变异分布于网络语言符号建构与运用的不同层面上。象似性研究首先对象似性变异原因作出说明,即虚拟在场交际需要尽力弥补现实交际空间中的主体缺场,于是具象化映象符和示意符应运而生。其次,系统考察分析了发生在网络交际空间中的象似性变异,将其细分为象声符号、象形符号和象意符号三种类型分别说明。最后,分别从认知情境再造、思维返璞归真与文化视觉转型三个角度分析了网络语言象似性变异的深层动因。非范畴化研究首先指出该理论能够给所谓的"杂质语言"以应有的研究地位,对相关语言现象具有很强的解释力。这一理论尤其适合复杂多变的网络变异语言现象研究。其次,分别考察分析了网络语言形态和语义功能方面的非范畴化变异概况。最后,就非范畴化变异的功能动因作出说明,即身份认同、娱乐功能和批判功能。认知语用研究主要考察探究了发生在 IRC 交际空间中的言语交际动态变异情况。研究发现，IRC 会话变异分布于会话结构、会话主题与会话语言等不同层面上。相关变异虽与"键谈"、"写话"和"读话"的交际方式有关，但本质上乃是交际主体为了实现特定交际目的和交际意图而做出的主观选择，内蕴协商性、变异性与顺应性，体现的是在特定语境和不同意识程度影响下的一种动态变化过程。第三部分由最后三章组成，分别从模因论、后现代主义和社会认知情境与文化心理等角度考察分析了相关变异语言现象，属于广义认知语言学研究范畴。该部分是跨学科交叉型研究和学科内外统摄性研究的具体实践。其中模因论研究着重考察探究了网络语言变异模因的类型及特点，并就变异模因的运作程序与运作机制作出认知阐释。第八章将网络变异语言现象纳入到后现代主义理论视阈中进行考察探究，使语言变异的形式分析与生成理据的哲学阐释有机结合起来，而贯穿其中的则是后现代主义的认知特点与思维模式，即崇尚多元差异、反理性主义、反逻各斯中心，乃至反一切封闭僵硬的思想体系。这种认知思维特点对网络语言符号的解构性变异具有一定的导向作用与推动作用。第九章重点探究了网络语言暴力的表现形态和运作机制，以及所折射出的社会认知情境与文化心理动因。首先指出，网络语言暴力体现的是一种风格变异，这种风格变异与网络社会认知情境以及交际主体的心理变化密切相关。然后将相关变异现象分别纳入到人格三重论、"沉默的螺旋"、拟态环境论和碎片化理论等理论框架中进行多维透视，较为全面而深刻地揭示出网络语言暴力性风格变异的深层动因。

通过对网络变异语言现象及其生成理据的考察探究，本书得出如下结论：以往研究偏重于语料收集与形式分析，理据探究不足，而将网络语言变异简单地归因于交际媒介的技术革新也显得不够科学。事实上，媒体技术上的进步只是促发交际工具发生变异的外因，本质上还需要通过交际主体的内因起作用。互联网为人类创造出更为复杂多变的认知环境，对人类的生存方式与思维方式产生重要影响，这种影响表现在交际工具上就是大批变异语言符号的产生与流行。语言交际工具的变异实质上是交际主体对外界认知环境变化的一种调适与顺应,因此,要想揭开网络语言变异之谜,必须要深入探究网络认知情境对交际主体所产生的影响,尤其是交际主体认知心理层面所发生的变化。

当然,运用广义认知语言学理论来探究新兴网络变异语言现象仍有一些难题无法有效解决。其困难主要来自于两方面:一是网络语言复杂多变,为相关研究增添了难度。"它似乎永远处于一种变化的状态,缺乏先例,寻找着标准,探索着自己发展的方向。大概唯一能够确定的就是人们无法确定将会发生什么"①。戴维·克里斯特尔的评价一语中的,精辟地概括出网络语言的本质特征。互联网在让我们获得无限自由的同时,也将我们置于杂乱无章的混沌之中,没有常规,没有标准,一切都处于流变与暂存之中。而科学研究则要求研究对象能够相对稳定,以便于研究人员锁定目标,进行深入细致的观察分析。显然,流变中的网络语言并不是理想的研究对象,所得出的研究结论往往要冒落后过时或以偏概全的风险。二是理论运用的局限。认知语言学在当代语言研究过程中已呈现出一定的理论优势,但这一理论及其运用也并非无懈可击,理论局限典型地表现为理论目标与实际应用仍有距离。因为,认知语言学信奉经验主义认知观,是一种崇尚主观心理探究和概念意义阐释的新理论,而所有这一切都必须要深入到人类认识"灰箱"中去谈问题,这无疑为相关研究设置了重重障碍。如何做到阐释的合理充分,应该是我们需要考虑的问题,显然,目前我们还没有做到这一点。对于复杂多变的网络语言来说,运用认知语言学理论作为研究方法,其难度可想而知,这也正是现有研究少有涉及的重要原因。之所以不避艰难,仍坚持运用广义认知语言学理论来透析和探究相关语言现象,主要是基于这样一种认识:即从本质上来看,网络变异语言现象仍是一种人造符号现象,具有"惟人参之"的特点。表

---

① [英]戴维·克里斯特尔.2001.语言与因特网:12.郭贵春,刘全明,译.2006.上海科技教育出版社.

层纷繁复杂的语言现象折射出的正是交际主体的一种主观认知能动性。换言之,表层网络语言现象和人类深层思维运作可以互为观照,进行双向考察。因此,如果说研究中还存在一定问题,那只能是研究者的能力和水平有限,而无关乎理论与方法的选择。

从科学研究规律角度看,相关研究存在漏洞与问题亦属正常现象,因为,受限于各种主客观条件,我们所进行的任何研究都是认识上的一偏,是旧问题的终结,也是新问题的肇始,我们无法为其画上休止符,而人类认识上的进步正是在问题的不断求解中得以实现的。维柯《新科学》英译者的引论中转引了塞涅卡的看法,"许多新发现都留给将来的各时代,那时人们会已把我们忘记了。世界如果没有提供全世界每个时代去研究的课题,那么,这个世界也就贫乏得很可怜了。"[1]由此可见,学术研究的价值不仅在于解决问题,还在于引出问题,以待日后发现问题,并开始新一轮的问题求解。该研究若能收到如此效果,亦算无憾!

---

[1] [意]维柯.新科学(上):36.朱光潜,译.2006[1986].安徽教育出版社.

目 录

序（林玉山） ……………………………………………………… 001
前 言 ……………………………………………………………… 001
第一章　绪　论 …………………………………………………… 001
　　一、互联网与语言变异 ……………………………………… 002
　　二、研究概况与发展趋势 …………………………………… 019
　　三、理论基础与研究方法 …………………………………… 022
第二章　认知经济性与网络语言变异 …………………………… 033
　　一、认知经济性理论概说 …………………………………… 034
　　二、网络语言变异中的超经济性 …………………………… 037
　　三、网络语言超经济性变异的认知阐释 …………………… 050
第三章　隐喻转喻理论与网络语言变异 ………………………… 055
　　一、隐喻转喻理论概说 ……………………………………… 056
　　二、网络语言变异的隐喻阐释 ……………………………… 061
　　三、网络语言变异的转喻阐释 ……………………………… 089
第四章　象似性理论与网络语言变异 …………………………… 096
　　一、象似性理论概说 ………………………………………… 097
　　二、网络语言符号的象似性变异 …………………………… 100
　　三、网络语言符号象似性变异的认知阐释 ………………… 112
第五章　非范畴化理论与网络语言变异 ………………………… 127
　　一、非范畴化理论及其应用价值 …………………………… 127
　　二、网络语言非范畴化变异的类型及特点 ………………… 129

　　　　三、网络语言非范畴化变异的功能动因……………… 145
第六章　认知语用学理论与IRC会话变异……………………… 152
　　　　一、认知语用学理论及其应用价值……………………… 153
　　　　二、IRC会话变异特点分析……………………………… 156
　　　　三、IRC会话变异的认知语用阐释……………………… 183
第七章　模因论与网络语言变异………………………………… 199
　　　　一、模因论概说…………………………………………… 199
　　　　二、网络语言变异模因的类型及特点…………………… 205
　　　　三、网络语言变异模因的认知阐释……………………… 236
第八章　后现代主义与网络语言变异…………………………… 254
　　　　一、后现代主义及其语言观……………………………… 254
　　　　二、网络语言变异中的后现代性………………………… 260
　　　　三、网络语言后现代性变异的认知阐释………………… 284
第九章　社会认知情境与网络语言暴力………………………… 290
　　　　一、社会认知情境及其新表现…………………………… 291
　　　　二、网络语言暴力及其运作模态………………………… 292
　　　　三、网络语言暴力成因的多维考察……………………… 306
参考文献………………………………………………………… 325
后记……………………………………………………………… 330

图表目录

图 1-1　中国网民规模与普及率(CNNIC 第 29 次报告) …… 005
图 1-2　手机上网网民规模(CNNIC 第 29 次报告) ………… 005
图 1-3　2010.12～2011.12 网民年龄结构(CNNIC 第 29 次报告)
　　　　……………………………………………………… 006
图 1-4　中国知网题名含有"网络语言"文章数统计(2002～2011)
　　　　……………………………………………………… 021
图 2-1　QQ 聊天工具自带拟像图谱例析 ………………… 045
图 3-1　BBS 交际用语隐喻建构示意图 …………………… 062
图 3-2　网络 BBS"盖楼—发帖"认知模型示意图 ………… 066
图 3-3　网络 BBS"灌水—发帖"跨域映射示意图 ………… 067
图 3-4　"果酱"(过奖)语音隐喻建构示意图 ……………… 072
图 3-5　数字网语"1314"隐喻意义的构建 ………………… 074
图 3-6　施喻者与受喻者之间的差异 ……………………… 075
图 3-7　"1314"数字谐音隐喻的建构与解读 ……………… 075
图 3-8　"RZ"谐音歧义喻指现象 …………………………… 077
图 3-9　"食物"系列语音隐喻映射示意图 ………………… 079
图 3-10　"杯具"词句家族建构示意图 ……………………… 080
图 3-11　"杯具—悲剧"谐音隐喻跨域映射示意图 ………… 081
图 3-12　"杯具"相关语词的衍生路径 ……………………… 081
图 3-13　"杯具"语句的双层隐喻关系示意图 ……………… 083
图 3-14　"茶几—人生"母喻及其子喻映射示意图 ………… 084

图 3-15	语音造词机制图解	086
图 4-1	认知语言学家对皮尔斯的符号分类	099
图 4-2	古埃及的象形文字	120
图 4-3	汉字建构中的叙事性文学技巧	121
图 4-4	网络会意字"嬲"的叙事性建构	122
图 4-5	恋人之间浪漫情怀的意象表达	126
图 5-1	范畴化的动态运作机制	128
图 5-2	"被自杀"非范畴化变异机制图解	139
图 6-1	"迷你聊天"页面功能区结构示意图	158
图 6-2	网络聊天语篇多线话轮变异分析	167
图 6-3	单线会话嵌套话题结构示意图	171
图 6-4	FTF 会话中单话题切换模式	172
图 6-5	语用理论结构示意图	191
图 7-1	幂姆模仿机制图	202
图 7-2	网络字符画建构例图	212
图 7-3	变异模因"囧"的复制与传播路径	234
图 7-4	信息加工的一般模型	245
图 7-5	"自主—依存分析框架"运作机制	249
图 8-1	字符画建构示例图	275
图 9-1	网络舆论暴力形成与发展的传播规律	314
表 3-1	秘鲁作家略萨获得 2010 年诺贝尔文学奖网络跟帖片段	063
表 3-2	"灌水"家族隐喻建构分析表	067
表 3-3	"人生—杯具"隐喻跨域映射分析表	085
表 3-4	专名代泛称转喻建构分析表	093
表 4-1	东西方表情符号比较	108
表 4-2	网络同体象意字符分析表	111
表 4-3	网络异体象意字符分析表	111

表4-4	甲骨文、金文与楷书对照表	120
表5-1	网络语言重新词汇化类型分析表	130
表6-1	言语与书写的区别	156
表6-2	聊天组语言与口语和书面语比较表	158
表6-3	网络聊天语篇单线话轮变异分析表	164
表6-4	搜狐小纸条聊天室自带"表情符"类型	179
表7-1	竖式与横式网络表情符号分析表	211
表7-2	"被X"建构类型及其模标变体	216
表7-3	"很X很XX"建构类型及其模标变体	217
表7-4	概念性建构与修辞性建构比较表	219
表8-1	字母词解构类型分析表	269
表8-2	网络经典解构分析表	283
表9-1	现实语境与网络语境人格心理结构对照表	308

第一章 绪 论

  计算机和互联网技术的飞速发展使人类的信息传播和交流模式发生了深层变革,对其所使用的语言工具也产生了重大影响。一方面,语言作为信息载体总是能够快速充分地反映出现实社会生活中所发生的种种变化。网络时代的到来,为人类拓展出一个有别于现实社会的另类虚拟生存空间。在此空间中,人类的生存方式、思维方式和交流方式都发生了巨大变化,这些变化都不可避免地会在人类所使用的语言工具层面留下烙印,从而呈现出变异性特征。另一方面,新兴传媒技术上的进步必然会对信息传播载体产生影响。从技术层面上看,网络语言是网络特殊环境的产物,与网络交际的技术性语境密不可分。就像人类的信息交流曾从口耳相传发展到纸笔书写,再发展到铅字印刷一样,每一次技术上的进步都会对语言符号的运用及其变化产生一定影响。信息时代中的键盘敲击、屏幕显示与在线传输属于新一轮信息传播模式的变革,这一变革催生出网络语言。从形式上看,网络语言是一种语言文字,但实际上是经过技术化处理的语言形式,是建立在数字化技术基础之上对日常语言的一种重塑与再造,变异性是其重要特点;从理据层面看,技术上的进步只是诱发相关语言发生变异的外在因素,起决定性作用的还是"人"的因素,即广大网民的主观认知能动性。鉴于变异性已经成为当代网络语言的重要特征,且产生变异的动因又具有一定的复杂性,因此考察探究网络传播交际平台上的语言变异现状及其深层理据理应成为当代语言学研究的一个重要课题,以确保学科研究与时代同步,与现实生活接轨。

一、互联网与语言变异

(一) 网络社会的形成

以计算机和互联网技术发展为核心的当代信息科技革命将人类带进了全球化网络信息时代,网络社会就是在这一时代中出现的一种新型虚拟世界,亦称"赛博空间"(Cyberspace)。该词是控制论(cybernetics)和空间(space)两词的组合,由加拿大科幻小说家威廉·吉布森(William Gibson)首创,并在其后来的小说《精神漫游者》(Neuromancer)中被普及,意指存在于计算机以及计算机网络里的虚拟现实。从本质上看,这一空间不是现实中的物理空间,而是一种概念空间或数字空间,是"技术结构"和"人机结构"并联互转而生发的一种特殊社会活动空间。关于这一特殊社会形态的形成过程,曾令辉(2009)将其分为三个阶段,即"类社会式"原始社会→古代"城邦"或"广场"式社会→"社区式"社会[①]。互联网由最初的工具性和空间性存在形式发展成为一种社会性存在形式,分别经历了以 e-mail(electronic mail,电子邮件)为标志的个体间交流活动、以 BBS(Bulletin Board System,电子公告板)为标志的网络群居生活方式、以在线聊天为标志的网络虚拟交往活动、以虚拟社区为标志的功能齐全社会形态等不同阶段。其发展历程彰显了这一特殊社会形态的生成条件,即网络空间中人的大量存在及其在实践活动中所形成的相互联系和关系。因为,从人的社会关系角度考察,网络社会就是通过网络联系在一起的各种关系聚合的社会系统,其中包含着个人与个人、群体与群体以及个人与群体之间的互动关系。网络社会本质上具有"技术—社会"相互关联的双重结构特性,是建立在信息技术基础之上的一种特殊社会形态,网民是其社会成员。

这种具有社会特性的虚拟空间"具有诸多社会功能,既重新装配着现

---

① 曾令辉.2009.网络虚拟社会的形成及其本质探究.学校党建与思想探究,(10).

代的社会程序、全球性的政治结构,刺激着符号经济或信息经济的发展,也促进着人类的社会实践和日常生活日益由现实空间转向赛博空间"①。发展至今,这一虚拟空间不仅极大地改变了人类的生存方式,而且也深刻地影响着人类对客观存在的认识。在赛博空间中,互联网改变了传统认识对象的纯粹性,打破了真实世界中对立统一的哲学范畴,实现了主客体之间的互动、交流与反馈。每一个网络参与者均不再是单纯的主体或单纯的客体,而总是处于一种主体交变的环境中。信息的发送、处理和接受方式发生了显著的变化,人际交往的空间得到了前所未有的拓展,人的超前意识和创新思维被充分激活并得到最大限度的发挥,因此,赛博空间不仅使人类获得了一种认识世界的新工具,而且还极大地改造了人类的认知思维模式。

从社会学角度看,虚拟社区是网络社会的基本结构单元,网络社会就是建立在形式各异的虚拟社区活动基础之上的。这些虚拟社区主要包括BBS/论坛、贴吧、公告栏、群组讨论、在线聊天、交友、网络游戏、个人空间、个人博客、无线增值服务等形式在内的网上交流空间。② 所谓虚拟社区,是指"存在于和日常物理空间不同的电子网络空间(Cyberspace),社区的居民为网民(Netizen),他们在一定的网际空间围绕共同的需要和兴趣进行交流等活动,并且形成了共同的文化和对社区的认同感和归属感"③。虚拟社区居民是指登录社区浏览帖子或者发表言论的网民,同一主题的网络社区可以集中具有共同兴趣的访问者。社区的主要活动是交流,包括利用网络平台进行信息交流、观点交流、情感交流等。尽管网络社区形式各异,活动有别,但作为网络社会的有机组成部分,不同社区仍有其共同本质特征,即"虚拟社区的关键要素是群体、相互交流、网络空间和共同目标。虚拟社区是一种群体关系,可以是个人之间、个人与群体或

---

① 张之沧.2004."赛博空间"释义.洛阳师范学院学报,(3).
② 参见:网络社区.百度百科,http://baike.baidu.com/view/102897.htm.[2012-08-21].
③ 丁连红,时鹏.2008.网络社区发现:22.化学工业出版社.

从年龄结构来看,最新统计数据显示,2011年10～39岁年龄段的网民仍是我国网络社会的主力军,其中30～39岁的网民数量有了明显提升。变化情况如图1-3所示。活动在网络社会中的年轻网民具有自主、开放、包容、求变等诸多特点,思想活跃,蔑视传统,挑战权威,崇尚创新,为网络社会生活注入了新的活力,也为网络语言生活的创新求变提供了思想资源和智力基础。因此,从总体来看,当代中国网络社会生活中的语言游戏规则仍然是由年轻网民策划并掌控的。

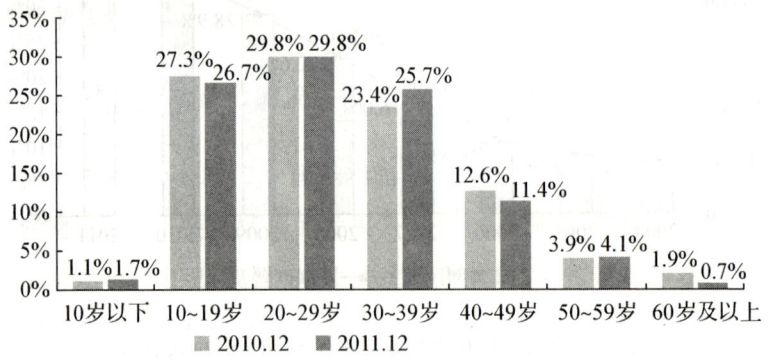

图1-3　2010.12～2011.12网民年龄结构(CNNIC第29次报告)

就当代中国最具活力的言论类网络社区建设来看,在中国网络生活价值榜(该价值榜由《新周刊》联合业界和网民评出)中,"天涯社区"和"新浪微博"曾先后当选2009～2011年度言论类最有价值网站,其上榜理由分别是:

以全球华人网上家园为目标,它的议题设置能力来自网络公民的信任、参与和表达意识。这里自发生成了最多的草根明星、最具时代气息的天涯剧和最直率的话语场。针砭时弊有真知灼见,风花雪月又雷人无数。它形成了互联网界绝无仅有的"天涯教";有自己的呕像、雷点、囧话语。

——天涯社区(2009中国网络生活价值榜)

它是"围脖",它制造了"围脖控",它成了最时髦的互联网身份证。人人都能发言,人人的发言都有人在听。在围脖上,关注一位脖友是一次投票,赢得一位粉丝是一次当选,转发一条围脖是一次赞美教育,评论一条围脖是加入聊天。在围脖上,一呼百应,一帖百评,一帖千转,信息裂变式传播,你能感受到社会并不如我们想象中冷血:人心未死,就算微博,也是媒体;就算微博,也是心跳;就算微博,也是力量。

——新浪微博(2010 中国网络生活价值榜)

这个拥有超 2 亿网民、每天发言超 7 500 万条的华语议会厅,是中国首页、民意晴雨表和开放温暖的全球第二大微博平台。这个"测试版"的平台是真实中国的深剖面,聚合了各种声音,同时催生随手拍照解救乞讨儿童、拯救尘肺病人和爱心衣橱等义举。人们说,打开电视看见一个中国,打开微博又看见一个中国。

——新浪微博(2011 中国网络生活价值榜)

这种提名、遴选与评价在一定程度上也反映了当代中国网络社会生活的发展状况。"天涯社区"和"新浪微博"已经成为当代中国网络社会发展状况的缩影,即网络社区建设已经初具规模,服务平台形式多样,功能齐全,社会影响力不断提升。其中社交类应用得到了较快的发展。据 CNNIC 统计,截至 2011 年底,我国社交网站、即时通信、博客/个人空间和微博用户分别达到 2.44 亿、4.15 亿、3.19 亿和 2.5 亿,诸如网络论坛、BBS、博客、贴吧等已经成为当代网民的主要活动空间。活动内容中,既有较为严肃的"针砭时弊",以展现当代网民的社会关怀意识;又有较为务实的资讯服务和人际交流,以实现网络时空中的资源共享与心灵沟通;还有较为轻松的休闲娱乐,以缓解现实社会生活中的种种压力。互联网已经成为当代现实社会之外的另一个重要的生存寓所和精神家园。

总体来看,随着信息技术的快速发展与普及,我国网民数量也呈现出较快的增长态势,由 1997 年的 62 万发展到 2011 年的 5.13 亿,网络社会的居民已经有了一定的规模。"'比特之城'已渐成现实,分布、开放、互动、共享,从互联网特质变成了人类生活和价值观的特质。"①互联网的综合服务功能日益凸显,它能够满足人类衣食住行、文化资讯、交际沟通、消费交易等各方面的需求,一个全新的虚拟社会活动场域正在全面形成。《新周刊》就此认为"互联网是真正的'以人为本',是人性的延伸,是迄今人类最好的发明之一,是中国人收到的最好的礼物。从社会正义到社区重建,没有网络,不可想象"。它"让人回到说人话、做人事的状态。网民议政、人肉搜索、虚拟生活社区脱颖而出,电子商务改写了人类传统交易方式。……网民才是真正的内容制造商,他们从看客变成演员"。②此番评价表明,网络媒介对当代中国社会生活的影响是全方位的,从物质生活到精神生活,人们对这一新兴活动空间的依赖性不断增强。而随着当代中国社会生活网络化进程的不断推进,传统现实人际关系也受到强烈挑战。人们惧怕孤独,渴望交流,期盼从虚拟的网络世界中寻求到心灵慰藉与精神寄托。因此,当代中国网络社会中的人际交往仍是其主流形态,相应的言语交际模式的变化及其所反映的认知特点和心理动因理应成为本书所要关注的重点问题。

(三)网络社会的特征

计算机和互联网技术的发展与应用改变了人类的生存状况。其在现实世界之外又建构起一个特殊的虚拟世界,一个随着信息技术不断进步和网络世界整合程度不断加深而变得日益复杂的虚拟世界。这一世界的形成使游弋于其中的网民体验到别样的生存空间和人生际遇,现实世界中的时空观受到强烈挑战。"地域性解体脱离了文化、历史、地理意义,并重新整合进功能性的网络或意向拼贴之中,导致流动空间取代了地方空间。当过去、现在与未来都可以在同一则信息里被预先设定而又能彼此互动时,时间也在这个新沟通系统里被消除了。流动空间与无时间之时间乃是新文化的物质基础,超越并包纳了历史传递之再现系统的多种状

---

①② 2009 中国网络生活价值榜.新周刊,2009-10-15.

态:这个文化便是真实虚拟之文化,假装便是相信造假。"①卡斯特的此番评价道出了互联网对人类交际演变的重要影响:一方面,新兴网络传媒正在重构人类的生存空间与交际空间,使其由常态与恒定走向流变与暂存;另一方面,它也在重新定义信息的生产和消费周期,及时性与交互性是网络信息传输的重要特点,生产和消费趋于"零时差"。总体而言,网络社会的特征主要有以下三方面。

第一,虚拟性。互联网为人类提供了在现实世界之外的另类生存空间,一个虚拟的人造世界。它在拓展了人类生存空间的同时,也极大地改变了人类的生存样态。活动在网络虚拟社会中的公民都隐去了其现实社会的真实身份,虚拟网名和IP地址是其统一身份标识。网民还可以根据主观需要自定义虚拟交际角色,以"消解在传统真实社区中的角色所承载的现实价值和规范体系"②。"由于网络的虚拟性、匿名性,一组代码或一个符号便可以成为身份角色的维持物,使网民拥有自由选择决定自己性别、身份、角色、背景和经历等方面相对宽松的权利。网络社会能提供一个突破和超越现实社会种种局限的人性化生存空间,人们可以隐匿自己的真实姓名、性别、年龄和身份,按照自己的想象和理解,创造另一个全新的虚拟的自我网络空间。"③这种网络交际的虚拟性必然能够带来交际过程中一定程度的自由性、平等性与真实性。网络交际过程脱离了现实社会的种种规约与束缚,成为一种可以直陈观点和发布意见的主渠道,一种宣示作为公共领域最基本的个体存在的重要标志。"在时空合一的电子化情境下,虚拟主体自由地进行着电子式对话,重新定义着自己与他人的关系。网络技术成为重构和形塑人类现代社会生活

---

① [美]曼纽尔·卡斯特.2000.网络社会的崛起:465.夏铸九,等,译.2001.社会科学文献出版社.
② 田钦.2010.网络公共领域的新特征.福建论坛(人文社会科学版),(2).
③ 张嘉友,徐云峰.2011.网络社会人际关系与伦理道德探究.西南民族大学学报(人文社会科学版),(9).

方式的一种工具。"①人们在交流过程中可以不必考虑现实社会生活中所有的背景因素,以一组虚拟代码和符号标识代表个体存在,以拆卸现实枷锁,实现真正意义上的自我体验、个性张扬与自由交流。

第二,平等性。美国麻省理工学院教授尼葛洛庞蒂(1995)认为,数字化生存使"传统的中央集权的生活观念将成为明日黄花"②,相对于现实社会中金字塔式的科层制的权力关系而言,网络空间中的所有网民在权力上是平等的,他们摆脱了传统媒介信息过滤和意见"把关人"的限制与束缚,能够就社会公共问题自由表达自己的观点和意见。网络媒体已经为广大网民搭建起一个网络公共空间,一个真正意义上的"观点自由市场","去中心化"是其重要特点。尼葛洛庞蒂就此评价说"我的乐观主义更主要地是来自于数字化生存的'赋权'本质"③,在网络世界中,所有人都自由平等,网络赋予所有网民相等的权力,它打破了传统舆论监督的行政制约,"让弱小孤寂者也能发出他们的心声"④。网络媒体在给"弱小孤寂者"赋权的同时,也在取缔传统大众传媒中"意见领袖"的地位。网络媒体在消解传统社群中少数人的信息优势和价值优势的同时,实际上是在做权力分散的工作,为更多人发布信息提供了前所未有的廉价资源和各色舞台,使网络社会中的所有网民都能享有自由平等的话语权。

第三,交互性。所谓交互性,是指在网络交际过程中,参与者能够通过多种输入输出方式与系统或者其他参与者在一定程度上进行直接双向交流的特性。表达者发出讯息后需要通过接受者的反馈来确认信息传输的效果;而接受者不但接收讯息,同时也会根据自己的理解作出相应的反馈。根据交互发生的时间特点,可分为同步交互和异步交互两种类型。同步交互是一种实时交互,即受众在接收讯息的同时进行反馈,传播者可

---

① 樊昌志,袁佳穗.2011.共在时空下的电子文本游戏——虚拟主体的符号化生存探析(之一).湘潭大学学报(哲学社会科学版),(2).
② [美]尼葛洛庞蒂.1995.数字化生存:270.胡泳,范海燕,译.1997.海口出版社.
③ [美]尼葛洛庞蒂.1995.数字化生存:271.胡泳,范海燕,译.1997.海口出版社.
④ [美]尼葛洛庞蒂.1995.数字化生存:7.胡泳,范海燕,译.1997.海口出版社.

以即时获得反馈信息,如网络在线即时聊天系统就属于这种类型。异步交互属于延时交互,指受众在接收讯息后的一段时间内再进行反馈,BBS、电子邮件等都属于这种类型。此外,交互性还表现为网络用户对信息内容的有效驾驭与控制,即可以自己定义概念,可以赋予内容以含义,并且可以控制整个交互过程。总之,交互性已经成为当代网络传播的重要特征,这种特征与传媒性质的演变密切相关。在数字化生存中,"从前所说的'大众'传媒正演变为个人化的双向交流,信息不再被'推给'(push)消费者,相反,人们(或他们的电脑)将把所需要的信息'拉出来'(pull),并参与到创造信息的活动中"①。因此,实在的或潜在的交互性已经成为网络社会生活的典型特征,且这种交互性主要表现为一种语言文字上的交流互动,"因为因特网是一个几乎完全依赖于对文字信息作出反应的媒体"②。尽管因特网已经具备了多媒体特质,但是语言文字符号仍是其主流交际介质,诸如即时通信、网络游戏、博客应用、电子邮件、社交网站、论坛/BBS等活动板块都是建立在语言文字工具基础之上的,相关活动都是基于文本的交互活动。

（四）网络社会中的语言变异

从社会语言学角度看,"语言是人类所独有的一种相互沟通信息和感情,并依靠它的帮助组成复杂的社会网络的交际工具、认识世界的工具、使生物人转化为社会人的重要手段"③。因此,从本质上说,语言是一种社会现象,语言和社会相辅相成,密切相关,脱离社会来研究语言,就无法解释各种语言现象,也无法了解语言的本质。语言既是人类社会得以组织和运行的最重要工具,也是人类社会性的重要表征。而社会又是语言赖以存在和发展的重要场域,语言因社会需要而生,并随着社会的发展而

---

① [美]尼葛洛庞蒂.1995.数字化生存:4.胡泳,范海燕,译.1997.海口出版社.
② [英]戴维·克里斯特尔.2001.语言与因特网:12.郭贵春,刘全明,译,2006.上海科技教育出版社.
③ 陈松岑.1999.语言变异研究:3.广东教育出版社.

发展。从运行机制来看,语言既是人类认识成果的包装材料,又是人类进一步开展认识活动的必备工具,双重身份使其在人类社会生活中承担着重要的角色。人类社会生活及其发展变化都会在语言符号层面得到反映。因此,语言符号系统必须随着时代的变迁和社会的发展进行相应的调整与变化,才能更好地发挥其维系社会运转纽带的相关职能。

以当代西方哲学理论观之,卡西尔"人是符号动物"的论断,带给我们的是这样的思考与认识:作为社会活动主体的人具有创制符号和使用符号的本质特征,由其构建的人类社会本质上是一种符号世界,人类的一切行动都是基于符号的象征互动。海德格尔的"语言是存在之家"意指的就是人类赖以存在的符号世界与社会文化场域。依凭现代化的传媒技术优势,人类在已有的符号世界之外,又拓展出一个更为复杂的虚拟生存空间,即网络社会。数字化信息时代,"计算不再只和计算机有关,它决定我们的生存"[1]。随着信息技术的不断发展,人类的交际场域和交际媒介已经发生了质的变化。虚拟性是网络社会最重要的特征,这一特征消弭了人与人之间的现实社会差异,实现了真正意义上的人人平等,重视小众与个体,容许差异与分歧,网民们可以平等交际和自由言说。就交际媒介来看,人类已经历了口耳相传、纸笔书写、铅字印刷再到键盘敲击和网络传输等不同阶段,每一次变革都对人类社会的思维方式和交际模式产生了重要影响。"语言不是存在于真空里的,而是存在于具体的交际实践中,而具体的交际实践就包含媒介这样一个重要因素。"[2]当人们将电脑和互联网作为传播和交际工具时,网络社会的公民身份便被注册确认了。"每一个电脑代表着一个平等的节点,整个网络世界则是由无数的节点自由联接而成。信息的输入与输出都是自由而平等地各自互不干扰地同时运行。网络空间随时随地都向任何有需要的计算机用户开放,丰富多元的

---

[1] [美]尼葛洛庞蒂.1995.数字化生存:15.胡泳,范海燕,译.1997.海口出版社.
[2] 吕明臣,李伟大,曹佳,刘海洋.2008.网络语言研究:自序 2.吉林大学出版社.

计算机用户共同支撑起了赛伯空间。"①摆脱了现实社会的种种规约和束缚,隐去了现实社会人的所有背景信息,一个独立、自主、平等的新型网络公民群体诞生了。这一巨变对网络社会中的言语交际产生了重要影响,语言变异势在必然。

谈及语言变异,那就意味着有一个语言常态的存在,即人们所公认的语言交际标准与规范,以其作为参照,方有变异一说。对于网络语言变异来说,这种参照对象就是人类现实社会生活中的常规语言运用。对于这种常规语言运用,西方语言哲学家,尤其是西方解构主义大师们还有他们自己的思考与认识。他们重点考察分析了人类社会传统意识形态与其符号载体之间的关系,诸如德里达的解构理论、福柯的话语理论、罗兰·巴尔特的后期思想等都已经深入到人类传统社会意识形态的灰箱中谈问题,从而揭示出现存文化传统、权威习俗、价值观念乃至符号体系的生成奥秘。其中,语言符号体系又是解构主义所重点关注和审察的对象,因为以德里达为代表的解构主义大师们清醒地认识到,语言是西方几千年来占统治地位的文化传统和权威习俗得以建立和传承的重要载体,于是,语言便成为解构主义向传统发难的最佳突破口。通过解构主义大师们的批判性考察分析,现有语言符号系统中所蕴含的意识形态和价值体系得以彰显。所谓常态语言符号,在某种程度上已经代表了一种思想窠臼,一种集体无意识,甚至是一种大众的妄言和诳语。人是社会性动物,也是一种符号动物。作为社会性动物的人类必须接受社会律令的管理与约束,其所用的符号体系必然会打上相关烙印。久而久之,这种蕴藏着社会文化规约和束缚的语言符号就成为常态语言符号,人的思想认识被这种符号体系所浸淫、打磨和剥蚀,最终人便成为由特定语言符号所塑造的语言人,即如福柯所言,"不是我说话,而是话说我"。

网络社会的形成打破了这种既定格局,"在科技的应用上,人再度回

---

① 樊昌志,袁佳穗.2011.共在时空下的电子文本游戏——虚拟主体的符号化生存探析(之一).湘潭大学学报(哲学社会科学版),(2).

归到个人的自然与独立,不再只是人口统计学中的一个单位"①。游走在现实社会和网络社会的边缘,人以两种姿态出场。现实社会中的人是经过特定社会文化锻造的人,循规蹈矩是其生存法则,常规语言符号包装常规思想认识,常规思想认识催生更多的常规语言符号,周而复始,以至无穷。解构主义大师们曾从现实社会所通行的常规语言符号中看到了逻各斯中心主义,一套寄寓了传统思维模式和价值体系的符号系统。网络社会中的公民挣脱了现实社会的种种规约与束缚,拆解了现实社会所强加的层层封锁,自由地敲击,尽情地"键谈",实现了具有后现代主义特征的"真正的个人化"。这种生存境界的变迁必然会带来思想观念的解放,思想观念的解放必然会引起作为其外包装的语言符号系统的变异。这种变异典型地表现为两个方面:一是语言符号的形式变异。网络社会公民承受了现实社会中种种规范与标准的长期束缚,一旦皈依自由世界,其颠覆意识和创造激情便被充分激活,并尽情释放出来。既然现实社会所通行的语言符号标准与规范都是人为的,那么,在虚拟网络社会中,广大网民完全可以拥有一套属于自己的规范与标准,来重新定义语言符号形式与内容之间的关系。于是,借助互联网的技术支持,网络变异语言符号应运而生。网络语言交际平台已成为诸多奇异符号荟萃云集之所,诸如汉字、字母、标点、线条、数字、外文、图画等符号已成为网络言语交际经常使用的典型形式,而集大成者当属网络流行的"火星文",它"通常是由韩文、日文、简体中文、繁体中文、生僻字、符号等组合起来,同时夹杂外来用语、方言以及注音不选字的综合体"②。创新多变和奇异杂陈是网络语言符号的典型特征。二是语言符号的内容变异。为了满足网络交际需求,同时遵循经济省力原则,网民们除了创制新符外,还动用了旧词新用和别解转移等策略,将现实语言生活中的常规语言符号引入网络交际空间,对其进行适当改造加工,或赋予新意,如"大虾"(网络高手)、"恐龙"(丑女)、"青

---

① [美]尼葛洛庞蒂.1995.数字化生存;4.胡泳,范海燕,译.1997.海口出版社.
② 董长弟.2008."火星文"现象评析.当代青年研究,(2).

蛙"(丑男)、"灌水"(发帖)、"躲猫猫"(监狱异常死亡)、"打酱油"(不关心)等;或别解转移,如"偶像"(呕吐的对象)、"贤惠"(闲在家里什么都不会)、"蛋白质"(笨蛋+白痴+神经质)、"白骨精"(白领+骨干+精英)等,充分体现出网络语言符号创新求变的新特点。

综上所述,具有创新求变特点的网络语言是寄寓在网络媒介上的一种特殊表达形式,对网络交际平台具有一定的依存性。这种交际平台现已演化成为各种信息传输中心和网民意见集散地,成为人气最旺的活动区域。所有参与者都是这一交际平台的主人,他们既是奉献者,也是受益者,在为这一平台提供信息资源的同时,也从中获取各种信息资源,以完成信息资源的复综交换。虚拟性、开放性、交互性和辐射性是这一交际平台的重要特点,网络语言变异正是来源于这种复杂的交互活动。一方面,网络的虚拟性与开放性为网民的全员参与和个性表达打开了方便之门,可以催生出大批具有创新变异特质的语言符号;另一方面,网络的交互性与辐射性又为相关创新变异符号的传播与流布提供了技术保障。就此情形来说,互联网已经成为了变异语言的加工厂。在这个庞大的加工厂中,一些旧有的语言材料被回收利用再加工,从而生产出具有翻新变异特点的语言新产品;一些新鲜的语言材料被锻造出来,并通过引进新的生产流水线进行组配安装。于是,具有创新变异特点的语言新产品便得以进入网络语言流通市场。网络社会中的所有公民都在积极参与网络语言新产品的研发、生产、销售与消费,分工有序,各司其职。一些"网络白领",诸如"极客"、"大虾"等是设计加工车间中的高级技师,主要负责语言新产品的研发与推广;而绝大多数网民则属于"蓝领阶层",包括普通网民以及"菜鸟"、"小虾"、"初哥"等,主要从事一些技术含量较低的运输销售工作。当然,上述所有参与者本身又是这些新产品的消费者,消费自制的语言新产品,也在消费他制的语言新产品,还可以根据需要进一步加工改造现有语言新产品。因此,从研发到销售已经形成了一条非常成熟的产业链。由于参与人数众多,集思广益,研发生产部门的技术革新永远处于进行之中,因此,较之现实常规语言产品,网络语言产品的更新换代显得更为迅速与频繁。对于销售与消费来说,网络语言流通市场是一个非常庞大的语言交易市场,上述统计数据显示,截至 2011 年 12 月底,我国网民规模已达 5.13 亿,因此,技术含量高的语言新产品在这里永远不会滞销。需求促进研发与生产,这正是网络语言不断创新求变的动力所在。

(五)网络变异语言现象概说

为了弄清网络语言变异情况,我们首先有必要对网络语言及其变异部分作出区分。现有研究经常将二者混为一谈,提及网络语言,就想当然地将其等同于变异语言,因此,在某种程度上,网络语言已经成为变异语言的代名词。其实,从严格意义上讲,网络语言与网络变异语言仍有区别,二者概念范畴有隶属关系。关于网络语言的界定,通常可分为广义和狭义两种类型。广义的网络语言是指应用于网络传播交际平台的所有语言符号,一般包括"与电子计算机联网或上网活动相关的名词术语"和"网友们上网聊天时临时'创造'的一些特殊的信息符号或特别用法"①两种类型。也有人将其细分为三类,即"一是与计算机和网络有关的专业术语,如软件、病毒、宽带、登录、在线、聊天室、浏览器等,这是网络语言的最基本成分;二是与网络文化现象有关的特别用语,如黑客、第四媒体、网恋、网民、电子商务、政府上网、虚拟空间、注意力经济等;三是 CMC 交际(BBS、网络聊天等)使用的特殊用语和符号,如美眉、菜鸟、公鸡、酒屋、酱紫等"。② 狭义的网络语言专指后者或第三者,即网民们在聊天室和 BBS 上所创制的特殊语词符号和使用的特殊用法。关于网络语言变异现象的研究,通常专指狭义网络语言研究。因为,比较而言,聊天室和 BBS 是网民们的主要活动场所,访问量大、参与率高、言语交际变异性强,是考察探究网络语言变异的最佳平台。不过,需要指出的是,网络语言交际并非都具有变异特质,考虑到受众的不同层次和信息传播的有效性等因素,一些

---

① 郑远汉.2002.关于"网络语言".华中科技大学学报(人文社会科学版),(3).
② 柴磊.2005.网络交际中的语言变异及其理据分析.山东外语教学,(2).

电子新闻板块和信息资讯频道等公共传媒空间仍以常规语言为主要表达形式。善变的是具有个性化特质的私人空间和具有相对固定成员的公共社区的言语交际,以娱乐休闲和对社会热点人物事件的评议为主,言语交际相对来说比较自由灵活,可变性较强。

语言既是语音、词汇和语法相结合的符号体系,又是一套约定俗成的符号系统。因此,人们在使用语言进行交际时,总是要遵守一定的语言常规。但在不同的交际场合,语言使用者有时为了追求特殊的表达效果,常常会故意偏离常规而选择特殊的表达方式,创造性地使用语言,于是便出现了语言变异,即偏离常规的语言形式。"语言学家安蒂拉(Anttila, 1989)认为,变异可以看成是形式和意义之间的某种特定关系。自然语言中理想化的形式和意义应该是一对一的关系,但实际发生的语言形式往往会与这种理想状态发生偏离"[1]。王希杰(2006)运用零度偏离理论系统地探究了语言中的常态与变态问题,认为"零度和偏离,可以看作规范和变异的近义词语。零度是规范形式,变异是偏离现象"。并认为"语言是不自足的。语言要想维持自己的生命力,就必须不断地同语言之外的种种因素产生这样那样的关系。语言一旦同它之外的因素割断了必要的联系,那只有死亡。只要语言接受了语言之外的种种因素的影响,就不可避免地产生种种偏离现象"[2]。以上提及的"常规"、"理想化"和"零度"都是指语言使用的恒常状态,这种状态既是保证日常交际能够顺利进行的必备条件,也是衡量与判断语言各种变异的参照标准。从本质上讲,语言的各种变异仍然是建立在语言的常规标准基础之上的,没有常规,就没有变异。关于语言变异,英国语言学家利奇(Geoffrey N. Leech,1969)曾就诗歌语言的变异情况概括出八种类型,即词汇变异、语音变异、语法变异、书写变异、语义变异、方言变异、语域变异、历史时代变异[3]。从中可以看

---

[1] 徐大明主编.2006.语言变异与变化:91.上海教育出版社.
[2] 王希杰.2006.零度和偏离面面观.语文研究,(2).
[3] Geoffrey N. Leech. 1969. *A Linguistic Guide to English Poetry*:42-51. Longman.

出,语言变异可以发生在语言符号系统的任何一个层面上,而在实际语言运用过程中,变异情况还会越出这些分类,呈现出复杂性、动态性和综合性等特点。

冯广艺(1990)在研究语言的局部和个别变异时曾归纳出三种情况,即"在汉语里,利用语言的音义结合的复杂性和灵活性可以构成各种变异,如谐音双关、谐音拈连、谐音别解、谐音仿拟等;利用字、词或语素等可以构成仿词、析字、叠字、飞白、镶嵌等;利用语法上的特点,可以构成句子成分的易位、省略、添加等"[1]。其归纳的三条分别属于语音、词汇和语法三个层面的变异,如果需要补充的话,那就是还可以加上语篇层面所表现出来的整体风格变异,即语体变异。就网络语言变异的现有研究情况来看,大体可以分为宽式变异和严式变异两种。宽式变异是指网络语境中所有具有变异特质的语言运用,包括语言系统中出现的新质要素和对语言系统规则的偏离与违背两个方面;严式变异单指后者。本书的观点倾向于宽式变异,即网络语境中的新式创制和旧式变用都属于语言变异,其参照标准是现实社会生活中的常规语言运用。

关于网络变异语言的性质,一般认为是一种特殊的社会方言,也有人认为是介于书面语和口语之间的一种特殊语言,或者将其与口语和书面语并列,称为第三种语言形式。也有人称之为"书写的言语"、"以说话的方式来书写"、"写话"等等。"曾对异步聊天组作过仔细研究的作家戴维斯和布鲁尔认为'电子讨论是通常读起来像是在说话的文章——好像发表者正记述着自己所说的话'"[2]。相关评价都强调了网络语言的特殊性,即用书面语形式来记录口语,使网络言语交际具有口语和书面语双重属性。而这双重属性正是网络语言变异的致成因素,因为一般口语交际具有时间约束性、自发性、在场性、交互性、结构松散性、及时纠错性、情境依

---

[1] 冯广艺.1990.共时点和历时链——关于语言变异问题的思考.学术研究,(6).
[2] 转引自:[英]戴维·克里斯特尔.2001.语言与因特网:16.郭贵春,刘全明,译.2006.上海科技教育出版社.

赖性、表达多样性等特征;而书面语交际则具有"典型的空间约束,经过了仔细的构思、可脱离视觉背景(即不必面对面),具有事实交流性,精心组织,经多次修改,并且富于图形表达"①等特点。两种交际方式具有一定的对立性,常规语言交际对其有选择,有区分,而网络语言交际杂合了两种表达方式,用书面语形式记录口语,致使口语交际的自由松散、高出错率、直观情境、多变性等特征都在书面语形式中留下印记,成为网络语言变异的独特景观。秦秀白(2003)认为"网话之所以有别于其他类型的语篇,主要在于它所具有的变异性和个性化",并将网络语言变异现象概括为以下几种类型:1)大量使用英文首字母词;2)使用英文字母仿英文常用语之谐音;3)使用英文词首字母和阿拉伯数字混合成词;4)使用汉语拼音的首字母缩写词;5)使用数字的谐音构成数字话语;6)在连贯话语中使用以数字谐音替代英语单词或汉字;7)标准词语"谐称化",即新造谐音词;8)使用符号词。② 秦秀白此处分类主要是针对网络词汇变异特点而言的,而在网络言语交际过程中,变异性实质上已经渗透到语言符号体系及其运用的每一个层面,不仅有静态符号变异,而且还有动态语篇变异,乃至风格变异,具有一定的复杂性,相关问题需要系统考察与专门探究。

二、研究概况与发展趋势

我国网络语言研究可以上溯到20世纪末,是20世纪90年代中国正式加入因特网之后产生的。发展至今,相关研究大致经历了三个阶段:早期研究基本上还局限于网络语言现象的一般介绍、网络语言的存在价值以及规范化等问题上,且否定性观点曾一度占据上风,网络语言也被贬为"脑残语言"和"垃圾语言"。闪雄(2000)的《网络语言破坏汉语的纯洁》是

---

① [英]戴维·克里斯特尔.2001.语言与因特网:18.郭贵春,刘全明,译.2006.上海科技教育出版社.
② 秦秀白.2003.网语和网话.外语电化教学,(6).

其代表,认为"网络承担着文化责任","不要为后人定下恶约"。但是,随着网络语言以不可阻挡之势进入人们的语言生活,人们对网络语言的评价也有了一定程度的变化,较之先前的一味反对拒绝,这时期的态度显得较为理性客观,普遍认为网络语言是时代发展和社会发展的需要,能够更好地满足电质媒介的交际需求。认识上的转变促进了相关研究的开展,这一阶段的研究成果主要体现在对网络语言的考察描写方面,编撰了几部网络语言辞书,为后来的进一步分析探究奠定了基础。其中较有代表性的有易文安(2000)编著的《网络时尚词典》,这是我国第一本网络语言词典;于根元(2001)主编的《中国网络语言词典》;亢世勇、刘海润(2003)主编的《实用网络用语手册》。此外,还有一本非正式出版的网络词典《金山鸟语通》(2003),是由众多网友对一定时间内网络语言中的创新部分进行归纳整理而成,其中收集了千余条网络聊天专用词语,采用开放性网络文本形式,可以通过超链接为各论坛所用,广大网虫在转帖中还可以对其进行修正与补充。

在编撰辞书的同时,有关网络语言的本体研究也开始起步。较有代表性的成果有于根元(2001)的《网络语言概说》,该书是我国第一部网络语言研究专著,书中系统地探究了网络语言的发展概况、语体特点、语言特征、词汇特点、内地/大陆同港澳台网络词汇比较、网络语言与其他媒体语言比较、网络语言优缺点以及对待网络语言的态度、网络语言规范等问题。稍后,刘海燕(2002)的《网络语言》系统地阐述了网络语言的性质、语境、语体、风格和规范化、网络语言的总体风貌、新词语的生成方式、网络语言与社会生活语言的关系等问题。总体而言,这一时期的研究大多集中于网络语言现象的描写分析以及网络语言规范问题的探讨方面,多角度、深层次的研究还没有展开。

近年来,随着网络语言重要性的日益凸显,相关研究工作也得到了前所未有的重视。在借鉴吸纳前期研究成果的基础上,较好地解决了之前存在的问题。研究角度与方法呈现出多样化特点,在描写分析的基础上出现了一些阐释性研究成果。无论从数量上还是质量上来看,这一时期的研究都有了长足的进步。就数量来说,笔者检索统计了中国知网收录的十年中(2002~2011)标题含有"网络语言"的文章,共计1378篇,其年度数量变化情况如图1-4所示。

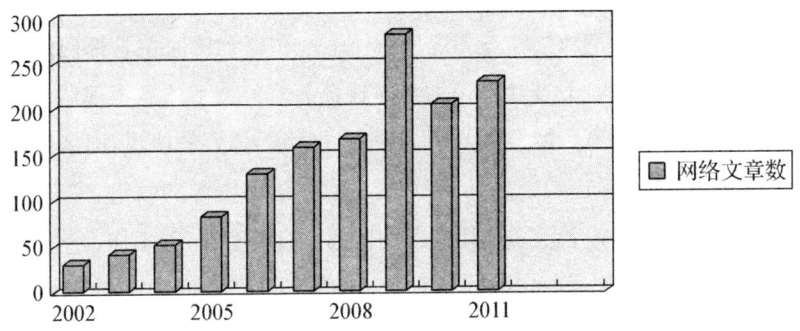

图1-4 中国知网题名含有"网络语言"文章数统计(2002~2011)

图1-4显示,2002年到2011年十年间,我国网络语言研究文章数量呈现出较快的增长态势,2002年只有30篇,而2009年则高达279篇。在数量有了大幅度增长的同时,研究视角与方法较之先前也有了很大改观,呈现出多角度和重阐释的发展局面。有关网络语言内部要素研究全面展开,涉及语音、词汇、语法、语义、修辞、语用、语篇等不同层面;跨学科交叉性研究成果开始出现,网络语言理据性探究得到了前所未有的重视。除了学术期刊单篇论文外,该阶段系统性研究也取得一定的成绩。通过中国知网中国优秀硕博士学位论文全文数据库搜索发现,2002年到2011年,题名中含有"网络语言"的硕博士学位论文共计105篇。出版的专著主要有吕明臣、李伟大、曹佳和刘海洋(2008)的《网络语言研究》,该书以言语交际理论为手段,较为系统地探究了网络言语交际的性质、特征和过程,阐述了网络言语交际中的一些特有现象以及和日常言语交际的差别。王炎龙(2009)的《网络语言的传播与控制研究——兼论未成年人网络素养教育》从传播学、文化学、社会学、生态学以及系统论等角度,对网络语言传播进行多维度的审视,为网络语言研究提供了更为系统的研究视角。

张云辉(2010)的《网络语言语法与语用研究》重点研究了网络语言的语类、语法、语用和模因等问题。汤玫英(2010)的《网络语言新探》主要有网络语言研究进展述评、网络语言的性质分析、网络语言的类型划分、网络语言的特征归纳、网络语言的流行性探讨等内容,并尝试进行跨学科研究。此外,有关网络语言的收集整理和规范引导工作还得到国家主管部门的高度重视。2005年2月3日,华中师范大学与教育部语言文字信息管理司在北京签署了共建"国家语言资源监测与研究中心(网络媒体)"的协议,网络媒体分中心在华中师范大学正式成立,负责对网络媒体语言资源的收集、建库、整理和加工,以及对相关语言资源应用情况的监测、描述和发布等工作。

综上所述,随着信息化时代的到来,网络语言已经成为一种重要的社会语言现象,受到人们的普遍关注,相关研究工作也取得了一定的成绩。但是在回溯相关研究历程时,笔者也发现已有研究还存在许多不足,这些不足将是未来研究所要重点解决的问题,主要表现为:1)小范畴研究居多,系统性研究不足;2)描写性有余,解释性不足;3)重复研究较多,创新研究不足;4)本体研究较多,跨学科研究不足。鉴于已有研究的成绩与不足,本书力求在网络语言建构机制与生成动因等问题的探究上取得突破。经笔者梳理研究发现,有关网络语言生成理据的研究成果都是单篇论文形式,主题偏窄,层次较浅,语料零散,缺乏系统性,成规模的系统性研究还是空白,很有填补的必要。因此,本书试运用当代认知语言学理论来探究新兴的网络语言,重点考察探究其变异特质的表现形态与生成动因,并将理论运用适度拓展到广义认知层面,以期更为全面而深刻地揭示出当代新兴网络语言的生成理据与运作模态。

三、理论基础与研究方法

(一)理论基础

任何学术研究都必须运用一定的理论和方法,而理论方法的恰当选择对于搞好学术研究又具有决定性意义。本书拟运用认知语言学相关理论来考察探究网络变异语言现象,主要是出于对其理论基础和工作假设的一种认同。因为,作为形式主义语言学的对立面,认知语言学信奉经验主义认知观,是一种崇尚主观心理探究和概念意义阐释的新理论。目前,尽管这一学派还处于初创阶段,理论上还不够系统完善,但是因为它顺应了语言学研究的发展规律和时代需求,对形式主义语言学研究中的种种弊端与不足具有强大的纠错与补救功能,因此,目前已经发展成为语言学研究中的一个热点理论,得到了前所未有的重视。国内对该理论的引进与运用已经蔚然成风,呈现出良好的发展态势。本书将这一热点理论运用于当前具有变异特质的网络语言研究,旨在通过对表面上纷繁复杂语言现象的考察分析,来探究作为语言符号运用主体的网民的认知特点及其所处的认知环境,以及这种认知特点和认知环境是如何作用于作为其外在表征的显性语言符号,并使其呈现出变异性特征的。为方便读者更好地理解本书的理论基础,现对认知语言学理论及其特点作一简要概述。

1. 认知语言学理论体系

认知语言学是认知科学的一个分支学科。该学科兴起于 20 世纪 70 年代末,80 年代得到了迅速发展,不断向语言学研究的各个层面拓展渗透,发展至今已成为一门强势学科,受到普遍的关注。其理论体系主要包括以下几方面。

(1) 范畴化理论。范畴化(categorization)是认知语言学最基本的理论节点之一。它是"人类对世界万物进行分类的一种高级认知活动,在此基础上人类才具有了形成概念的能力,才有了语言符号的意义"[①]。杂乱无章的外界客观世界只有经过范畴化和概念化认知加工,才能变成有序的可以认识与表达的经验世界。这种经验世界是主客观相互作用的产物,并非外界客观世界的镜像反映。因此,范畴化实质上"是一种基于体验,以主客体互动为出发点,对外界事体(事物、事件、现象等)进行主观概

---

① 赵艳芳.2001.认知语言学概论:55.上海外语教育出版社.

括和类属划分的心智过程,是一种赋予世界以一定结构,并使其从无序转向有序的理性活动,也是人们认识世界的一个重要手段"①。体验、互动、对比、概括、归类是其主要认知运作机制。

(2) 图式理论。图式理论的关注对象是人类在认知过程中所形成的不同的意象图式及其对人类语言表达形式的影响,它是认知语言学理论的又一个重要理论节点。图式理论认为,世界是由事物和关系组成的,人们通过完形感知、动觉和意象,不仅获得对一般事物的认知能力,而且获得了认识事物之间关系的认知能力。基本范畴是人类认识事物并对其进行范畴化的基本层面。在人的认知体系中,除了基本范畴之外,对事物之间关系的认知构成了另一个重要的认知层面,莱考夫(1987)称之为动觉意象图式(kinesthetic image schema)或简称为意象图式(image schema)。这种意象图式和认知模型是人类在感知体验与互动的基础上逐步形成的。人类经验中的意象图式主要有"部分—整体图式"、"连接图式"、"中心—边缘图式"、"起点—路径—目标图式"、"上下图式"、"前后图式"、"线性图式"和"力图式"等不同类型。

(3) 隐喻理论。认知语言学的隐喻观迥异于传统隐喻修辞观,认为隐喻不仅是一种语言表达手段,更是人类特有的一种思维和认知方式。思维具有想象性,间接的概念是运用隐喻和转喻思维方式的结果,并以此超越了对外部世界的直接映象或表征。语言的隐喻思维功能是语言抽象思维功能的基础。抽象概念域的理解和新认知域的拓展都有赖于隐喻认知手段的运用。隐喻认知机制包含三个要素,即源概念(source concept)、目标概念(target concept)和映射域(mapping scope)。隐喻认知就是将源概念的结构映射到目标概念上,其中需要接受映射域的调控与限制。"隐喻的映射域本质上反映出我们处置所处世界的概念经验。"②意象图式、基本相互关系和文化依存评价是其重要组成部分。

---

① 王寅.2007.认知语言学:96.上海外语教育出版社.
② [德]弗里德里希·温格瑞尔,汉斯—尤格·施密特.2006.认知语言学导论:132.彭利贞,等,译.2009.复旦大学出版社.

（4）概念整合理论。该理论旨在探索言语意义在线构建背后的认知过程,涉及心智空间网络动态认知模型的合并机制,亦称融合理论。概念整合网络是其核心架构,呈现为一种多空间动态投射模式。一个完整的概念整合网络通常包含四个空间,即输入空间1、输入空间2、类属空间和合成空间。两个输入空间中的相关元素存在跨空间映射关系;类属空间反映输入空间共有的抽象结构和组织,决定跨空间映射的核心内容;合成空间来自于输入空间概念结构的选择性投射,并以各种方式形成两个输入空间所不具备的层创结构。组合、完善与扩展是其心理认知运作过程。

（5）认知模型理论。所谓认知模型,"就是人们在认识事体、理解世界过程中所形成的一种相对定型的心智结构,是组织和表征知识的模式,由概念及其间的相对固定的联系组成"[①]。它是基于一组相关的情景和语境而形成的某一领域所有相关知识的表征,也是形成范畴和概念的基础。依据 Lakoff 的研究,这种认知模型是在人类与外界互动的基础上形成的,具有体验性;模型是由各构成部分整合而成,具有完形性;同时也是心智中认识事体的一种方式,具有内在性。此外,这种认知模型还会随着人类认识的发展而不断进行调整变化,具有开放性;需要从开放性的诸要素中作出典型选择,具有选择性;而且这种模型普遍地存在于人们的认识活动过程中,人们需要利用已经储存的认知模型来认识世界,进行推理,获取意义。框架、情节、脚本、认知域和互动网络等是其主要构成要素,温格瑞尔和施密特(2006)将其概括为"个体对特定领域经验过并且储存起来的语境的总和"[②]。

（6）象似性理论。认知语言学理论框架中的"象似性"强调语言形式不是任意的,而是体验、认知、语义、语用等多种外在和内在因素促动的结果。认为语言的能指和所指之间具有一种必然的联系,这种联系是可以论证的,有理据的。王寅(2007)将"象似性"定义为"语言符号在语音、语

[①] 王寅.2007.认知语言学:203-204.上海外语教育出版社.
[②] [德]弗里德里希·温格瑞尔,汉斯—尤格·施密特.2006.认知语言学导论:62-63.彭利贞,等,译.2009.复旦大学出版社.

形或结构上与其所指之间存在映照性相似的现象"①。并在传统"距离象似性"、"顺序象似性"和"数量相似性"分类基础上,又增补出"标记象似性"、"话题象似性"和"句式象似性"三种类型,进一步完善了"象似性"的理论体系。需要指出的是,认知语言学理论中的"象似性"有别于传统理论中的"象似性",这种"象似性"不只是对外界现实的直观临摹,而主要是指语言形式与人类的经验方式、认知规律、概念结构之间所具有的对应性理据关系。即语言形式和人类的认知方式可以相互观照与映衬:语言形式对应于概念结构,而概念结构又是人类认知的产物;反之,人类认知作用于外界现实,形成概念结构,并最终通过语言形式表达出来。在外界现实与语言形式之间有人类认知中介的参与,语言形式并不直接对应于外界现实,而是对应于人类认知所形成的概念结构。因此,所谓象似性,主要是指语言形式和认知所形成的概念结构之间的对应关系。

此外,还有自主—依存理论、认知语用学理论,以及具有跨学科性质的综合认知分析理论等,它们都是广义认知语言学理论的有机组成部分,以下研究会有涉及,在此不再赘述。

2. 认知语言学理论特点

(1)经验性。认知语言学信奉"体验哲学","既强调客观实际对认识的第一性地位,必须依据客观规律认识世界,又应重视主观意识。认识活动不仅可以能动地反映客观现实,还对客观现实有反作用"②。相关理论已经突破了传统客观主义和主观主义的樊篱,充分认识到人类智性活动中主客体之间的互动性特征。

第一,认知活动具有体验性。认知语言学认为经验不是被动地印在"白板"上的感知印象,而是指由人的身体构造以及与外部世界互动的基本感觉——运动经验和在此基础上形成的有意义的范畴结构和意象图式。范畴和概念的形成、推理和思维的运作并不是对外部世界简单的临摹、

---

① 王寅.2007.认知语言学:510.上海外语教育出版社.
② 王寅.2007.认知语言学:57.上海外语教育出版社.

镜像的反映,而是人们在对客观外界感知和体验的基础上通过认知加工而形成的。人类认知结构来自于人体的经验,并以人的感知、动觉、物质和社会经验为基础,对直接概念和基本范畴以及意象图式进行组织和建构。意义的基本层次结构和意象图式结构都与人类的身体经验密切相关。

第二,认知活动具有隐喻性。认知语言学认为,隐喻不仅是一种修辞手段,更是人类特有的一种思维和认知方式。隐喻无处不在,广泛分布于人类日常语言生活中。就隐喻的性质来看,隐喻具有体验性。隐喻的生成源于日常生活经验,是身体、感知、体验、大脑和心智共同作用的产物。认知主体通过体验获得意义,形成经验图式,为判断推理和具象经验的联通搭建桥梁。语言的隐喻思维功能是语言抽象思维功能的基础,从抽象概念域的理解到新认知域的拓展,都必须动用隐喻认知手段。

第三,认知活动具有互动性。认知语言学的经验观强调人类认知活动中主客体之间的互动关系。依据"现实——认知——语言"的认知模型,人类所处的客观世界对人类的认知具有决定性意义,对语言的形成具有本源性作用。但在现实与语言之间有认知中介的参与,语言并不能直接反映客观世界,而是通过认知加工形成的概念间接地反映客观世界。

第四,意义范畴具有主观性。认知语言学认为,意义就是概念化,也就是说,某一词语的意义等于说话者或听话者大脑中被激活后所形成的概念。因此,意义可看作是词语和大脑之间的一种关系,而不直接是词语和世界之间的关系。范畴化是人类对世界万物进行分析、判断和归类的一种高级认知活动,在此基础上形成概念,赋予语言符号以意义。范畴是围绕原型、家族相似性和范畴内部成员之间的主观关系而组成的。范畴结构可以区分出基本等级范畴和上位/下属范畴、原型和非典型边缘范畴等不同身份地位的范畴构件,呈现出非均衡性分布特征,而基本/非基本与典型/非典型范畴格局的形成,与人类的认知加工密不可分,具有"惟人参之"的重要特点。

(2)多元性。认知语言学理论主要涉及认知科学、哲学、逻辑学、社会学、语言学等学科,具有非常丰富的学科内涵,其多元综合理论特征与其理论生成发展有着密切相关。这种关联主要体现在以下两个方面:一是认知科学发展所施加的影响。认知科学自 20 世纪六七十年代以来,已逐步发展成为一门前沿科学,到了 90 年代已日渐成为一股强大的学术潮流,直接影响着当前许多学科的研究方向和进程,其研究对象与方法体现出多元化特质。蔡曙山(2009)认为"认知科学是迄今最大的学科交叉群体,在某种意义上,可以说是数千年来人类知识的重新整合。认知科学的诞生,为众多学科的交叉融合提供了可能的框架,也预示着一个新的科学综合时代的到来"[1]。此番论述表明,认知科学是一门综合性学科,强调从心理学、哲学、语言学、生物学、神经科学、计算机科学、人工智能等学科全方位来探究思维的奥秘。而鉴于语言和认知的内在联系,对人类语言机制的研究理应成为认知科学研究的中心环节。于是,作为认知科学的一个分支学科,认知语言学研究秉承了其上位学科的先进理念,具有一种开放综合的研究特质。

二是语言学研究自身发展的必然结果。语言学研究的发展历程大致经历了历史比较语言学、结构主义语言学、转换生成语言学、系统功能语言学和认知语言学等几个阶段,其基本研究走向为:由偏重形式分析到形式分析和功能研究并重,由强调描写到强调解释,由囿于系统内部同质性研究到系统内外异质性统摄性研究,呈现出由"科学主义"到"人文主义"的研究转向。而作为语言学研究发展的最新阶段,认知语言学在反思传统研究理念和方法的基础上,深刻地认识到人类的经验和认知能力在语言运用和理解中具有重要作用,"认为没有独立于人的认知以外的所谓意义,也没有独立于人的认知以外的客观真理。语言不是封闭的、自足的体系,而是开放的、依赖性的,是客观现实、社会文化、生理基础、认知能力等各种因素综合的产物"[2]。因此,对人类语言的研究就必须要联系其所赖以存在的宏观人类社会文化环境,必须采用多元综合的研究策略。正是认识到这一特点,沈家煊(2004)断言,"'认知语言学'不是一种单一的理

---

[1] 蔡曙山.2009.认知科学框架下心理学、逻辑学的交叉融合与发展.中国社会科学,(2).

[2] 赵艳芳.2001.认知语言学概论:7.上海外语教育出版社.

论,而是代表一种研究范式,其特点是着重阐释语言和一般认知能力之间密不可分的联系。"①总之,就当前语言学研究发展形势来看,跨学科交叉性研究和学科内外语言、认知、社会、文化的统摄性研究已经成为一种趋势。这一研究取向实质上也是对系统内外各种要素的发展变化所做出的积极回应,体现出语言学研究理论方法的科学性与先进性。

(3)解释性。解释性是认知语言学的重要理论特点之一。这一理论特点的形成得益于语言学与认知科学的成功嫁接。因为,认知科学是从哲学、心理学、计算机科学、语言学等多角度研究人类智能系统的性质和工作原理的一门综合学科,着重对人类认知活动中的感知理解、概念形成、认知模式、判断推理等心理机制进行考察探究,并将这一理论运用于语言学研究,催生出认知语言学新学科。这一理论重在运用认知科学的相关理论来透析人类纷繁复杂的语言现象背后所蕴藏的深层理据,进而对传统语言符号任意性和同质说提出强有力挑战。其学科优势在于"对各类乖戾的(idiosyncratic)语言现象具有很强的解释力,它的理论假设容易被所有语言学工作者所接受",即"对语料友善"(data-friendly)和"对研究者友善"(user-friendly)②。它有效地解决了传统语言学理论在语义功能探究方面的无为与无能,开创性地将语义功能探究纳入语言学研究范畴,并将语言学研究的界域拓展到人类宏观社会文化环境中,为人类语言研究打开了新局面。因为"任何具有解释力的语言理论都应该对词汇语义及命题语义给予恰当描写和解释"③,认知语言学明确以体验认知、概念结构、语义分析为中心,着力寻求语言事实背后的认知机制,通过概念化、范畴化、意象图式、认知模式、象似性、语法化、隐喻转喻、语用推理等理论支点深刻地揭示出人类概念结构和知识表征的生成机制,对人类语言符号系统作出了一致性的解释。鉴于语言不是一个独立自主的认知

---

① 束定芳主编.2004.语言的认知研究——认知语言学论文精选:序言.上海外语教育出版社.
② 刘宇红.2006.认知语言学:理论与应用:3.中国社会科学出版社.
③ 卢植.2006.认知与语言——认知语言学引论:8.上海外语教育出版社.

域,而是人类认知域的一个有机组成部分,与其他认知域密不可分,因此认知语言学采取多角度全方位的研究策略透析人类语言的深层奥秘,将语言、文化、社会、心理、生态等不同要素纳入考察研究范畴,以期对各种语言现象作出更为科学而合理的解释。

(二) 研究方法

本书将当代网络传媒中的诸多变异语言现象作为考察研究对象,采用广义认知语言学理论来透视其生成过程、运作特点与深层动因,旨在揭示出网络语言诸多变异现象背后所蕴藏的认知理据。其中之所以选用广义认知语言学理论作为研究方法与手段,主要是考虑到该理论与网络变异语言研究具有很强的适配性和兼容性,可以有效解决现有研究重描写轻解释的不足。

所谓认知语言学理论,是指相关理论不仅包括范畴化、意象图式、隐喻转喻、概念合成、象似性、语用关联等狭义认知语言学理论,而且还包括模因论、后现代主义,以及社会认知情境和文化心理等在内的具有跨学科性质的广义认知语言学理论。广义认知语言学理论的运用,旨在开展系统内外的语言、文化、社会、哲学、认知、心理等不同领域的统摄性研究,以全面深入地揭示出网络变异语言的生成奥秘。理论运用的基本构想是:人类语言并不是一个封闭的、自足的、一成不变的形式系统,而是与宏观层面的人类社会文化环境不断进行能量交换的矛盾复综体,是与语言系统外部的认知、社会、文化密切相关的开放系统。新兴网络变异语言现象并不是偶然的、孤立的形式技艺,潜层次上乃是受控于人类的认知特点和概念结构。因此,对新兴网络变异语言现象的研究,就不能回避人类的认知特点以及宏观认知环境,必须要深入到其所赖以存在的广义认知层面,方能揭开其中奥秘。

就科学研究的理论运用问题,卡西尔(1944)曾经评论道:"尼采公开赞扬权力意志,弗洛伊德突出性欲本能,马克思则推崇经济本能。每一种理论都成了一张普罗克拉斯蒂的铁床,在这张床上,经验事实被削足适履地塞进某一事先想好了的模式之中。"①卡西尔此番评论道出了科学研究理论运用中的局限性,也反映出人类认识上的局限性。但是,科学研究的基本范式允许人类对混沌一片的现实世界进行人为切分,锁定一个目标对象,运用一定的理论方法进行分析探究。因为受限于主观能力和客观条件,我们无法深入到人类活动中的所有领域,对置身其中的世界进行整体观照、系统探究。任何科学研究都是人类认识上的一偏,不完备性和不彻底性是其必有特征,在所难免。由此可见,有关网络变异语言的认知研究也难逃被塞进"普罗克拉斯蒂铁床"中的厄运。强调"广义",旨在增添"铁床"数量,或者至少可以适当加宽这张"铁床"。因为,伴随新兴媒介而生的网络语言具有一定的复杂性,与人类宏观社会文化环境密切相关,致成因素具有多样性,一张"小床"显然无法容纳相关问题的考察探究。这是运用广义认知语言学理论的根本动因。

在此需要说明的是,运用广义认知语言学理论来探究当代网络变异语言现象仍有一些问题无法有效解决,这些问题将是后续研究所要重点关注的对象。具体来说,就是运用广义认知语言学理论来研究网络变异语言现象,目的在于从杂乱无章的语言现象背后寻求内在统一性,以便从整体上把握和解决变异语言的生成理据问题。可是,这种研究的初衷可能只是一种理想,一种无法彻底完成的任务。其困难主要来自于两方面:一是当代网络语言的复杂多变。"它似乎永远处于一种变化的状态,缺乏先例,寻找着标准,探索着自己发展的方向。大概唯一能够确定的就是人们无法确定将会发生什么。"②其复杂性和多变性来源于呈几何级数不断增长的网民数量以及广大网民的积极参与,他们不断探索可能使用的表达方式,积极引入新的元素组合方式,并对既定的表达形式进行大胆地颠覆创新,乐此不疲,致使网络语言永远处于一种变动不居的状态,为相关

---

① [德]恩斯特·卡西尔.1944.人论:38.甘阳,译.2003.西苑出版社.
② [英]戴维·克里斯特尔.2001.语言与因特网:9.郭贵春,刘全明,译.2006.上海科技教育出版社.

研究增添了难度。二是当代的认知语言学理论还处在发展之中,理论体系并未完全定型。以没有完善定型的认知语言学理论来探究具有变异特质的网络语言,其中困难可想而知。之所以不避艰难,仍坚持运用广义认知语言学理论来透析和探究相关语言现象,主要是基于这样一种认识:即从本质上来看,网络变异语言现象仍是一种人造符号现象,具有"惟人参之"特点。表层纷繁复杂的语言现象折射出的正是交际主体的一种主观认知能动性。换言之,表层网络语言现象和人类深层思维运作可以互为观照,进行双向考察。正如王寅(2007)所言,"在交际过程中对语言运用和理解的过程也是人们认知处理的过程,因此还可通过分析语言结构和功能来推测人类思维和推理的特点,着力寻求和建立语言中词汇、句法、语篇形成的经验基础和认知依据,充分理解和掌握认知和语言之间的辩证关系"[①]。尽管新兴电质媒介对人类的交际模式产生重要影响,但是这种媒介仍属于"物"的要素,最终需要通过"人"的要素发挥作用。因此,考察分析新兴电质媒介中的语言变异问题,不能仅局限于外界客观因素的考察分析,还必须充分认识到交际主体对相关变异所产生的决定性影响,而这些问题只有放置到广义认知语言学理论研究视阈中才能得到有效解决。

综上所述,网络语言变异与互联网及其所营造的特殊活动环境密切相关。互联网所特有的虚拟性、交互性、自由性和解构性等特点,使参与其中的交际主体及其交际模式发生了巨大变化,人与人之间的现实社会差异被消弭,"去中心化"和"去情境化"已成为当代网络交际的重要特点,这就为网络语言变异提供了必要的智性基础和语境条件。网络传媒的物质条件及其技术运用只是促发相关语言发生变异的外部因素,起决定性作用的乃是活动于其中的网民的主观认知能动性。也可以说,是网络语言变异中"人"的主导性因素决定了本书的理论运用和方法选择。

[①] 王寅.2007.认知语言学:12.上海外语教育出版社.

第二章　认知经济性与网络语言变异

　　较之现实常规语言运用，网络言语交际的一个重要特征是其语符运用的超经济性。虽然现实语境中的语言运用也要遵循经济性原则，这是人类语言运作的一个重要机制，但是网络语境中的言语交际却将这一机制发挥到极致，已经超出了现实常规语境可以允准的范围与限度。这种超经济性催生出大批经济性变异符号，给网络语境增添了许多不同于现实常规交际的变异表达形式。目前这一超经济性变异特征已经引起了人们的关注，现有研究大多将其归因于网络交际方式的需要。比较通行的看法是，网络交际平台计时收费，当代社会生活节奏加快，为了交际的经济高效，经济性交际势在必行。此外，用键盘、鼠标、显示屏以及网络作为口语化交际的输入输出端口，受制于输入法、打字速度、网络传输等局限，口语交际的及时性与网络交际的延时性矛盾促使网络交际参与者尽量求省求简，以满足口语化交际的及时性需求。现有研究虽然注意到网络交际的物质条件以及模式特点对网络语言运用经济性的影响，但终究还是一种表面化的外因分析，未能深入到网络言语交际过程中的内因层面探究问题。事实上，网络言语交际的经济性已呈现出多样化特点，既有节缩型变异，即通过简约化手段使相关表达形式更为经济省力；又有模因型变异，即运用直接拷贝复制和"旧瓶装新酒"等手段尽量减少新语符的数量，从而实现语言运用经济性；还有讹误型变异，即受输入法和表达意趣等因素的影响而出现的"将错就错"、"以讹传讹"式的经济性变异。此外，还有符号图谱形式变异，以及动态交际过程中的综合型经济性变异等。总之，表达经济性效益有定，具体运用手段可变，以实现最小量语言资源投入获取最大化语言信息表达的目标,从而更好地满足当代网络信息传播的"短平快"需求。而最小量投入获取最大化收益正是人类认知运作经济性的终极追求。因此,相关问题可以纳入人类认知经济性视阈中进行考察探究,以便从根本上揭示出网络诸多变异语言形式的致成动因。

一、认知经济性理论概说

从本质上来说,经济性原则是指导人类一切行为的基本原则,其根本目的在于实现资源配置与利用的最优化。大到人类对自然资源的节约型开发与利用,小到家庭开支的节约型预算与消费,都要遵循这一原则,以便使人们的生活更有计划、更为协调。这一原则也叫省力原则,最初是由美国哈佛大学齐夫(Zipf)教授(1949)在他的《人类行为与省力原则》一书中首先提出。书名显示,Zipf 最初用这条原则解释一切人类行为和社会现象,认为省力原则是"指导人类所有类型的个人或集体行为(包括言语行为)的首要原则"[1]。其基本内容就是以最小的代价换取最大的收益。而语言经济性就是要在表达者的"单一化力量"和接受者的"多样化力量"之间达成共识与平衡,才能实现真正的省力。法国语言学家 André Martinet(1962)在 Zipf 理论的基础上进一步提出了语言经济性的构成要素,即省力原则和交际需要。他认为,一方面,言者需要传递自己的信息;另一方面,他又要尽可能地减少自己的脑力、体力付出。[2] 由此可见,所谓省力原则其实指的就是一种平衡量,即言者既要尽可能地减少交际中所需要付出的心力与体力,使用尽可能简洁的语言表达形式和表达手段,同时又要尽可能让听者正确领会他所要传递的信息。

---

[1] G. K. Zipf. 1949. *Human Behavior and the Principle of Least Effort*: 201-230. Addison-Wesley Press.

[2] A. Martinet. 1962. *A Functional View of Language*: 152-170. Clarendon Press.

事实上,"人类的一切活动都蕴含着效用最大化动机"①。而作为人类最重要的交际工具和交际活动,语言及其运用也内蕴了这一动机。具体来说,可分为工具经济性和使用经济性,前者表现为语言静态符号的简约与节缩,后者表现为动态语境中的变换与省略,二者可以概括为以最小的认知代价换取最大的交际效益。人类语言运用经济性与人类最基本的认知方式——范畴化密切相关。因为"世界是由千变万化的事物组成的,等待人们去认识。离开了人对它们的认识,它们就失去了意义。客观世界的事物又是杂乱的,大脑为了充分认识客观世界,就必须采取最有效的方式对其进行储存和记忆。所以,大脑对事物的认识不能是杂乱的,而是采取分析、判断、归类的方法将其进行分类和定位","范畴化是人类对世界万物进行分类的一种高级认知活动,在此基础上人类才具有了形成概念的能力,才有了语言符号的意义"②。刘正光(2006)在研究非范畴化问题时也认为,"人类不但面对一个千姿百态的物质世界,同时还面对一个纷繁复杂的经验世界。因此,人类认识的一个基本任务必然首先是进行分类,否则,人类不可能有效地存储和利用知识","这个分类的过程就是范畴化的过程"。并且认为"范畴化的最直接作用是减轻认知过程中的工作负担"③。E. Rosch & B. Lloyd(1978)还提出了范畴化的两个基本原则:1)在功能上达到认知经济性,范畴系统必须以最小的认知投入提供最大量的信息;2)在结构上提供的最大量的信息必须反映出感知世界的结构。④ 目前,范畴化理论已经成为当代认知语言学的核心理论,因为人类的认识就始于范畴化,在此基础上,才能获得范畴,形成概念,产生意义,并诉诸语词。而范畴化机制正是为了实现人类认知经济性的一个重要机

---

① [美]加里·S. 贝克尔.1976.人类行为的经济分析:4.王业宇,陈琪,译.2003.上海人民出版社.

② 赵艳芳.2001.认知语言学概论:55.上海外语教育出版社.

③ 刘正光.2006.语言非范畴化——语言范畴化理论的重要组成部分:9.上海外语教育出版社.

④ E. Rosch & B. Lloyd. 1978. *Cognition and Categorisation*:28 - 41. Lawrence Erlbaum.

制。也可以说,范畴化过程就是语言交际工具经济性的实现过程。

除了范畴化,人类对现有语言符号的进一步整理加工乃至变异使用,或者另起炉灶,创造新符,往往也包含着经济性认知动因。因为,随着认识的不断深入和发展,人的概念系统和认知系统会不断产生新的内容需要表达,而目前的语言系统又没有足够的表达方式和手段。如何解决概念系统和表达系统之间的矛盾既是认知问题,也是语言运用问题。根据 Heine, Claudi & Hünnemeyer(1991)的观点,解决这一矛盾的方法一般会有以下五种选择:

1) 发明新的标记符号;

2) 从其他语言或方言中借鉴;

3) 创造像拟声词一样的象征性表达式;

4) 从现有的词汇和语法形式中构成或衍生新的表达式;

5) 扩展原有表达形式的用途以表达新的概念,常见的方法有类比转移、转喻、隐喻等。①

Heine, Claudi & Hünnemeyer 同时指出,1)和3)几乎是不用的,一般采用的是2)、4)和5)。人们很少发明新的表达式,而宁愿依赖已有的语言形式和结构。这一语言运用方法的选择包含着经济性认知动因,因为利用已有的语言形式和结构可以有效地减少语符数量,以减轻人类记忆和知识储存的负担,进而实现以最小的认知代价获取最大的表达效益。也可以说,语言运用中的经济性原则驱使语言使用者不断追求语言表达效益的最大化,致使具有变异特质的语言现象不断产生。卢植(2006)也从认知角度阐述了经济性原则,他认为,"从认知科学的角度看,数量原则和经济机制与人类对认知资源和认知能量的分配有关,认知科学认为在

---

① B. Heine. U. Claudi & F. Hünnemeyer. 1991. *Grammaticalization*: *A Conceptual Framework* : 27. The University of Chicago Press.

人的一系列认知活动过程中,人的信息加工和处理系统要经过若干心理运算和认知操作,而这些运算和操作都需要认知资源,尽可能减少资源的分配和使用是人类长期进化过程中发展起来的特性之一,除非出于特殊的交际需要和交际目的,人们倾向于把心理认知资源的耗费降低到最低程度。"①

由此可见,既然经济性原则是人类从事一切社会活动和处理一切社会事务的基本原则,那么作为人类最重要的交际工具和交际活动,语言符号的设计与运用也必须要遵循这一原则。而且,由于语言符号既是人类的认识成果,又是人类的认知工具,因此这一双重身份对语言符号的经济性就提出了更高的要求。在不影响正常交际的情况下,人类通常会遵循省力原则、最优化原则和效益最大化原则,将交际活动中的认知资源的分配和付出降低到最低标准。而语言形式层面的经济性正是来源于人类认识活动中的这种少投入多收益的经济性认知机制和认知需求,语言交际过程中的诸多变异现象也正是这一认知机制与认知需求共同作用的产物。

二、网络语言变异中的超经济性

(一) 网络语言超经济性变异概说

从认知语言学角度探究网络语言变异的深层动因,不难发现,认知经济性是一种具有统摄性意义的根本动因,网络语言中的诸多变异现象都可以在这一认知原则的观照下得到科学而统一的阐释。当然也不排除少数出于特殊交际目的而生成的反经济性建构,即繁赘建构,如"走召弓虽(超强)"、"王求革圭(球鞋)"、"马叉虫"(骚)、"轲笕"(可见)、"偶喷友"(男朋友)、"好好漂亮"(好漂亮)等。但是,这些只是个例,网络语言变异仍是经济性占主流。无论是受制于上网计时收费的经济压力,还是网络交际及

---

① 卢植.2006.认知与语言——认知语言学引论:80-81.上海外语教育出版社.

时互动的迫切需求,乃至网民追求时尚、标新立异的心理状态,诸多因素形成合力,使网络语言呈现出不同于传统语言的超经济性变异特征。如上所述,所谓超经济性,是指网络语言的经济性已经超出了常规语言运用所能允准的经济性限度,大量字母、数字、图形、符号、错字、别字等构件的介入,以及谐音、缩略、象征、比喻、借代等手法的运用,使网络言语交际突破了原有书写符号的种种规范与限制,违背了传统语言符号能指与所指之间的约定俗成,创造了新的形音义结合体,表现出很强的创新特色,形成网络另类语言表达形式,将语言经济性发挥到极致。这种超经济性变异使符号象似性和显豁度大为降低,使常规解码难度增加,于是一度被贬为"脑残体"。

以人类现实常规语言符号产生与运作的经济性标准来衡量,网络语言的经济性具有一定的局限性。因为,对于人类使用的语言符号来说,经济性和象似性是一对矛盾统一体,语言符号系统的正常运转需要这两种性质共存并保持平衡协调。一味强调象似性势必会影响经济性,使语言符号系统变得异常繁难;反之,一味追求经济性也势必会影响象似性,使语言符号系统因过于简约而影响正常解码。因此,为了确保交际的顺畅与高效,人类语言交际通常会在象似性和经济性之间寻求一个平衡点,努力将象似性和经济性控制在一个科学合理的限度内,以实现最少付出获取最大收益。一旦出现失衡,语言系统一般会发挥自组织功能进行自动调节,使之复归平衡。显然,网络语言系统的建构与运行状况已经打破了这一运行机制,过分倚重经济性,越出了经济性的允准限度,使象似性严重受损,且难以实现自动调节。究其因,是由于网络语言的运行场域具有一定的特殊性,非在场的在场化交际需求对网络语言的运用产生重要影响,运行环境和交际主体的变化是网络语言超经济性变异的直接诱因。相关语言形式是特殊交际主体在特殊交际平台上所使用的一种特殊交际工具,较之常规交际工具,这一交际工具呈现出超经济性变异的特征,因此,从某种意义上来说,网络语言的超经济性正是其变异性的重要表现。

（二）网络语言超经济性变异类型

因产生并运行于特殊场域，网络语言超经济性变异具有一定的复杂性和多变性。其变异性表现在网络语言运用中的各个环节，从静态符号形式的创制到动态语篇的建构，每一环节都蕴含着超经济性变异特征。从总体来看，其超经济性变异主要表现为字母缩略、数字谐音、汉字合音、示意符号、拟像图谱、模态衍生、将错就错、混合谐音变异、动态语篇变异等几种类型。

1. 字母缩略

网络语言超经济性变异主要表现为大量使用简约型缩略形式，其中尤其以字母缩略形式最为典型。字母缩略可分为汉语拼音字母缩略和英文字母缩略两种形式。汉语拼音字母缩略的基本建构机制是：将原有词语、短语或句子的汉语拼音首字母提取出来，组建最简表意形式。如：BT（变态）、BC（白痴）、PF（佩服）、BD（笨蛋）、GG（哥哥）、DD（弟弟）、MM（妹妹或美眉）、FZ（发指）、MJ（马甲）、BG（报告）、SG（帅哥）、MN（美女）、JS（奸商）、KL（恐龙）、WS（猥琐）、RZ（弱智/人渣）、TK（偷窥）、WK（我靠）、LP（老婆）、LG（老公）、SL（色狼）、DX（大侠）、CN（菜鸟）、ZT（转贴/转帖）、JP（极品）、RQ（人气）、BS（鄙视）、RY（人妖）、LM（流氓）、YY（意淫）、PG（屁股）、PMP（拍马屁）、NND（奶奶的）、SJB（神经病）、LYB（留言板）、RMB（人民币）、LBT（路边摊）、WAN（我爱你）、XDJM（兄弟姐妹）、GXGX（恭喜恭喜）、BXCM（冰雪聪明）、JJWW（唧唧歪歪）、PLMM（漂亮妹妹）等。此外，还有单音节首字母缩略词，如：Q（求）、W（万）等。英文字母缩略可分为单词首字母缩略和短语或句子首字母缩略，以及其他缩略等形式。其中常规首字母缩略的有：BF（boy friend，男朋友）、GF（girl friend，女朋友）、BTW（by the way，顺便说一下）、AFAIK（as far as I know，就我所知）、PK（player kill，砍人，攻击）、LOL（laugh out loud，大笑）、BRB（be right back，马上回来）、BBL（be back later，过会回来）、SOHO（small office, home office,居家办公)、VG(very good,很好)、DIY(do it yourself,自己动手做)等。变异首字母缩略的有:CU(see you,再见)、OIC(Oh,I see! 我明白了)、CUL(See you later,以后见)等。其中,英语单词 you、see,根据其发音特点,已经分别被简约为"U"和"C"两个英文字母。其他缩略形式还有:FT(faint,晕)是抽取单词的首尾字母建构形式,ID(identification,身份)和 WEL(welcome,欢迎)是截取单词开头两三个字母建构形式,而 How a u(How are you,你好)和 Who a u(Who are you,你是谁)采用的是半缩略形式,即句首单词保持原型,其他单词采取缩略形式,等等。

2. 数字谐音

数字谐音是指利用数字和词语、短语或句子之间的同音或近音关系,从而用数字来代替相应语言单位的一种表达方式。这种谐音表意方式已经用于日常语言生活,如用"8"谐音"发"(发财)、"9"谐音"久"(长久)、"4"谐音"死"(死亡)等。但是,在网络交际平台中,网民们高频率大范围地使用这种表意方式,"使得数字在网络语言世界中自成一体,形成了表意功能强大且极具影响力,并有相当规模的数字网语。阿拉伯数字虽然只有寥寥 10 个符号,由于网民的创造性使用,10 个符号却千变万化,魔力无穷。"[①]不过,这种表达经济性也给接受一方增添了解码难度,使得解码工作具有了破译密码的性质。现将常见的网络数字谐音语言形式按数字 0~9 为序列举如下:

"0—":01925(你依旧爱我)、02825(你爱不爱我)、03456(你想死我了)、04527(你是我爱妻)、04535(你是否想我)、04551(你是我唯一)、0457(你是我妻)、045692(你是我的最爱)、0487561(你是白痴无药医)、0564335(你无聊时想想我)、06537(你惹我生气)、07382(你欺善怕恶)、0748(你去死吧)、07868(你吃饱了吧)、08056(你不理我了)、0837(你别生气)、095(你找我)、098(你走吧)等。

---

① 陈一民.2007.数字网语:网络语言中的数字表意.湖南科技学院学报,(11).

"1一":1314(一生一世)、1314920(一生一世就爱你)、1372(一厢情愿)、1414(要死要死,或意思意思)、147(一世情)、1573(一往情深)、1711(一心一意)、1920(依旧爱你)、1930(依旧想你)等。

"2一":200(爱你哦)、2010000(爱你一万年)、2013(爱你一生)、20184(爱你一辈子)、2030999(爱你想你久久久)、20475(爱你是幸福)、20609(爱你到永久)、220225(爱爱你爱爱我)、230(爱死你)、2406(爱死你啦)、246(饿死了)、246437(爱是如此神奇)、25184(爱我一辈子)、25910(爱我久一点)、25965(爱我就留我)、259695(爱我就了解我)、259758(爱我就娶我吧)、2627(爱来爱去)、282(饿不饿)等。

"3一":300(想你哦)、30920(想你就爱你)、3013(想你一生)、310(先依你)、330335(想想你想想我)、3344587(生生世世不变心)、3399(长长久久)、356(上网啦)、35910(想我久一点)、359258(想我就爱我吧)、360(想念你)、369958(神啊救救我吧)、3731(真心真意)、39(Thank you)、30920(想你就爱你)等。

"4一":42(是啊)、440295(谢谢你爱过我)、447735(时时刻刻想我)、4456(速速回来)、456(是我啦)、460(想念你)、48(是吧)等。

"5一":510(我依你)、51020(我依然爱你)、51095(我要你嫁我)、51396(我要睡觉了)、514(无意思)、518206(我已不爱你了)、5170(我要娶你)、517230(我已经爱上你)、518420(我一辈子爱你)、51920(我依旧爱你)、520(我爱你)、5201314(我爱你一生一世)、5209484(我爱你就是白痴)、521(我愿意)、52306(我爱上你了)、52406(我爱死你了)、530(我想你)、5366(我想聊聊)、5376(我生气了)、53719(我深情依旧)、53770(我想亲亲你)、53782(我心情不好)、53880(我想抱抱你)、53980(我想揍扁你)、5406(我是你的)、54335(无事想想我)、543720(我是真心爱你)、54430(我时时想你)、546(我输了)、5460(我思念你)、555……(呜呜呜,模拟哭声)、55646(我无聊死了)、564335(无聊时想想我)、570(我气你)、57386(我去上班了)、574839(我其实不想走)、5776(我出去了)、584520(我发誓我爱你)、5871(我不介意)、5876(我不去了)、59240(我最爱是你)、59420(我就是爱你)、596(我走了)等。

"6—":609(到永久)、6785753(老地方不见不散)、6868(溜吧溜吧)、687(对不起)等。

"7—":70345(请你相信我)、7087(请你别走)、70885(请你帮帮我)、729(去喝酒)、737420(今生今世爱你)、740(气死你)、7408695(其实你不了解我)、74520(其实我爱你)、74839(其实不想走)、765(去跳舞)、770880(亲亲你抱抱你)、77543(猜猜我是谁)、786(吃饱了)、7998(去走走吧)、7086(七零八落)、70345(请你相信我)、7708801314520(亲亲你抱抱你一生一世我爱你)等。

"8—":8006(不理你了)、8013(伴你一生)、8074(把你气死)、825(不爱我)、837(别生气)、8384(不三不四)、860(不留你)、865(别惹我)、8716(八格耶鲁)、886(拜拜拉)等。

"9—":902535(求你爱我想我)、9089(求你别走)、910(就依你)、920(就爱你)、9213(钟爱一生)、9240(最爱是你)、9494(就是就是)、95(救我)、98(酒吧)、9908875(求求你别抛弃我)等。

3. 汉字合音

汉字合音,亦称汉字谐音缩合,是指合二音为一音,共两形为一形,但仍兼有两个词的意义和作用,该现象通常是由于二字经常连用快读而形成的一种合音变异。其中,能指经历压缩合成,而所指依然保持不变。这种语言现象古已有之,如宋代沈括的《梦溪笔谈·艺文二》中已有相关论述,"古语已有二声合为一字者,如不可为叵,何不为盍,如是为尔,而已为耳,之乎为诸之类"。其他还有"于此"合为"焉"、"之焉"合为"旃"、"何故"合为"胡"等。关于合音字,郝静仪(1993)认为"是由某一历史时代和地域汉语的双音词或词组中前一字相同或相近的'声母',跟后一字的相同或相近的'韵母'凝合而成的单音字"[①]。相关分析充分说明汉字合音是一

[①] 郝静仪.1993.合音字浅探.齐鲁学刊,(4).

种由来已久的音变现象,起因于相邻音节的快速连读,本质上属于一种语流连读音变,与语言经济性和省力原则密切相关。该现象在口语中尤为常见。当代网络语言的半口语半书面语的表达方式承继并发展了这一语流音变方式,结果造就了一系列汉字谐音缩合词,如"酱紫"(这样子)、"酿紫"(那样子)、"表"(不要)、"包"(不好)、"考"(可好)、"哞"(没有)等等。究其因,显然是由于网络口语化的交际方式更接近方言发音特点,于是运行在方言土语中的合音词就堂而皇之地进入了网络交际平台。而网络语言变异特征之一就在于它能使方言色彩浓厚的词汇不再局限于特定地域范畴,而能走进大众生活,成为网络大众草根语言的有机组成部分。这既满足了经济省力的交际需求,又获得了具有乡土特色的表达效果。

4. 示意符号

网络示意符号,也叫"网络符号",或"图形符号"和"脸谱符号"。它是由美国卡耐基·梅隆大学研究人工智能的斯科特·法尔曼教授于1982年首创的。当时,法尔曼教授建议在大学的电子公告牌上用":-)"表示笑话,用":-("表示需要严肃对待的问题,以避免网上交流产生的误解,从此网络表情符号得以迅速普及与流行。此后各国网民和各类技术人员又创造了大量错综复杂的表情符号,使网络示意符号得到了进一步发展与完善。就建构情况来看,它是用键盘上现有的各种符号拼合在一起组成的各种表情或表意的简化形式,是网络语言经济性变异的一个重要体现。它的建构方式比较灵活自由,具有较强的临摹性与创造性。其基本构成要素是阿拉伯数字、标点符号、数学符号、单位符号、汉语拼音、注音码、英文字母和其他一些特殊符号,具有明显的键盘化特征。它并不依托现成的语言文字作为载体,而是用键盘上的字母、数字或符号作为组构素材来传递所要表达的信息。对面部表情的临摹和写意是其重要的建构方式,也是其重要特征。通常是抓住最能反映面部表情特征的眼、鼻、口三个器官进行建构,分别用":"、"-"和")"三个符号来表示。当然,也有一些其他非表情类的示意符号。总体来看,示意符号具有一定的象形性,即符号形式与所表达对象相似、相近或相同,用来弥补网络交际中体态表情和情境等副语言信息的匮乏。根据其表达对象的不同,大致可以分为表情类、表物类、动作类和综合类四种类型。

(1) 表情类。如:"^_^"表示眯着眼睛笑,":-("表示扁脸,不高兴了,":-(*)"表示恶心,想吐,"(^@^)"表示幸运小猪猪,"::>_<::"表示哭泣,"*c*"表示眼睛哭红了,"(-. -)=3"表示松了一口气,"♯^_^♯"表示脸红了,"^_~"表示俏皮地向对方眨眼睛,"→_→"表示怀疑的眼神,"●_●"表示熬夜变熊猫眼,":-*"表示生气地嘟着嘴巴,">-<"表示眉毛竖起来了要发狂,"X__X"表示很痛苦的感觉,"(╯-╰)"表示无聊或者是很无奈,"^_^"表示男士温和有礼的笑,"^.^"表示女士含蓄优雅的笑,":-D"表示开口大笑,"-p"表示吐了一下舌头,"<@_@>"表示醉了,"O_O"表示非常吃惊,"Zzzzzz……"表示睡觉的样子,"T-T"表示双泪长流的哭泣的脸,":-9"表示舔着嘴笑,"=^_^="表示脸红了等。

(2) 表物类。如:"@>>->--:"(玫瑰花),"<。♯)))≤"(烤鱼),"(??)nnn"(毛毛虫),"\(0^◇^0)/"(麻雀),"<*)>>>=<"(鱼骨头),"(=^=)"(猫),"/(*w*)\"(兔子),"≡[。。]≡"(螃蟹),"(-(∞)-)"(猪),"■D""(咖啡杯),"(:≡"(水母),"(。。)~"(蝌蚪),"ε==3"(骨头),"<口:≡"(乌贼),"<∇'>"(老虎),"○●○—"(烤丸子),"(:◎)≡"(章鱼),"ζ。≡"(狮子),"(●-●)"(太阳镜),"@/""(蜗牛),"Σ^)/"(乌鸦),"((((●<"(蟑螂),"(=ˆω=)"(狐狸),"<※"(花束),"[:|||:]"(手风琴),"┠━┯━"(枪),"┠■■■=—"(针筒)等。

(3) 动作类。如:"{{}}"表示拥抱,"{{{(>_<)}}}"表示发抖,"Y(^_^)Y"表示举双手胜利,"(^人^)"表示拜托啦等。

(4) 综合类。如:"(^_^)∠※"表示送你一束花,"(°o°)~@"表示晕倒,不省人事,"(~o~)~zZ"表示我想睡啦~等。

5. 拟像图谱

拟像图谱是系统配置的一种表情示意符号,是一种更为直观形象的情态和物象表达手段,包括脸谱、动作、实物等各种图谱。在辅助交际者的对话过程中具有传递情态、表达情境、展示实物等功用,较之上述象征性的示意符号,这种表达方式具有同样的情态情境表达功能,而且显得更为直观形象。由于各种图谱已经为网络系统预先配置和储存,因此,只要在交际过程中有需要,交际者就可以随时调配使用,以满足网络交际及时快捷的经济性需求,并能弥补网络交际现实情境的匮乏。现将QQ聊天工具中自带的拟像图谱列举分析为图2-1。

图谱							
拟像	微笑	再见	惊讶	礼品	咖啡	西瓜	瓢虫
图谱							
拟像	爱情	飞吻	回头	OK	握手	胜利	勾引

图2-1　QQ聊天工具自带拟像图谱例析

6. 模态衍生

网络言语交际过程中的模态衍生表现在语言符号系统的各个层面上,从语词到语篇都能窥见这一复制裂变繁衍动因。其经济性主要表现为格式模框具有极高的加工使用频率和强大的同化泛化功能,可以将功能情形相似的表达对象纳入结构模框,从而建构起庞大的模标变体族群。通过考察,笔者发现,这一模态动因尤其以词句模标最为典型。如:

①裸～:裸诵、裸考、裸替、裸聊、裸治、裸教、裸婚、裸捐、裸售、裸退等。

②～客:黑客、红客、极客、博客、威客、丁客、掘客、拼客、收客、拍客、闪客、播客、蓝客、搜客、换客等。

③～吧:酒吧、网吧、淘吧、迪吧、水吧、书吧、话吧、纸吧、氧吧等。

④被～:被自杀、被就业、被小康、被增长、被结婚、被成功、被广告、被失踪、被统计、被培训、被赞成、被幸福、被雷锋、被自愿、被跳楼、被中

考等。

⑤山寨~：山寨手机、山寨电影、山寨明星、山寨春晚、山寨广告、山寨网站、山寨新闻、山寨"神七"、山寨"鸟巢"、山寨《红楼梦》、山寨《百家讲坛》、山寨诺贝尔奖等。

⑥ABB：范跑跑、蒋代代、鲁嫁嫁、舒灰灰、王舔舔、余哭哭、张编编、赵光光、常面面、吕传传、何逛逛、楼薄薄、楼倒倒、坝溃溃、塔散散、桥裂裂、喝水水、做梦梦、洗澡澡、发烧烧等。

⑦哥~不是~，是寂寞：哥吃的不是面，是寂寞；哥唱的不是歌，是寂寞；哥发的不是帖子，是寂寞；哥呼吸的不是空气，是寂寞；哥抽的不是烟，是寂寞；哥摔的不是跤，是寂寞；哥用的不是手机，是寂寞；哥睡的不是觉，是寂寞等。

⑧××，××喊(叫)你回家吃饭：贾君鹏，你妈妈喊你回家吃饭；易中天，校长叫你回家吃饭；情妹妹，雪娘喊你回家吃饭；萨达姆，你妈喊你回家吃饭；孩子们，世界杯喊你回家吃饭了；布什、奥巴马喊你回家吃饭；高房价，大家喊你回家吃饭；川岛志明，你老婆沈傲君喊你回家吃饭；台湾，祖国喊你回家吃饭等。

⑨~控。根据林伦伦(2011)的研究，"'控'出自日语（读 con 音），取英文 complex(情结)的第一个音节，指极度喜欢某东西的人"①。该用法现今在我国网络媒体上渐趋流行，表达了一种因极度迷恋某人某物而身陷其中的不自主状态。如"妹控、女王控、正太控、萝莉控、伪娘控、大叔控、御姐控、美少年控、镜子控、丝袜控、明星控、减肥控、K 歌控、傲娇控、萌音控、声优控"等。

7. 将错就错

将错就错是网络语言超经济性变异的另一个重要表现。其产生原因是：由于网上交流的及时互动性要求网民必须用最快捷的方式将思维付

---

① 林伦伦.2011.微博控.语文月刊,(4).

诸文字，但拼音输入法又必须在音同或音近的字词之间进行辨别与选择，具有一定的局限性。尤其是在起初没有使用智能拼音输入法的情况下，输入与选择字码工作更加繁难，不能满足网络交际的即时性需求。于是，网民们一般采取以字词录入迁就网络快速交流的解决办法，也可以说是以牺牲表达准确性来换取交际经济性。一般是在首先跳出的字词中按顺序随意选择，于是，网络言语交际过程中就出现了大批同音或近音的别字错词，久而久之，便形成网络交际空间中特有的有别于现实常规言语交际的高容错性变异风格。相反，如果在网络交际过程中按照常规交际原则循规蹈矩地输入字词，反而显得不合时宜。因此，如果说这种将错就错的经济性变异起初是由于受限于输入法而采取的权宜之计的话，那么当智能拼音输入法出现以后仍然沿用这种变异形式就完全是一种网络交际风格的需要，即追求一种另类新奇的表达效果。如将"版主"打成"斑竹"，如果对版主有意见，还可以打成"板猪"以发泄一下不满。其他还有："请进"→"青筋"、"睡觉"→"水饺"、"喜欢"→"稀饭"、"有病"→"油饼"、"过奖"→"果酱"、"没有"→"木油"、"主页"→"竹叶"、"同志"→"筒子"、"邮箱"→"幽香"、"美国"→"米国"、"悲剧"→"杯具"、"喜剧"→"洗具"、"惨剧"→"餐具"、"帅哥"→"摔锅"、"和谐"→"河蟹"、"可爱"→"口耐"、"同学"→"童鞋"、"有才华"→"油菜花"、"干什么"→"干色摸"、"恐怖分子"→"恐怖粪纸"、"人身攻击"→"人参公鸡"等等。

8. 混合谐音变异

混合谐音变异是将数字、字母、汉字、符号等构件杂合在一起来谐音表意的一种经济性变异形式。根据构件性质，大致可以分为以下几种类型：

（1）字母数字型：B4（before，之前）、U2（you too，你也是）、3X（Thanks，谢谢）、3Q（Thank you，谢谢你）、4U（for you，为了你）、K4（考试）、P9（啤酒）、2GT（二锅头）、8HD（不会的）、F2F（face to face，面对面）、8U8（发又发）等。

（2）字母汉字型：D版（盗版）、P服（佩服）、L公（老公）、L婆（老婆）、

T飞(踢飞)、M国(美国)、牛B(牛逼)、新人W(新人王)、打PP(打屁股)、I服了U(我服了你)等。

(3)数字汉字型:7饭(吃饭)、哈9(喝酒)、8错(不错)、4人民(为人民)、不好14(不好意思)、污78糟(污七八糟)等。

(4)拼音/单词数字型:qu4(去死)、me2(我也是)。

(5)符号字母型:＋U(加油)。

(6)数字字母汉字型:3H学生(三好学生)、1切斗4幻j(一切都是幻觉)、3Q得Orz(感谢得五体投地)等。

(7)符号字母汉字型:↓b倒挖d(吓不倒我的)。

(8)符号数字字母型:↓4O(吓死我)。

9. 动态语篇变异

就动态语篇建构来看,其变异性主要表现为网络即时交际过程中的超经济性语言运用,诸如QQ、ICQ、MSN、各种聊天室等交际平台中的语言运用。网络即时聊天类似于现实口语交际,但因其发生于特殊电质媒介空间,现实口耳相传交际模式已变为非在场可视化"键谈",这一变化对其语言运用产生重要影响。较之现实口语交际,网络即时交际过程中的语言运用具有超经济性特点,典型地表现为强省略性和高容错率。例如:

甲:哪?

乙:上海。U?

甲:北京。见到U真高兴! ˆOˆ。

乙:me 2! 呵呵……

甲:家?

乙:no,公司。

甲:MM or DD?

乙:D! 我有事,走先,886!

甲:OIC,BB!

上述甲乙对话中除了分别运用了字母、数字、英语单词、示意符号等形式表情达意外,还运用了大量省略形式,如用"哪"代替"你是哪里人"、"上海"代替"我是上海人"、"家"代替"在家吗"等等,充分体现出网络动态语篇中的强省略性交际特点。而高容错率则是动态语篇经济性变异的另一个重要特点。例如:

GG:你嚎!
MM:你嚎! 你在哪里?
GG:我在忘八里。你呢?
MM:我也在忘八里。
GG:你是哪里人?
MM:我是鬼州人。你呢?
GG:我是山洞人。
MM:你似男似女?
GG:我当然是难生了。你肯定是女生吧?
MM:是啊。
GG:你霉不霉?
MM:还行吧,人家都说我是大霉女。你衰不衰?
GG:还好啊,很多人都说我是大衰哥。
MM:真的呀? 咱们多怜惜好不好?
GG:好呀,你的瘦鸡多少号?
MM:咱别用瘦鸡,瘦鸡多贵呀,你有球球吗?
GG:有啊。
MM:你球球多少号呀?
GG:6344795,你真可爱,我很想同你奸面。
MM:慢慢来啊,虽然隔得远,也有鸡会啦。

上述"GG"与"MM"的对话中出现了大量别字错词,网络即时互动交际语篇出现了高容错性变异。如"嚎"(好)、"忘八里"(网吧里)、"鬼州人"(贵州人)、"山洞人"(山东人)、"似男似女"(是男是女)、"难生"(男生)、"霉不霉"(美不美)、"大霉女"(大美女)、"衰不衰"(帅不帅)、"大衰哥"(大帅哥)、"怜惜"(联系)、"瘦鸡"(手机)、"奸面"(见面)、"鸡会"(机会)等,其中括号里的语词都是常规语言符号,但在网络动态交际过程中,这些常规语言符号受到了不同表达意趣的综合影响,即或是为了追求幽默诙谐的表达效果,或是为了满足网络即时交际的经济性需求。于是,出现了一定程度的"将错就错"性变异,即别字错词随意代替现象。

三、网络语言超经济性变异的认知阐释

由上述分类说明可以看出,网络语言的超经济性变异方式具有多样化特点。网民们在充分利用了其所拥有的文化资源和现代传媒技术优势的基础上,积极探索,大胆创新,进而创造出大量具有超经济性变异特点的符号形式。而这种超经济性变异本质上可以归因于人类认知过程中的一种调适与变化,即认知效益原则和省力原则,以及游戏规则的干预与调节。因为,新兴网络媒介是一种特殊交际工具,这种交际工具不仅拓展了人们的交际领域,而且也改变了人际交往的性质与方式。网络交际的一大特点就是让陌生人之间的沟通交流有了可能,游弋于网络空间中的网民隐匿了所有的现实背景信息,成为网络人际交往的平等参与者。在茫茫网海中,大家都是萍水相逢的匆匆过客,无需接受现实常规交际律令的束缚与限制,也无需对交际过程与结果承担责任,虚拟的交际情境赋予了网民极大的交际自由度。这种交际情境与交际工具的变化引发了相应的交际方式与手段的变化。作为一种新兴交际符号形式,网络媒介中的超经济性变异符号正是这种变化的直接反映,是对相关交际情境与交际工具变化的一种调适与顺应。认知语言学信奉经验主义认知观,认为在现实和语言之间有人类认知中介的参与,也就是说,现实和语言并不是直接

对应关系,语言并不是对外界客观现实的镜像临摹与反映,而是需要经过人类认知这一中介环节的过滤选择和加工处理。作为一种社会现实,新兴网络交际媒介的出现,必然会对人类认知过程与结果产生影响,进而会在认知产物和认知工具的语言终端有所反映。概言之,网络语言超经济性变异既是一种语言现象,也是一种认知现象,是人类认知经济性的现实反映。

首先,就网络语言中出现的大批量简化符号来说,现有研究一般将其生成归因于信息输出的低速度与网上即时互动的高要求之间的矛盾,促使语言符号朝简化变异方向发展。这一结论充分说明了网络交际情境的本质特征,即网民采取"键谈"方式来模拟"面对面"的即时交际,交际双方在心理上都期待对方能够像自然交谈一样对自己的话语作出快速回应,但由于打字速度和网络传输的限制,使得言语输出速度往往不能满足交际双方的心理需求。为了缓解低速输出与即时需求的矛盾冲突,交际者必须努力提高信息编码和输出效率。客观上,提高编码输出效率可供选择的途径不外乎改进输入法、提高打字速度和简化语言符号三种。前两者属于硬件改造,需要较多的硬件设备和技术支撑,且改进和提高的幅度有限,一般不能无限制地改造利用;简化语言符号属于软件改造,没有硬件条件限制,可以充分发挥使用者的主观能动性,具有"惟人参之"的认知特征。比较而言,后者使用效率高,改进空间大,因此成为网民们提高编码和输出效率的首选途径。网络交际中大量简化语言符号正是来源于这一选择。其中"惟人参之"的主观能动性正是一种认知经济性,因为,网络语言符号的"软件"改造需要遵循一定的认知原则,动用一定的智力资源。走简化道路遵循的就是一种经济性认知原则,而如何简化则涉及一种认知选择,必须积极发挥认知主体的主观能动性。从产生途径看,网络语言经济性只是一种表达经济性,对于接受方来说,可能未必经济,有时甚至会造成一定的解码障碍,因此,表达者必须在经济性和象似性之间进行调适,使之趋于平衡,以兼顾到接受方的解码需求,从而确保交际顺利完成。当然,也不排除在某些特殊情况下,表达者故意增加编码复杂性和隐晦性以阻碍接受方正常解码的做法,如小孩子故意使用火星文写情书以躲过大人的审查。但这只是特例,一般情况下,人们必须遵循交际合作原则,尽量保证编码和解码能够顺利对接,以完成信息交流。由此可见,网络语言符号经济性也是一种经过认知选择与加工的经济性,这种选择和加工原则就是要努力寻求以最小的认知代价获取最大的交际效益。表达方付出最少智力资源能够发送最大信息量,接受方只需付出很少心力就能获取最大信息量,以实现表达与接受双方的互利共赢。

其次,网络言语交际过程中的模态衍生变异也内蕴了经济性认知动因。因为,根据上述 Heine,Claudi & Hünnemeyer(1991)的观点,人类解决概念系统和表达系统之间矛盾的有效途径之一就是选择从现有的词汇和语法形式中构成或衍生新的表达式,即很少发明新的表达式,而宁愿借用已有的语言形式和结构。网络言语交际过程中模态衍生变异的产生与流行正是遵循了这一认知选择。因为,网络语言模态衍生变异的基本运行机制是:网民们通过对现实社会中相关现象进行观察、思考与分析,提取关键词进行编码,然后在网上发布宣传,依托网络语境的传播优势,进而演化成为网络变异流行语。随着变异流行语影响的扩大,其蕴含特定语义功能的结构形式本身也获得了进一步复制裂变衍生的功能动因,最终升格为具有强大同化和泛化功能的格式模框。辛仪烨(2010)在研究流行语的扩散问题时曾提出"直接使用—语义泛化—格式框填"①的基本架构,也是网络流行语发展变化的三个阶段。其中,"格式框填"是流行语的最佳运作模式,它能够充分彰显网络变异流行语的能产性。这种能产性来源于变与不变之间的动态平衡,构式框架有定,框填成分可变,接纳具有类似情境功能和表达意趣的不同客体,以最大程度地实现网络语言模态衍生变异的认知经济性。如"被 X"模框建构就经历了这样一种发展演化过程:2008 年阜阳"白宫"举报人意外死亡事件催生出"被自杀"建构,

---

① 辛仪烨.2010.流行语的扩散:从泛化到框填——评本刊 2009 年的流行语研究,兼论一个流行语研究框架的建构.当代修辞学,(2).

后来瓮安与石首等地出现的所谓"自杀"事件,又进一步助推了"被自杀"变异建构的流行与普及,使其一度成为网络变异流行语。"被 X"也逐渐从"被自杀"建构中蜕化成为一个能产性话语模,具有向社会其他领域拓展延伸的态势。于是,"被就业"、"被小康"、"被自愿"、"被幸福"、"被结婚"等变异性建构应运而生。从中不难看出,"被自杀"是"被 X"结构模框的衍生母体,其所包孕的是被操控、受摆布的不自由状态,以及所折射出的社会不公等问题。这也是"被 X"结构模框得以建立与流行的主要功能动因。其他如脱胎于"范跑跑"事件的"ABB"建构模块、导源于网络变异流行语"哥吃的不是面,是寂寞"而生成的"哥~不是~,是寂寞"等模块建构都具有类似演化历程与建构机制。这种"旧瓶装新酒"式的变异衍生机制正是语言经济性的典型表现。依凭既成结构模板,将具有类似功能情形的表达客体纳入模槽,以满足各种功能趋同、语义有别的认知表达需求,可以最大限度地节约智力资源,降低认知能耗。

美国传播学媒介环境学派代表人物沃尔特·翁(1982)认为,"一切表达法和一切思想都存在一定程度的公式化,因为每一个语词和语词传达的每一个概念都是一种公式,都是加工经验数据的固定方式,都决定着经验和思维的结合方式,都成为一种辅助记忆的手段。把经验转换(意味着有一点变化,而不是失真)为语词有助于回忆。"[①]当前流行的网络语言建构模块可谓是将生活经验、思想认识和情感态度进行公式化编码的极端化代表,这种程式化的建构方式不仅有助于记忆,而且还有助于相关衍生变体在网络交际空间中的宣传推广。因为,从某种意义上来说,这些程式化建构模块本身已经成为一种特定的思想表达,或者说,相关生活经验、思想认识和情感态度就寓于这些程式化语言模块之中。其中蕴含着构式语法的运作机制,即程式化语言模块的结构义也参与了其整体语义的建构与表达,甚至决定了接受方解码的方向与路径。这种程式化语言模块

---

① [美]沃尔特·翁.1982.口语文化与书面文化:27.何道宽,译.2008.北京大学出版社.

的建构内蕴了功能范畴化认知机制,即将功能趋同的表达对象纳入同一结构模框,以实现功能表达统一性和语言形式最简化,从而有效减轻认知过程中的工作负担。

综上所述,超经济性已经成为当代网络语言变异的主要表现形态,这种变异形态分布于语言符号系统的不同层面上,从静态符号形式的创制到动态语篇的建构,都呈现出一定的超经济性变异特征。而网络媒介的出现使这种变异不仅有了量的激增,更有了质的变化,为网络语符世界增添了新景观。符号简化和模态衍生是其主要建构机制,以最小的认知代价获取最大的交际效益是其发生变异的根本动因,且还掺杂着因新媒介而生的特殊表达意趣和交际需求,内蕴人类认知处理过程中的选择与加工程序,旨在获取一种节约成本和及时互动的务实经济性,以及服务于游戏娱乐等特殊表达需求的务虚经济性。

第三章　隐喻转喻理论与网络语言变异

作为人类认识和表达世界经验的一种重要认知思维方式,隐喻和转喻已经渗透到人类语言符号建构与运用的各个层面,新兴网络语言也不例外。由于网络语言符号产生并运行于特殊交际场合,其隐喻和转喻性建构较之现实常规语言符号已呈现出新的特点,既有量的激增,又有质的变化。其具体表现为,网络语境中的隐喻和转喻性建构形式多样,运用广泛,且具有变异性特质。不但诸多技术性网络专业术语需要借助这种认知方式进行建构,如"病毒"、"窗口"、"桌面"、"主页"、"登录"、"宽带"、"文件夹"、"回收站"、"防火墙"等,而且许多已有现成表达形式的概念语义也通过这种认知方式寻求建立新的能指符号。诸如"美眉"、"大虾"、"恐龙"、"青蛙"、"马甲"、"杯具"、"斑竹"、"盖楼"、"灌水"、"打铁"、"爬墙头"、"皮卡丘"、"哈姆雷特"等,在网络语境中都被赋予了有别于现实常规语义的新所指。此类表达形式普遍存在于聊天室和 BBS 等网络热门活动区域中。因此,本章拟重点考察分析网络聊天室和 BBS 等热门活动区域中的隐喻和转喻变异建构及其运行状况,以期为相关语言现象的建构机制与生成动因寻求到一种科学而合理的阐释。通过考察发现,网络语境中的隐喻和转喻性建构与现实常规语境中的相关建构不同,即并非单纯为了解决无法直接感知的抽象事物和事件的认知和表达问题,而更多的是一种功能需求,即为了满足表达者的主观意图和表达意趣。且特殊"键谈"模式,使网络言语交际呈现出强烈的语音喻变偏好,相关问题需要专门探究。

一、隐喻转喻理论概说

随着认知语言学的兴起,作为其核心理论之一的隐喻和转喻理论及其相关研究受到了人们的高度重视。从发展历程来看,隐喻研究可以追溯到古希腊时期,以亚里士多德的研究为代表。其在《诗学》中探究了隐喻的本质问题,认为"用一个表示某物的词借喻它物,这个词便成了隐喻词,其应用范围包括以属喻种、以种喻属、以种喻种和彼此类推"[①]。这就是隐喻理论发展史上"替代论"的肇始,其后又分别经历了比较论、互动论、映射论、概念合成论等不同发展阶段。理论发展历程由最初的润色语言的修辞技巧发展到人类特有的一种认知方式,完成这一转变的标志性事件是莱考夫(G. Lakoff)和约翰逊(M. Johnson)于 1980 年合作出版了《我们赖以生存的隐喻》(Metaphors We Live By)一书。在书中作者将隐喻纳入人的行为活动、思维方式、概念范畴、语言符号等领域进行全面细致的考察,并用大量隐喻语料来证明语言与人类隐喻认知密切相关。作者明确提出,"隐喻的实质就是通过另一类事物的语汇来理解和感受某一类事物","隐喻广泛存在于我们的日常生活中,不仅在语言中,而且也在思维和行动中,我们赖以思维和行动的概念系统从本质上来讲是隐喻的"[②]。也就是说,人类的概念系统是隐喻性的,而作为概念系统表征的语言系统也必然是隐喻性的,隐喻是人类认识和表达世界经验的一种普遍认知方式。该理论研究发展至今,人们对隐喻的本质特征已达成共识,即隐喻不仅是一种语言现象,更是人类特有的一种思维方式和认知工具;人类的概念系统和语言系统从本质上讲乃是隐喻性的,隐喻思维是人类认识事物、建立概念系统的一条必由之路。

---

① [古希腊]亚里士多德.诗学:149.陈中梅,译.2009[1996].商务印书馆.
② G. Lakoff & M. Johnson. 1980. Metaphors We Live By:4. Chicago University Press.

关于人类言语交际中的隐喻运用问题,现有研究认为,隐喻普遍存在于人们的日常生活中。英国修辞学家理查兹(Richards,1936)曾经说过,"我们日常会话中几乎每三句话就可能出现一个隐喻。"① 而土尔贝尼(Colin Turbayne,1970)的观点更为激进,他认为"科学概念不可避免都是隐喻性的"②。因为不管人们对客观世界和主观世界如何认识,其结果都不可避免的是隐喻性的,因为从本质上说,人们从来都不是对本意的或本真的事物作本义的介绍。这样就将隐喻置于人类认识世界的哲学高度加以审视,传统认定的不以人意志为转移的绝对真理需要重新裁决与界定。若以隐喻论观之,真理也是人为之物,归根结底需要依凭隐喻方能建构,也可以说,隐喻是发现、认识和构造真理的必备工具和手段。隐喻在关涉到"纯粹真理和真正知识"的领域也具有一种合法性地位。"在理论性探究的过程中具有本质性的作用。"③ 郭贵春(2007)认为科学及其哲学领域是20世纪隐喻研究所进入的最后一块思想文化领地。隐喻研究已经涵盖了一切人文社会科学以及科学哲学研究范畴。④ 这些都充分说明了隐喻在人类一切智性活动中具有极其重要的意义与作用。

关于隐喻的产生动因,束定芳(2000)将其概括为三条,即思维贫困、心理动因和语言贫困。思维贫困假说认为,隐喻的最初使用者因为思维能力的局限(贫困),把两种实际上不一样的事物当成了同一种事物,因而产生了隐喻。该类隐喻通常产生于语言的初创时期,即人类思维能力处于较低水平时期。人类隐喻产生的心理动因包括思维特征、意象和新奇心理三方面。至于语言贫困假说,是指在现有的词汇中没有合适的词来表达某一特定的概念或某一新概念,在这种情况下,人们往往需要通过借

---

① I. A. Richards. 1936. *The Philosophy of Rhetoric*:121. Oxford University Press.

② C. M. Turbayne. 1970. *The Myth of Metaphor*:22. University of South Carolina Press.

③ Susan Haack. Dry Truth and Real Knowledge. J. Hintikka. 1994. *Aspects of Metaphor*:3. Kluwer Academic Publishers.

④ 郭贵春.2007.科学隐喻的转向.山西大学学报(哲学社会科学版),(3).

用现成的词语或表达法来表达这一新概念。这种借用的结果往往就形成了语言中大量的隐喻性词汇[①]。从本质上来看,隐喻现象的产生是一个非常复杂的过程,是多种因素综合作用的结果。其中既有语言系统内部条件的限制,又有语言系统外部因素的制约;既有被迫原因,又有可选择原因。这充分体现出人类认知活动的复杂性和多变性。

关于隐喻的建构机制,当前较有影响的理论有映射论、意象图式和概念整合理论等。映射论(Mapping Theory)是由 Lakoff & Johnson (1980)提出。他们认为,隐喻实际上关涉到两个概念之间的关系和互动,即隐喻与映射。而这两个概念的结合又导致了另一个概念的产生,即隐喻映射(metaphorical mapping)。所谓隐喻映射,就是指从始源域到目标域的一种转换(transfer),也就是从一个始源域映射到一个目标域。王文斌和林波(2003)认为,隐喻是一种心理映射,是人们将此事物的认识映射到彼事物上,形成了始源域向目标域的跨越。隐喻的心理映射可能牵涉到此事物与彼事物的外在表象联系,也可能牵涉到此事物与彼事物的内在特性的关联,也可能牵涉到两者兼而有之的关系[②]。意象图式(Image Schema)最早由 Johnson 于 1987 年在《心中之身》(*The Body in the Mind*)中提出,他将意象图式描述为"在人们与外界交互作用的过程中,反复出现的、赋予我们经验一致性结构的动态性模式"。Lakoff(1987)将意象图式定义为"相对简单的、在我们的日常身体经验中反复出现的结构,如容器、路径、连接、动力、平衡,或某种空间方位及关系:上—下、前—后、部分—整体、中心—边缘"。作为隐喻的心理基础,意象图式不是具体的视觉形象,而是"空间关系和空间位移的动态类比表征(dynamic analog representation)"[③]。概念整合理论(Conceptual Integration Theory)是由 Fauconnier 于 1997 年在其著作《思维与语言中的映射》(*Mappings in*

---

① 束定芳.2000.隐喻学研究:91-111.上海外语教育出版社.
② 王文斌,林波.2003.论隐喻中的始源之源.外语研究,(4).
③ George Lakoff. 1987. *Woman, Fire and Dangerous Things: What Categories Reveal about the Mind*:207. The University of Chicago Press.

Thought and Language)中正式提出,此后的研究又不断对其进行完善与发展。概言之,概念整合就是把来自不同认知域的框架结合起来的一系列认知活动。人们在思维与交际过程中,通过不断理解或行动,不断构建一些概念包,存储于虚拟的心理空间里。同时交际中还会不断建立新的心理空间,而每个心理空间只是一个临时结构,它的存在依赖于某个或某些特定的或相关的更广泛、更固定的知识结构。具体来说,"'概念整合是一个不可缺少的与类比、递归、心理模式、概念范畴和框定(Framing)同等的一般性认知操作。'(Fauconnier & Turner,1998)概念整合一般来说涉及四个心理空间,心理空间是包含各种元素的部分集合(Partial Semblies),由框定和认知模式构成。心理空间可以用来模拟思维和语言中的动态映射。(Fauconnier & Turner,1994)在概念整合过程中存在两个输入空间(Input Space),一个包含两个输入空间的抽象结构的普遍空间(Generic Space),两个输入空间将各自的元素部分地投射到合成空间(Blending Space),并在此产生新的意义和自发的结构(Emergent Structure)"[①]。国内学者王文斌(2007)撰文对概念整合理论进行了修正与发展,提出了"隐喻及其意义的构建与解读是一个认知流程,不论是施喻者的隐喻及其意义的构建还是受喻者对隐喻及其意义的解读,均会受到主体自洽原则的引导与制约,会涉及到由连接、冲洗和合流这三个主要运作机制组成的认知流程,而且推理作为人的一般性思维能力统摄连接、冲洗和合流这三个认知机制的运作"[②]。并系统地探究了隐喻建构与解读过程中的主体性、主体间性、隐喻间性和异隐喻性等问题。相关研究是对概念整合理论的有益补充与完善。

关于隐喻的类型,根据生命度等级,可以将其分为活跃隐喻、非活跃隐喻、死寂隐喻、死喻等不同类型,其中包含了创新—巩固—沉寂的认知发展历程。束定芳(2000)根据隐喻的表现形式、功能和效果、认知特点

[①] 黄华.2001.试比较概念隐喻理论和概念整合理论.外语与外语教学,(6).
[②] 王文斌.2007.隐喻的认知构建与解读:5.上海外语教育出版社.

等,将隐喻分为显性隐喻与隐性隐喻、根隐喻与派生隐喻、以相似性为基础的隐喻和创造相似性的隐喻等几种类型①。胡壮麟(2004)则系统地介绍和探究了传导隐喻、概念隐喻、基本隐喻、诗性隐喻、根隐喻等不同类型的隐喻②。而从所涉及的符号对象来看,隐喻现象可以分布于人类语言系统的各个层面上,诸如语音、词汇、语法等。刘勰《文心雕龙》有言,"夫'比'之为义,取类不常:或喻于声,或方于貌,或拟于心,或譬于事。"③这也充分说明了隐喻取类的广泛性,由此产生了语音隐喻、词汇隐喻和语法隐喻等不同类型的隐喻。

与隐喻不同,转喻涉及的是一种"接近"和"突显"关系。它被认为是"包含一种词表示的字面意义和它相应的比喻意义之间的'邻接'关系,转喻联系着的一个成分代表了另一个成分"④。不过,认知语言学认为转喻不是词语之间的简单替代关系,而是人类认识事物的一种重要方式。大千世界中的事物、事件及其概念范畴往往包含许多属性,而人类认知更多注意到的是其易被感知的突显属性。"对事物突显属性的认识来源于人的心理上识别事物的突显原则","固化了的转喻意义成为人们对事物进行多极范畴化的工具,在构成复杂的相互联系的范畴网过程中,起了重要作用。"⑤这种认知方式与隐喻相似,也是基于人们的基本生活经验,涉及源概念和目标概念之间的映射对接关系。这种映射对接关系一般限于具体概念域,在原型上对应于一个具体认知模型,指称功能和突显功能是其基本认知功能。

综上所述,隐喻和转喻不仅是一种语言现象,更是人类所拥有的一种思维工具和认知方式。其在人类各项智性活动中具有极其重要的作用,

---

① 束定芳.2000.隐喻学研究:51-58.上海外语教育出版社.
② 胡壮麟.2004.认知隐喻学:59-120.北京大学出版社.
③ 刘勰.《文心雕龙》译注:511.周振甫译注.2004.江苏教育出版社.
④ [德]弗里德里希·温格瑞尔,汉斯—尤格·施密特.2006.认知语言学导论:127.彭利贞,等,译.2009.复旦大学出版社.
⑤ 赵艳芳.2001.认知语言学概论:116.上海外语教育出版社.

哲学理论赖其建构,科学探索靠它开路。若从人类是符号动物和修辞动物角度来看,人类在本质上乃是隐喻和转喻性动物。因为从人类的语言符号及其表征的对象来看,二者的疏离与联系正是一种隐喻和转喻性关联。联系本书所探究的网络变异语言现象可以发现,作为人类依凭新兴传媒技术手段所构建的虚拟交际平台——网络,其语境与现实语境既有疏离,又有关联,二者之间存在着映射和被映射关系。所谓网络语言变异,也是参照了现实语境中的常规标准得以界定。这种"常规"与"变异"之间的关联实际上是一种隐喻和转喻性关联,其中"常规"代表了目标域,"变异"代表了始源域,二者之间是一种映射对接关系。由此可见,网络语言变异,从跨域映射角度来看,乃是一种隐喻和转喻性变异,只有将其置入隐喻转喻理论视阈中进行考察探究,方能揭开其中奥秘。

二、网络语言变异的隐喻阐释

(一) BBS 交际用语的隐喻性建构

BBS 是一种与网络技术有关的网上交流平台,即网络论坛。它是一种电子信息服务系统,向用户提供了一块公共电子白板,每个用户都可以在上面发布信息或提出看法。BBS 最早是用来公布股市价格等类信息的,现在已经发展成为网络交流的重要板块。目前,国内的 BBS 已经十分普遍,大致包括校园 BBS、商业 BBS、专业 BBS、情感 BBS 和个人 BBS 等五种类型,是网民们的重要活动场所。戴维·克里斯特尔称之为"异步聊天组",认为这一板块具有"虚拟咖啡屋"的功能,"许多常客经常登录上来提供专业知识、对主题展开辩论、玩字谜游戏、纵情于逗乐和闲聊"[①]。由此可见,BBS 板块活动具有多样性特征。作为一个成熟的网络活动板块,BBS 论坛的言语交际活动也具有多样化特质。其中常用的交际用语

---

① [英]戴维·克里斯特尔.2001.语言与因特网:95.郭贵春,刘全明,译.2006.上海科技教育出版社.

诸如"楼主"、"沙发"、"灌水"、"拍砖"等,有别于常规语言表达,具有一定的变异性。其变异性主要表现为相关交际用语是通过隐喻认知方式得以建构,日常语言生活中所使用的普通语词在网络BBS语境中被赋予了特殊含义。不过,考察分析其生成理据时发现,网络语义与常规语义仍有一定关联。也就是说,常规语义是网络语义产生的基础,二者之间存在一定的相似性,于是,跨域映射有了可能,隐喻用法由此产生。纵观BBS论坛常用交际用语,其隐喻性建构大致可以分为以下几种类型。

1. 建筑隐喻

建筑隐喻是BBS交际用语认知建构的一种重要方式。在BBS交际语境中,参与者的言语交际活动与楼房建筑形成认知对接,前者是目标概念(target concept),后者是源概念(source concept)。借用弗里德里希·温格瑞尔和汉斯—尤格·施密特(2006)关于隐喻跨域映射的图例,二者的隐喻建构可以示意为图3-1。

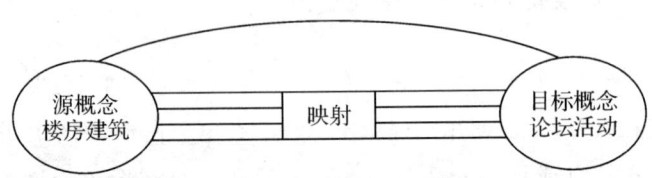

图3-1 BBS交际用语隐喻建构示意图

其中,论坛言语交际活动是所要表达的目标概念,也称目标域;楼房建筑是用来表达目标概念的源概念,也称始源域。从始源域到目标域的映射基于论坛言语交际活动与楼房建筑之间所具有的相似性。温格瑞尔与施密特(2006)认为,其中的映射域是一套限制,规定了哪些交际言语对应有资格从源概念映射到选定的目标概念上。它本质上能够反映出人们处置所处世界的概念经验。意象图式(image schemas)、基本相互关系(basic correlations)和文化依存评价(culture-dependent evalutions)是映射域的三个主要成分①。就意象图式来看,建筑隐喻的建构是基于人们的身体经验,包含了方向图式、容器图式和整体—部分图式等。现以论坛常用的"盖楼"系列话语为例,对其中包孕的建筑隐喻分析如下。

借助于隐喻性思维及其表达模式,BBS 上的言语活动与工程建筑形成有效认知对接。网民们在论坛上发帖就是在盖楼,网页上所发的帖子组成的层状结构就是盖好的楼。其隐喻性建构的基本理据是:论坛中对同一主题帖的回复会被放在该帖之下,形成一个层状列表。回复越多,这个层状结构就会越来越高,类似于建筑业中高楼大厦的建造。因此,这个层状结构被网民们形象地称为"楼",对主题帖进行回复则为"盖楼"。通常而言,发起主题的人是整幢楼的最先缔造者,可称之为"楼主"。部分论坛中,每一个回帖都会标明一个序号,可按序号称该回帖为多少楼。现将"秘鲁作家略萨获得 2010 年诺贝尔文学奖"为主题帖的网络回帖片段摘录如表 3-1。

表 3-1　秘鲁作家略萨获得 2010 年诺贝尔文学奖网络跟帖片段

原帖发布者与跟帖者 (楼主与沙发等)	所发帖子(所盖楼层)	发帖次序 (楼层)
网易上海闸北网友 [lan36]	略萨获奖合情合理,海外华人我不了解,中国大陆能获诺贝尔文学奖的,我是还没看到。如果大陆作家获奖,我觉得是对诺贝尔文学奖的侮辱	1
网易重庆涪陵网友 [chuanyu1987]	像《平凡的世界》《乔家大院》《亮剑/血色浪漫》《狼图腾》这样的作品也不能获诺贝尔文学奖,它那东西,咱不拿也罢	2
网易中国网友 [ljq645948134]	别在这丢你娘的脸了。即便评中国的文学奖,也轮不到它们,还有钱钟书的《围城》和陈忠实的《白鹿原》呢	3

---

① [德]弗里德里希·温格瑞尔,汉斯—尤格·施密特.2006.认知语言学导论:132-133.彭利贞,等,译.2009.复旦大学出版社.

续表

原帖发布者与跟帖者（楼主与沙发等）	所发帖子（所盖楼层）	发帖次序（楼层）
网易安徽安庆网友[hantao2082]	还《狼图腾》!! 二楼你个自以为是恶心的傻X	4
网易广东广州网友(58.248.*.*)	就是,白鹿多少还有点东西。平凡的世界太烂了	5
网易中国网友[heibing8]	亮什么乱剑	6
网易安徽合肥网友[r.xu.baggio]	二楼,你让我说你什么好	7
……	……	……

从表 3-1 可以看出,上海闸北网友[lan36]就是该栋楼的楼主,其所发的帖子称为主题帖,其他网友跟帖回帖类似于盖楼,每回复一条相当于盖了一层楼。为了节省篇幅,以上简单列举到 7 楼,其余从略。实际上,楼层可以无限增加,特别是对那些影响较大的热点事件的评议进行追踪跟帖,往往可以建成摩天大厦。

基于"盖楼"母体隐喻,BBS 中又派生出一系列关于"楼"的子隐喻,从而构成了建筑隐喻的整体—部分意象图式。既然可以盖楼,那么也就可以拆楼,于是就有了"砍楼"(在版主或前面发帖人发连续帖的时候,其他人往中间发一帖,把别人的连续帖分成两半)、毁楼(版主删帖)等。盖楼还包括材料加工和具体建造工作,于是又有了"造砖"(认真写帖子)、"砌砖"(在网上写文章)、"拍砖"(对别人的帖子发表批评性的意见或评论)等。有了"楼",就有了"楼上"(上一个回复帖子的人)、"楼下"(下一个回复帖子的人)、"第×楼"(回复帖子的第×个人)、"隔壁"(属于同一网站的不同主题的论坛、聊天室或帖子)等空间分割。楼房还需要粉刷打扫,于是就有了"刷墙"与"扫楼"(整个版面都是同一个人的回复或发帖,且多为无意义的内容)。没事还可以"爬墙头"(在论坛中光看帖子不发言)。楼盖好了以后,里面还需配备一些家具设施,于是就有了"沙发"(在论坛中

第一个回复主题的帖子)、"板凳"(在论坛中第二个回复主题的帖子)、"地板"(在论坛中第三个回复主题的帖子)等。有了家具设施,就可以使用了,于是又有了"占座"(看帖者示意自己正在看帖)、"提上小板凳等"(楼主正在一段一段写帖子,看帖人在焦急渴望地等待后续帖子)等隐喻表达。除了以上有关楼房建筑的主体工程及配套设施外,盖楼时还有一些连带工程,如"坑"(在网络上发表的未写完的文章)、"挖坑"(写新的连载文章)、"平坑"(为未写完的网络文章写结尾)、"弃坑"(不再更新未写完的网络文章)、"跌坑"(网友在网上看未写完的长篇文章)、"填坑"(更新未写完的文章,并发布在网络上)等。由"坑"隐喻又进一步派生出"掘墓"(通过回复沉在多页之后的老帖子使之上升到首页)、"挖坟党"(在网络上以回复为手段,将陈旧的帖子升至论坛首页的人)、"盗墓帖"(将从前发过的旧帖重发)等。楼盖好后,应该核算一下工作量,于是就有了"工分"(在论坛中的发帖总数)等。

综上所述,围绕"发帖—盖楼"核心隐喻建构,网络 BBS 论坛又进一步派生出与核心隐喻建构联系或紧或疏的若干子隐喻。这些子隐喻分布于核心隐喻周围,与核心隐喻共同组建成一个特定的认知情境模型。所谓情境(situation),温格瑞尔和施密特(2006)将其界定为真实世界中物体的互动在接受者心理层面所唤起的认知范畴、心理概念和认知表征。这种认知表征并不是孤立的心理体验,而是至少以两种方式将认知活动中获取的新信息与储存于长期记忆中的有关知识直接地联系起来。一方面,可以再次提取关于有关范畴的特定语境知识;另一方面,当前处于活动状态的语境从长期记忆中唤起与之有着某种关系的其他语境。认知范畴不仅依靠它置身于其中的直接语境,而且依赖与直接语境相联系的整个语境集束。① 温格瑞尔和施密特还以"ON THE BEACH"(在沙滩上)为例图解了认知模型网络的建构机制。参照"在沙滩上"认知情境图解模

---

① [德]弗里德里希·温格瑞尔,汉斯—尤格·施密特.2006.认知语言学导论:53.彭利贞,等,译.2009.复旦大学出版社.

型,上述"发帖—盖楼"核心隐喻建构及其派生的子隐喻也有其完整系统的认知模型网络。(见图3-2)

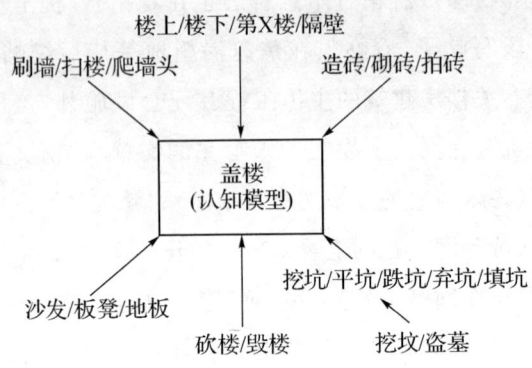

图3-2 网络BBS"盖楼—发帖"认知模型示意图

2. 灌水隐喻

作为BBS交际常用词,"灌水"意指发没有质量的帖子。这个词来自于英文addwater,指在论坛上发表冗长空洞的文章。据说美国前总统里根曾用addwater的昵称在BBS上发表文章,后来真相被公布后,addwater影响扩大,进而发展成为在论坛上发表文章与观点的统称。频繁使用后,又演化为"发没有质量帖子"的隐喻性用语。某些网站为了宣扬自由民主的网络氛围,也常用此语,如"欢迎大家前来灌水"等。

通过考察发现,BBS中的"灌水"系列隐喻性用语是基于"容器—内容"(container-contained)意象图式建构起来的。"灌水"与"发帖"之间具有一定的象似性,这种象似性正是源于"容器—内容"意象图式,同时也是产生跨域映射的触发点。"灌水"一词包含了"容器"、"填充物"(水)、"施为者"(人)等多个语义节点,这些节点共同组成了含有特定意象图式的事件范畴,亦称认知脚本。与其相对,在网上发没有质量的帖子也是一种事件范畴,其中包含了"论坛空间"、"帖子"和"发帖人"等语义节点。而"水"与"没质量的帖子"之间的相似性关联显然来源于我们民族的文化规约性认知。汉语中,"水"与质量差具有一定的关联性,诸如,"水货"(泛指通过非正常途径进出口的货物或劣质产品)、"水分"(喻指某一情况中夹杂的不真实的成分)等。至此,可以将"灌水"与"发帖"之间的隐喻映射图示为图3-3。

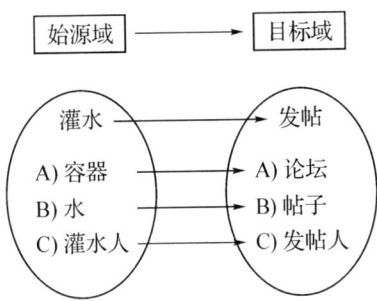

图3-3 网络BBS"灌水—发帖"跨域映射示意图

图3-3中的"灌水—发帖"隐喻映射是一种母体隐喻。所谓母体隐喻,亦称根隐喻,意指作为中心概念的隐喻,概括性和包容性是母体隐喻的重要特征。而其所概括的各种语义节点就成为了生发子隐喻的能产性触须,诸多子隐喻的产生都蕴含了这一运作机制。另外,围绕"灌水"母隐喻又派生出一系列子隐喻,与之共同组建起"灌水"家族隐喻,成为BBS论坛用语的一道独特风景。相关建构情况见表3-2。

表3-2 "灌水"家族隐喻建构分析表

始源域	目标域	发帖
灌水	潜水	在聊天室里只看别人聊天而不发言,或者在论坛中只看别人的帖子而不回复
	冒泡	潜水人偶尔发帖的行为
	沉下去	一个帖子由于没有人回复而被别的帖子所覆盖
	浮上来	找到沉下去的帖子通过回复让其浮到最顶上

续表

始源域＼目标域		发　帖
灌水人	水牛	在论坛上极能灌水之人
	潜水员	只看帖,不发帖或回帖的人,同"潜水艇"
	水手	在论坛活动的人
	水鬼	在网上疯狂灌水或大量发帖的人,同"水怪"、"水王"、"水仙"、"水桶"
	水母	在网上疯狂灌水的女性网民
水	纯净水	内容空洞的帖子或无意义的话,发话者的帖子没有质量
	水蒸气	论坛中没有实质内容的帖子

3. 其他隐喻

网络 BBS 交际用语中,除了"盖楼"和"灌水"两大系列隐喻用语外,还有一些其他类型的交际用语。较之常规语言表达,这些交际用语也是通过隐喻方式得以建构。其中最有影响的当属"路过"类同义系列用语,包括"路过、飞、记号、留个名、留个印、留爪、飘过、贴个爪、踩"等,意为看到帖子后认为不值得发表评论,表示只是"路过"时偶尔看到,或者写两个字以赚取回帖的网络积分。该类建构充分体现出网络语言变异的过度词汇化特征。此类现象还有很多,诸如,"打铁",意指认真写帖子,且此帖具有一定的价值;"顶",意指通过回复的方法,让帖子的位置升到第一位,表示对帖子内容的支持,英文直译为 up,作动词,与"沉"相对,同义词为"挺";"踢",是指管理员取消某人进入论坛或聊天室等处的资格;"回锅",是指将自己在网上发过的文章重新修改、调整并传到网页上。以上相关表达都蕴含了隐喻认知机制,"留爪"之类建构直接取自于猫扑网的猫爪图像,与其相类的"飞"、"路过"、"飘过"、"踩"等都可引发具象性认知联想,人与动物经过某地,难免会留下一些痕迹,这与网络上草率回帖,匆匆而过极具相似性,于是,二者之间的隐喻性映射得以建立,相关表达应运而生。"打铁"中的"铁"与"写帖"中的"帖"语音相似,此外,"打铁"

工作的辛劳及成果与"认真写帖"的付出与成果具有相似性,于是始源域"打铁"与目标域"认真写帖"之间就形成了有效认知链接。"回锅"中的二次加工与文章经过修改、调整重新上网之间具有相似性,于是食物加工程序就可以映射到网络论坛文章的处理程序,"回锅"一词在网络语境中便被赋予别样所指。需要说明的是,鉴于网络论坛交际用语的复杂性与多变性,此处例析并非穷举式,但网络论坛交际用语的隐喻性建构于此可略见一斑。

(二) 网络交际主体的隐喻性表达

除了BBS系列交际用语的隐喻性建构外,网络交际平台中还有许多关于网络成员的特殊表达形式。较之常规语言表达,这些表达形式也具有变异性质,内蕴隐喻建构机制。就建构情况来看,"网民"本是其统一身份标识,但是惯于标新立异的网络交际平台又滋生出具有隐喻特质的另类名称,其中较有影响的有以下两个系列。

1. "菜鸟"与"网虫"系列

这一系列是根据网民的网络技术熟练程度所作出的隐喻性区分。其中,"菜鸟"是指初上网的新手。其来源说法不一,有人认为是"笨鸟"的误识误用,也有人认为是源自NBA,刚刚加入NBA的新兵统称菜鸟。比较可信的说法认为,"菜鸟"一词由英文词trainee(练习生,新兵)音译而来,先传到台湾,经过台湾方言闽南语的谐音改造,"菜鸟"="菜鸟仔"(闽南语),后传到大陆,现已进入自然语言词汇,泛指某一行业中的新手,也可戏称刚进入一个新环境而对诸事不熟或愚蠢的人。根据上网技术的熟练程度,"菜鸟"隐喻又衍生出相应的不同等级程度的隐喻词汇,如"中鸟",意指有一定的上网经验,但技术并不十分熟练的网络用户。"老鸟",是指网络高手,网络技术非常熟练,亦称"飞鸟"。其他还有"匿鸟",指使自己处于隐身的状态。而"网虫"则是整天沉迷于网络不能自拔的人，英文译为 networm，或 nethead，意为"网痴，网迷"。同时根据网络运用技术的水平高低，网民根据"网虫"的不同级别已经建构起其名称序列，从低到高依次为：准虫——爬虫——小虫——大虫——飞虫。其中，最低级"准虫"属于见习期网虫，并没有真正上网，但已心动神往；"爬虫"是指初上网的新手，类似于"菜鸟"；而"飞虫"属于高级网虫，网络阅历丰富，技术娴熟，且在活动区域中具有一定影响。其他还有"甲壳虫"（网络高手）和"网蝶"（网上美丽的女性）等。显然，"网虫"系列隐喻是基于网络技术高低和昆虫进化形态高低之间的相似性建构起来的。

2. "恐龙"与"青蛙"系列

这一系列是有关网民的性别以及相貌的隐喻性表达。其中"恐龙"是指相貌丑陋的女网民。二者形成隐喻认知对接源于其内在相似性，恐龙是一种早已灭绝了的丑陋冷血动物，网民提取其"丑陋"义素，用来意指丑陋的女网民，在此基础上又进一步衍生出"食肉性恐龙"（长相丑陋的泼妇）、"食草性恐龙"（长相丑陋但稍温和的女网民）以及"侏罗纪公园"（形容某圈子里丑女特别多）等不同子隐喻。而"青蛙"则是指相貌丑陋的男网民。由于青蛙的大嘴巴、激突眼等特征给人以不舒服的感觉，于是得以跨域映射为丑陋男网民。在此基础上又滋生出"四眼田鸡"（戴眼镜的书呆子）、"青蛙想吃天鹅肉"（讽刺丑男想追美女）等相关隐喻表达。此外，还有"油条"（很花的男生）、"烧饼"（很轻浮的女生）和"包子"（指某人长得难看或者笨）等隐喻表达形式。

（三）网络语言变异中的语音隐喻

1. 语音隐喻概说

语音隐喻最先由福纳吉在其论文"Why Iconicity"中提出，主要从语音的发音方式与其所表意义这一角度进行了论述。他总结出三条原则：

一是有意识表达某种情感与特定发音方式对应;二是发音器官的运动与身体姿态一致;三是不同程度的紧张、延时、言语速度反映出不同程度的情感①。美国加州大学语言学教授兰格克(Ronald W. Langacker)把语言看成是象征体系,认为该体系中的每一象征单位包含语音和语义两面或两极,即语音单位和语义单位。象征单位的语义部分既可以含有字面意义,也可以包含语用意义、文化意义。国内学者李弘(2005)对语音隐喻问题进行了较为深入的考察与探究,认为"语音隐喻"实际上是关于语音与其所指对象之间象似性的问题,因为根据王寅(2001)的观点,象似性主要讨论语言形式在音、形和结构上与其所指(客观世界、经验结构、认知方式、概念框架、所表意义)之间存在映照性相似的现象。并主张按照Lakoff 等认知语言学家的定义从语音层面来论述"跨域喻指"的隐喻现象,将语音隐喻现象视为用一个象征单位(一种音义关系)来喻说或激活另一个象征单位②。按此理论推断,语音隐喻应该是一种建立在符号学基础之上的二级重构隐喻,因为根据符号学相关理论可知,符号是能指与所指的结合体,能指是音响形象,所指是概念。就汉语来说,其基本语言单位是形音义的统一体,符号形式和语音是能指,语义是所指。三者之间是一种约定俗成的关系,这种关系一旦确立,便具有强制性,成为一种规约性常识为人们所接受和遵守。但是语言运用是一个动态过程,规范与变异是一对不断进行能量抗衡的矛盾统一体,在遵守规范的同时,语言变异现象时有发生。语音隐喻就是一种变异现象,其之所以能用一个象征单位(一种音义关系)来喻说或激活另一个象征单位,是因为构成象征单位的语音形式具有相似性,由一种语音形式可以激活另一种语音形式,进而实现语音层面的"跨域喻指"。现以网络语音隐喻词"果酱"(过奖)为例进行分析,见图 3 - 4。

---

① Ivan Fónagy. Why iconicity. M. Nänny and O. Fischer(eds). 1999. *From Miming Meaning—Iconicity in Language and Literature*: 19. John Benjamins.
② 转引自:李弘.2005.语音隐喻初探.四川外语学院学报,(3).

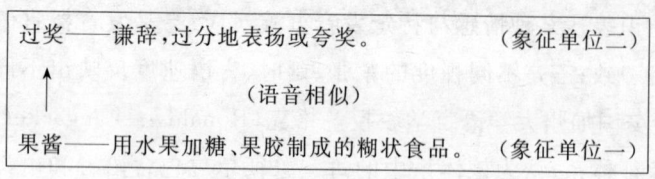

图 3-4 "果酱"(过奖)语音隐喻建构示意图

图 3-4 中的象征单位一能够喻说和激活象征单位二,原因在于"果酱"与"过奖"具有语音相似性,二者之间是一种语音隐喻关系。

李战子和庞超伟(2010)在研究反语言相关问题时曾经提出,语言是一个具有多层次的系统,至少包括语义层、形式层(词汇和语法)以及实体层(语音和书写)。并认为语言各层次之间存在"体现"(realization)关系,即词汇语法体现了语义层,同时又被语音书写层所体现。而重新词汇化则是反语言的显著特征之一,所谓词汇化,即为意义寻找语言表达式的过程(Talmy,2000)。重新词汇化就是赋予既有现象新的范畴,换句话说,就是利用新词来表达原有意义的过程。"重新词汇化"是作为现有词汇的替代物或对立物而存在的。韩礼德(Halliday)还提出,反语言实质上是语言的一种隐喻变体,其隐喻性贯穿整个语言系统,包括了语音、词汇语法、语义各层面。而反语言的重新词汇化就是利用隐喻以多种方式构建不同"能指"的过程,这些方式在语音层面包括换位、逆序构词、辅音改变、音节插入等;在词汇语法层面包括添加后缀、合成、简化、词类变换、词汇借用等;在语义层面的隐喻主要表现为词汇与语法信息的结合与重组。① 以此理论来观照语言变异中的语音隐喻现象可以发现,在"语义←词汇语法←语音书写"层递性"体现"链条中,语音隐喻是发生在语音书写层面的一种语言现象,这种语音隐喻又反映在其所体现的词汇语法层次上,尤其是词汇层,并最终要落实到"体现"链中的终极层次——语义层。因为相对于语法的封闭系统来说,词汇是个开放集,对外界的适应性和可变性较强,语音隐喻主要发生在该层面上。受各种主客观因素的影响,作为词汇

---

① 李战子,庞超伟.2010.反语言、词汇语法与网络语言.中国外语,(3).

语法体现的语音书写形式并非一成不变,体现材料和建构方式可以选择和重置,而现实语言系统中大量存在的同音多义符号又为这种选择和重置提供了便利条件,致使语音隐喻成为语言系统中,尤其是网络语言中极富特色的一种语言现象。

2. 网络语言变异中的语音隐喻类型

作为一种口语化的"键谈"交际工具,当代网络用语中存在着大量的语音隐喻现象。也可以说,网络言语交际中具有一种强烈的语音偏好,具体表现在不但现有规约化汉字符号可以在网络语境中进行谐音再改造,就连数字、字母也被大量调集用来谐音表意,甚至将已有汉语意译的英语词汇进行仿音再加工,如"茶包"(英语 trouble,麻烦)、"哈皮"(英语 happy,愉快,高兴)等,这充分体现出相关符号建构中的语音至上原则。在这里,数字、字母、汉字等符号都可以被加工改造成另有所指的语音隐喻载体,用来映射和代替具有一定语音相似性的目标符号。就构成材料来看,当代网络用语中的语音隐喻大致包括了数字谐音隐喻、字母谐音隐喻、汉字谐音隐喻和混合谐音隐喻等几种类型。

(1)数字谐音隐喻。汉语中,数字谐音表意由来已久,在日常生活中具有较高的使用频率。网络语言将这种表意方式与表达功能进一步发扬光大,进而发展成为网络语言符号系统中具有典型意义的一种表达形式。数字谐音动用的语音书写符号为0~9之间的十个数字,每一个数字对应于一个或多个语词符号,并可以组合表意,其对应关系的建立既有语音相似性,又有民族文化规约性,相关隐喻意义的生成与这种相似性和规约性密不可分。对于数字网络语言的意义构建问题,邹春玲和孔繁冬(2009)运用概念合成理论对其进行了探究,并图解了"1314"意义构建模式。(见图3-5)

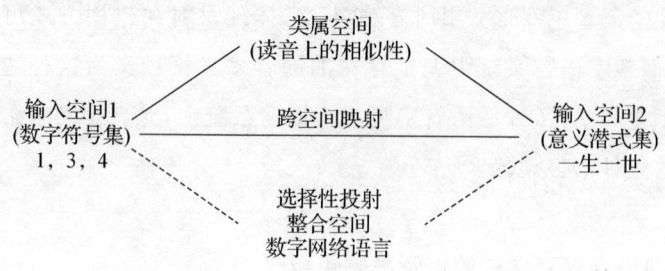

图 3-5 数字网语"1314"隐喻意义的构建(邹春玲,孔繁冬,2009)①

从图 3-5 中的分析可以看出,数字网语"1314"隐喻意义的构建蕴含了概念整合认知机制。输入空间 1 中的数字符号集与输入空间 2 中的意义潜式集之间能够形成跨空间映射,源于二者类属空间中的语音相似性,这是语音隐喻的本质特征。根据邹春玲和孔繁冬(2009)的研究,数字网络语言意义的建构实际上包含了数字符号集和意义潜式集的组合过程,其中,数字符号集包含了网络上被普遍应用于交际的数学符号,由 0~9 之间的十个数字组成,意义潜式集包含交际者根据语境的需要所联想的意义潜式。推而广之,网络数字谐音隐喻实际上就是这两个集基于语音相似的跨域映射,二者最终整合为数字网络语言。不过,此处的概念合成图解只是静态框架,比较而言,王文斌(2007)提出的隐喻认知构建与解读的主体自洽原则解释力更强。他认为,语言隐喻及其意义的认知构建与解读必然会牵涉到施喻者和受喻者这两个认知主体的主观能动性、自主性和自为性。书中特别强调,"认知主体在对始源域和目标域这两个心理空间之间的相似性进行自洽的过程中,其认知运作程序是一个如同水流一般的动态认知流程,其间牵涉到连接、冲洗与合流这三个认知运作机制"②。由此可见,网络语言中数字"1314"之所以能够和"一生一世"建立有效认知链接,其中也包含了隐喻认知构建与解读的主体自洽原则。关于隐喻的建构与解读的程序差异,王文斌将其形式化为图 3-6。

---

① 邹春玲,孔繁冬.2009.概念整合与数字网络语言的意义构建.世纪桥,(23).
② 王文斌.2007.隐喻的认知构建与解读:前言16.上海外语教育出版社.

```
施喻者:物质→隐喻思维→隐喻语言
受喻者:隐喻语言→隐喻思维→物质
```

图 3-6　施喻者与受喻者之间的差异(王文斌,2007:174)

依据图 3-6 分析框架,此处可将数字网络语言"1314"(一生一世)的隐喻建构和解读分析为图 3-7。

```
施喻者:一生一世→隐喻思维→1314
受喻者:1314→隐喻思维→一生一世
```

图 3-7　"1314"数字谐音隐喻的建构与解读

由图 3-7 可以看出,施喻者和受喻者的认知运作程序呈逆反关系,隐喻思维是联系前后项的核心环节。这一环节必然包含连接、冲洗和合流等认知运作机制,需要调用认知主体的世界知识、对社会常规的把握度、人生经验、记忆、对客观事物的洞察力和感悟力等相关资源,其中还应注重对网络语境的认识和理解,以及对交际合作原则的信奉和遵守等。如果撇开认知参与和语境制约,"1314"只是一个数量化概念,无法和"一生一世"形成有效认知对接。此外,建构与解读过程中还涉及认知主体对相关信息的筛选过滤,因而需要锁定核心认知关联,这一过程包含了基于相似性的意义凸显机制。所谓凸显,是指一个事物往往有很多属性,而人类的认知通常会更多地注意到其最突出的、最易被记忆和理解的属性,即凸显性。这种认知特点具有心理学依据,即与人的心理上识别事物的突显原则有关,涉及认知选择、自主—依存、关联性和顺应性等问题,具有强烈的语境依赖性,一旦脱离特定情境,相关表达就无法收到预期效果。需要特别指出的是,网络语境中还有一些数字表达并非谐音隐喻,而是由具有较曲折语义关联的事物或事件所引发出来的语义隐喻建构,如"286"原是老式电脑处理器的型号,网络语境中喻指反应慢,落伍;"1775"原是美国独立战争发生之年,网络语境中喻指我要造反。二者之间具有较曲折的相似性语义关联。

(2)字母谐音隐喻。字母谐音隐喻与网络语言经济性变异中的字母缩略有关。受经济性动因支配,当前网络语言中存在大量的字母缩略形式。根据缩略材料的性质,可分为汉语拼音字母缩略和英文字母缩略两种形式,前者如 BT(变态)、BC(白痴)、SJB(神经病)、WAN(我爱你)、JJWW(唧唧歪歪)等;后者如 BF(boy friend,男朋友)、DIY(do it yourself,自己动手做)、CU(see you,再见)等。根据上述"跨域喻指"语音隐喻理论可知,语音隐喻现象是用一个象征单位(一种音义关系)来喻说或激活另一个象征单位(另一种音义关系)。由此可见,此处探究的字母谐音隐喻中的缩略形式就是一种象征单位,目的在于激活另一个象征单位。只不过,这种激活是一种分层激活,存在中间环节,过程更为复杂。如 BT(变态)的隐喻解读过程应该是:BT→biàntài→变态。字母缩略形式"BT"首先激活"biàntài"语音形式,然后,由"biàntài"语音形式进一步激活"变态"语词书写符号及其概念意义,其中存在认知操作过程中的解压缩程序。而其隐喻建构程序恰好相反,过程是:变态→biàntài→BT。即"变态"的概念义及其语词符号首先进入施喻者的认知域,然后,由词形符号进一步激活其语音符号,经过压缩加工,最后打包成最简字母缩略形式。

不过,经笔者考察发现,这种内蕴压缩整合加工程序的字母谐音隐喻也具有一定的局限性。虽然现实交际语境中也存在一定量的字母缩略词,诸如 WTO(World Trade Organization,世界贸易组织)、CEO(Chief Executive Officer,首席执行官)、NBA(National Basketball Association,美国篮球协会)、CD(Compact Disc,激光唱盘)、HSK(Hànyǔ Shuǐpíng Kǎoshì,汉语水平考试)等,但是这些缩略形式已经充分规约化,具有一定的执行标准,在日常交际中具有较高的使用频率,一般不会产生交际障碍。而网络语境中的字母缩略形式则不同,具有极强的反语言、特别是反词汇化倾向。这一倾向突出表现为字母缩略形式的大量使用,且构建材料与建构方式更为复杂多样。这种缩略形式的无节制使用,结果导致了原有语音形式的过度简化,破坏了其区别性特征,歧解现象由此而生。就字母谐音隐喻来说,就是出现了"跨域喻指"中的歧义喻指现象,即一个象征单位(一种音义关系)可能会喻说或激活两个或多个象征单位。现以"RZ"为例分析为如图3-8。

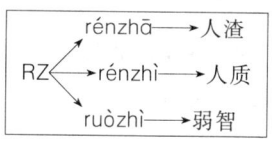

图3-8 "RZ"谐音歧义喻指现象

由图3-8不难看出,字母缩略词"RZ"的"跨域喻指"已是一种歧义喻指现象,即字母缩略形式"RZ"可以产生多项激活。其产生原因与相关语言形式过度追求经济性有关。因为人类语言符号系统的运作必须遵循相似性与经济性守恒定律,如果一味追求相似性,势必会影响经济性,使人类的语言交际工具变得极为繁难,不利于交际活动的高效运行;反之,一味追求经济性,又势必会对人类交际过程中的有效解码产生障碍,不利于交际活动的正常进行。因此,理想的语言符号系统必须在这两者之间达成平衡,将相似性与经济性控制在一个合理的限度内。而人类语言系统本身是一个自组织系统,具有一定的自我调控能力。在常规情况下,语言符号系统的相似性与经济性总能保持大体平衡,偶有小幅波动,语言系统会及时发挥自组织功能,使之趋于均衡。显然,此处分析的网络语言字母缩略形式已经打破了这种均衡,过度追求经济性,使符号系统相似性严重受损,区别度大为降低,对正常交际产生了负面影响。如上述例析的"RZ"字母缩略符号,其相似性受损和区别度降低突出表现在其能指与所指之间已形成的一对多关联中。所指可以是rénzhā(人渣)、rénzhì(人质)、ruòzhì(弱智)等,理论上和实际上都还可以进一步拓展,只要有需要,rénzào(人造)、rénzhèng(人证)、rénzhǒng(人种)、rǔzhào(乳罩)、rǔzhī(乳汁)、rùzhù(入住)等都可以进入备选渠道,成为其新的激活对象、新的终极所指。因此,笔者认为网络语言中的字母缩略形式具有变异性,主要表现在其将语言符号系统的经济性原则无限放大,甚至已超出常规交际所能允准的限度,致使能指过度简化,区别性大为降低,造成了一符多指现象。

从社会语用功能角度看,该类语音隐喻还具有人际关系调节功能。笔者通过对相关字母缩略形式的考察发现,有碍礼貌交际原则的不文明类字母缩略形式占有一定的比例,诸如:RZ(人渣/弱智)、BD(笨蛋)、BC(白痴)、BT(变态)、SB(傻逼)、NB(牛逼)、SL(色狼)、RY(人妖)、LM(流氓)、JS(奸商)、WC(我操)、WBD(王八蛋)、TMD(他妈的)、TNND(他奶奶的)等。该类字母缩略形式解码难度的增加体现的正是编码者对相关表达委婉含蓄风格的追求,属于在不得已而为之情况下,对礼貌原则的补救行为。这些字母缩略形式是一种曲折表达形式,具有隐蔽功能。在交流过程中可以避俗求雅,将平日一些不文明的詈语脏话用字母谐音来代替,避免直接使用有碍观瞻的词汇,可以实现婉辞表达功能。其跨层解读和多向激活可以降低和分散其中有违礼貌交际原则的语言暴力因素,避免相关表达过于直白刺眼,乃至造成严重的语言污染。

(3)汉字谐音隐喻。尽管数字、字母符号已经频现于网络交际平台,但是汉字符号仍然是当前网络交际符号中的主流形态。受口语化"键谈"方式的影响,现实交际语境中的许多符号形式在网络交际环境中有了一定程度的变异,这种变异突出表现为大量汉字符号出现谐音音变现象。就考察的谐音音变用例来看,其建构方式与运作模式具有一定的复杂性。根据谐音音变方式区分,可以分为完全音变和局部音变两种类型,前者如"葱白"(崇拜)、"果酱"(过奖)等,后者如"恐怖粪纸"(恐怖分子)、"内牛满面"(泪流满面)等。根据谐音音变来源区分,可以分为普通话谐音音变、方言谐音音变和英语谐音音变三种类型。普通话谐音音变有"围脖"(微博)、"馨香"(信箱)等,方言谐音音变有"母代"(没得)、"虾米"(什么)等,英语谐音音变有"哈皮"(happy,高兴)、"茶包"(trouble,麻烦)、"甫士"(pose,姿势)、"爱老虎油"(I love you,我爱你)等。此外,还有合音音变类型,如"酱紫"(这样子)、"表"(不要)等,以及首字母相同转指类型,如"兰州烧饼"(LZSB,楼主傻逼,詈语)等。如果从谐音音变前后汉字符号的表意类型来看,许多汉字谐音音变都具有实物性和具象化义变特点,即被谐音的汉字符号意义一般较为抽象,而用来谐音的汉字符号意义一般较为具体。现重点分析其中的"食物"和"杯具"两个系列。

一是食物系列。如:稀饭(喜欢)、油饼(有病)、水饺(睡觉)、鸭梨(压力)、葱白(崇拜)、果酱(过奖)、木油(没有)、油菜花(有才华)、蓝苹果(烂屁股)、大虾(大侠)、河蟹(和谐)、虾米(什么)、板猪(版主)、跑牛(泡妞)、人参公鸡(人身攻击)等。

就所列举的用例来看,该类汉字谐音隐喻除了具有语音上的相似性外,其"跨域喻指"的象征单位一还具有义域相似性,都属于食物类属义场,具有语义范畴一致性。关于基于语音相似的跨域喻指建构情况,上述在分析"果酱"(过奖)时已作出说明。至于象征单位一的义域相似性,笔者认为,该类源域一致性的出现并非偶然,现有研究通常将其归因于网络交际方式,认为是网络交际速度与汉字输入法矛盾作用下的产物。而事实上,其中还蕴含了表达者运用符号的认知选择,这也是一种表达意趣的体现。因为在现实常规交际中,人们一般会尽力避免对已经规约化的语词符号进行随意窜改,以确保交际能够顺利进行。但是网络交际却反其道而行之,以规约化的违背为常态,打破常规已成为一种追求,创新变异更成为一种时尚,陌生化甚至成为一种风格。诸多变异符号折射出的正是网络交际的一种表达需求,打破符号能指与所指的既定关联,解除既定规约,蓄意制造认知艰涩,将语符运用游戏化,以实现真正意义上的语言狂欢。于是"稀饭、油饼、水饺、果酱"等语词符号在网络交际中都脱离了原有食物类属义场,被赋予了全新的概念意义。其"跨域喻指"建构情况见图 3-9。

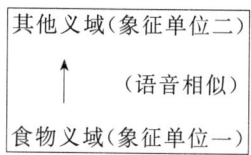

图 3-9 "食物"系列语音隐喻映射示意图

二是"杯具"系列。如:杯具(悲剧)、餐具(惨剧)、洗具(喜剧)、茶具

(差距)等。

据百度百科介绍,原指盛水器具的"杯具"一词,因与"悲剧"谐音,已成为继"打酱油"、"俯卧撑"、"寂寞"之后又一横行互联网的王道词语,足见其影响之大。关于网络词语"杯具"及其相关衍生词句,王彦彦(2010)进行了较为全面的考察探究,认为网络词语"杯具"及其相关衍生词句产生的顺序是:"悲剧"→"杯具"→"杯具"语句→"杯具"衍生词→"杯具"衍生词语句,其产生机制依次是:谐音双关、隐喻、仿词造义、隐喻。① 其实,根据上述福纳吉的语音隐喻理论,所谓的谐音双关,也是一种隐喻形式,即谐音隐喻。其中包含着通过一个象征单位(一种音义关系)喻指或激活另一个象征单位(另一种音义关系)的跨域喻指过程。这种跨域喻指已经成为网络语词变异的主要形态,因为在网络语言交际过程中,语音变异已成为一种典型的表达风格,网民们经常会用另外一个发音相同或相似,而形式不同的表达式来代替原来的词语。就"杯具"及其相关衍生词句来说,其特别之处在于拥有强大的拓展衍生能力,能够由一个词语拓展到一个词族,再拓展到系列语句,最后形成一个庞大的"杯具"类词句家族。不断壮大的"杯具"家族已有超越"贾君鹏"家族之势,迅速成为各大论坛的主流表达形式。其逐级拓展衍生情况见图 3-10。

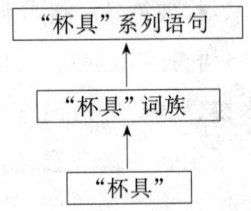

图 3-10 "杯具"词句家族建构示意图

由图 3-10 可以看出,"杯具"是庞大的"杯具"词句家族的始祖与根基,处于最基层,属于隐喻建构中的根隐喻,相关词族及其语句都是从这里生发出去的。相关层级的建构及其推演蕴含着隐喻机制。最基层的

---

① 王彦彦.2010.网络语"杯具"及衍生词句的认知研究.修辞学习,(1).

"杯具"(悲剧)运用了谐音隐喻,二者之间的跨域喻指关系的建立基于语音相似,其语音相似性跨域喻指关系建构见图3-11。

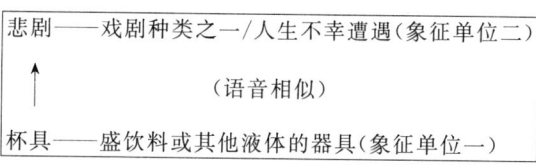

图3-11 "杯具—悲剧"谐音隐喻跨域映射示意图

基于"杯具"(悲剧)谐音隐喻,又滋生出"洗具"(喜剧)、"餐具"(惨剧)、"茶具"(差距)、"桑心"(伤心)、"内牛满面"(泪流满面)等诸多谐音隐喻表达形式。其中,"洗具、餐具、茶具"与"杯具"同属于器具类属义场,具有语义范畴一致性,而语义范畴一致性又强化了认知连通性,极易产生触类旁通的认知效果。于是,由"杯具"自然可以激活其他器具类型的隐喻源域。而"桑心"(伤心)和"内牛满面"(泪流满面)则是由"杯具"(悲剧)而衍生的具体表现形态,"杯具"(悲剧)之中难免会有"桑心"(伤心)和"内牛满面"(泪流满面),二者之间有一种由抽象概括到形象具体的演绎性语义关联。现将相关语词的衍生情况总结为图3-12。

```
杯具→餐具、洗具、茶具(器具类属义场)
杯具→桑心、内牛满面(概括→具体)
```

图3-12 "杯具"相关语词的衍生路径

在此基础上,网民们经过推演扩展,又进一步建构出一大批含有"杯具"词族的新奇语句,为"杯具"家族增添了许多新成员,也为网络交际平台增添了新的语言景观。比较而言,其中,"杯具"系列语句的建构更为复杂多样,此类建构使表达者的创新意识和人生感悟得到了充分体现。现将百度百科中所收录的相关例句摘录并评析如下。

1) 我的人生就像茶几,上面摆满了杯具。

2) 人生像茶几，上面摆满了杯具；人生又像茶杯，本身就是个杯具；人生更像茶叶，终究要被浸泡在杯具之中。

3) 人生就像牙缸，你可以把它看成杯具，也可以看成洗具。

4) 人生就像茶几，上面摆满了杯具。当你努力跳出一个杯具时，却发现自己跳进了一个餐具（惨剧）。

5) 人生就像是一个茶几，上面摆满了杯具。当我们认为自己跳出一个杯具时，却已经掉进了另外一个杯具。而若你发现你没有跳进另一个杯具，那恭喜你，你掉下茶几了。

6) 女人是水做的，为了迎合她们，男人注定成为一个个杯具。

7) 人参就是要泡在杯具里才能有滋有味。

8) 人生就是淘宝，你买洗具他绝对会给你邮个杯具，用的还是TMD快递。

9) 人生就像茶几，上面摆满了杯具和餐具，而每天却要不断地洗具。

10) 人生就像一场悲剧，而大部分杯具都是MADE IN CHINA。

11) 就算生活只是个杯具，我也要做个上品青花瓷杯具。

12) 生活就像茶几，我们永远都不知道旁边的杯具中的人参是什么味道。

13) 男人是泥塑的杯具，经得起烤焰，才能拥有水做的女人。

14) 刷牙是一件悲喜交加的事，因为既有杯具，又有洗（喜）具。

15) 人生就是一碗内牛满面：少了，盛它的是杯具；多了，装它的是餐具。

16) 在杯具和洗具中轮流浸泡的人参啊！

17) 人生就像一张茶几，上面摆着各种杯具，浮生苦茶就在杯具中。生活中到处都是杯具，喝水的、装水的、超市卖的、冰箱冻着的。

18) 人生是一只茶几，上面放满了杯具。而本身就是杯具的我们还非加上茶叶自以为与别人没有茶具（差距），结果人人都说咱现在要用就用餐具（惨剧）。我们在沉默中灭亡，成了文具；在沉默中爆发，成了火炬。我们想明哲保身，都成了面具。我们想一鸣惊人，都成了京剧。不能再次相聚,执手相看泪眼,成了哑剧。生活是自己的杯具,别人眼里的洗具(喜剧)。①

从上述用例不难看出,以"杯具"词族建构的语句已经成为网络论坛中一种时尚的表达形式,人生中的酸甜苦辣都寓于这些表达形式之中。也有人认为杯具的运用已走出了"悲剧"的窠臼,更具娱乐和乐观精神。总之,不论寄寓的是何种人生感悟和随想,其另类表达风格已经满足了网民们复杂多样的心灵诉求,已经成为网络论坛中的一种独特的语言表达方式。

此外,就其生成机制来看,该类语句都蕴含了隐喻认知动因。上述分析显示,该类语句都是在"杯具"词族基础上建构起来的。而这些词族在具体语句表达过程中又吸纳了具有一定相关性的新成员,呈现出不断扩容之势。如在原有"杯具"词族的基础上又进一步衍生出"茶几"、"茶杯"、"茶缸"、"茶叶"、"人参"、"文具"、"火炬"、"面具"、"京剧"、"哑剧"、"泥塑的杯具"、"青花瓷杯具"等隐喻始源域,致使"杯具"家族不断扩张。王彦彦(2010)认为,该类隐喻建构具有二层隐喻特点,并将其双层隐喻关系图示为图3-13。

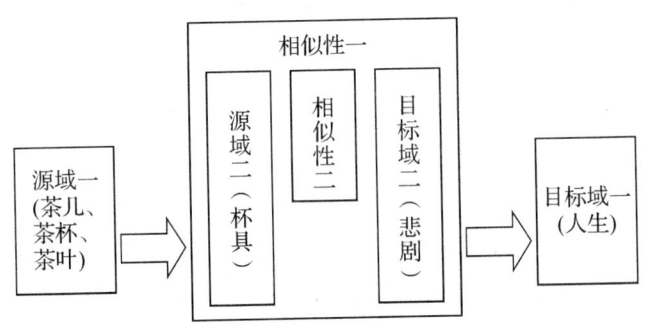

图3-13 "杯具"语句的双层隐喻关系示意图(王彦彦,2010)

---

① 参见:杯具.百度百科,http://baike.baidu.com/view/2528756.htm.[2012-03-20].

根据王彦彦的二层隐喻图解分析,"杯具—悲剧"语音隐喻是建构"茶几、茶杯、茶叶—人生"跨域隐喻的二级隐喻,已成为"源域一"和"目标一"之间跨域映射的喻底(相似性),其隐喻意义的建构是餐具域向文艺作品域映射的结果。"杯具"具有双重身份,表"器具义"的"杯具"跟茶几相呼应,表"悲剧义"的"杯具"跟人生相呼应。笔者认为这种分析还可以进一步简化,其中第二层隐喻完全可以整合到第一层隐喻之中,该类隐喻建构的始源域就是器具以及其他实物,而目标域就是广义的人生(包括婚姻)。"杯具—悲剧"语音隐喻是始源隐喻,后起的若干隐喻都由其促发。由"杯具"所引出的"茶几、茶叶、茶杯"等诸多始源域集中投射到人生目标域,其中尤以"茶几—人生"隐喻建构最为典型,其母喻与子喻双域映射情况见图 3-14。

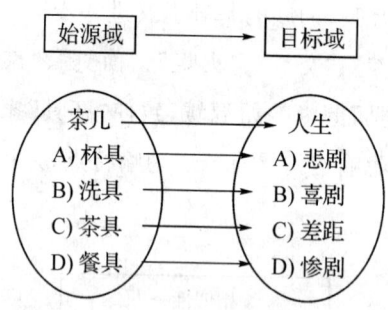

图 3-14 "茶几—人生"母喻及其子喻映射示意图

由图 3-14 的分析可以看出,"茶几—人生"隐喻是母体隐喻,内蕴若干子隐喻,这些子隐喻映射关系的建立基于语音相似性,是一种象征符号激活了另一种象征符号。而"茶几—人生"母体隐喻的建构则是基于空间意象图式的相似性,始源域"茶几"上可以摆放着杯具、洗具、茶具、餐具等各种器具,而目标域"人生"当中也会出现悲剧、喜剧、差距、惨剧等各种状况。于是,空间上的包容性成了"茶几—人生"隐喻跨域映射的喻底,连同子隐喻的语音相似性,最终促使双域形成有效认知对接。

除了"茶几—人生"隐喻外,上述所罗列的"杯具"系列语句中还有许多其他类型的人生隐喻。其特点是目标域一致,始源域各异,不同始源域纷纷投射到人生目标域,体现出隐喻建构中的认知差异性和选择性。即施喻者所拥有的世界知识、对社会常规的把握度、人生经验、记忆、对客观事物的洞察力和感悟力等方面的差异,必然会在隐喻建构过程中有所反映,具体表现为同一始源域可以映射到不同目标域,不同始源域也可以映射到同一目标域。"比喻有两柄而复具多边。盖事物一而已,然非止一性一能,遂不限于一功一效。取譬者用心或别,着眼因殊,指(denotatum)同而旨(significatum)则异;故一事物之象可以孑立应多,守常处变。"①钱钟书此处提及的"指同而旨则异"就是同一始源域可以映射到不同目标域,"取譬者用心或别,着眼因殊"是其认知动因。反之亦然,即"旨同指异"现象也比比皆是,网络语言中关于人生的"杯具"系列隐喻就属于这一类型。"人生—杯具"跨域映射建构概况见表3-3。

表3-3 "人生—杯具"隐喻跨域映射分析表

目标域	始源域	喻底(相似性)
人生	茶杯	本身就是个杯具(悲剧)
	茶叶	浸泡在杯具(悲剧)中
	牙缸	可以看成杯具(悲剧),也可以看成洗具(喜剧)
	茶几	(1)摆满了杯具(悲剧)(2)上面摆满了杯具(悲剧)和餐具(惨剧),而每天却要不断地洗具(喜剧)
	人参	(1)泡在杯具(悲剧)里才能有滋有味 (2)在杯具(悲剧)和洗具(喜剧)中轮流浸泡
	淘宝	你买洗具(喜剧)他绝对会给你邮个杯具(悲剧),用的还是快递
	一碗内牛满面	少了,盛它的是杯具(悲剧);多了,装它的是餐具(惨剧)

由表3-3可以看出,不同始源域向人生目标域的投射都基于一个共同点,即人生是一出悲喜剧。这一共同点是上述隐喻得以建构的总喻底,

---

① 钱钟书.2001.管锥编(一)(上卷):76.生活·读书·新知三联书店.

其中包蕴了"杯洗具—悲喜剧"的语音相似性。

蔡长虹(2010)在研究改革开放以来的语音造词法问题时指出,语音造词是基于符号的多向指认。"在语音造词中至少存在:形1—形2,义1—义2,音1—音2,相似性最大的常常是音1与音2,有时形1与形2也相同。语音造词的机制就是:表层形1通过音1、音2的关联在一定交际语境和认知背景下激活深层形2,再进一步激活深层义2,同时,形1获得义2或义1+义2(+其他)的言外之意,最后再通过交际语境获得核查和确认,使某一个或多个义项成为最佳关联义。"①为了更为直观地展现语音造词机制,蔡长虹(2010)还例析了"麦高"的词义表达路径:"麦高——my god——我的天",并图解了其语音造词机制。(见图3-15)

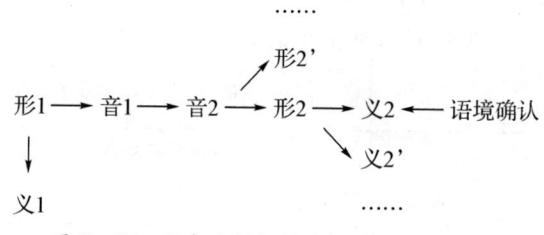

图3-15　语音造词机制图解(蔡长虹,2010)

在图3-15中,"音1与音2之间的认知基础是联想,二者之间存在语音上的相似,减少了联想的距离和难度,加快了语言处理的速度,再通过语境的核查与确认,最终在语境中建立起意义联系,获得预期的认知效果"②。显然,音1与音2之间的语音相似性是语音造词的基础,由此出发,通过交际语境与相关背景的促发与限制,可以在形1与义2之间形成有效认知链接。不过,蔡长虹此处例析图解的只是"麦高—我的天"的单向语音造词,而上述分析的"人生"系列隐喻则是基于"杯具—悲剧"的语音相似的纵向拓展和横向扩散,属于多向语音语义构词造句,具有综合性特点。如"茶几—人生"之间既无语音相似性,亦无语义相似性,其隐喻建构

---

①②　蔡长虹.2010.论改革开放以来的语音造词法——以网络语言中的新词新语为例.辞书研究,(2).

完全依凭于"茶几"与"杯具"之间的语义关联性。比较而言,"人生"系列隐喻建构更为复杂,在"杯具—悲剧"基础上派生出庞大的隐喻词族句群。其中既有语音相似性激活,如"洗具—喜剧"、"茶具—差距"、"餐具—惨剧"等;又有语义相关性激活,如由"杯具"所激活的"茶几"、"牙缸"、"茶杯"、"茶叶"等,甚至连关系较远的"淘宝"也可以通过购买关联被纳入表达架构;此外,还有音义复综激活,如"人参—人生"、"内牛满面—泪流满面"等,其中"人参"既与"人生"具有语音相似性,又以要泡在"杯具"(悲剧)里才能入味为前提,与"人生"产生语义相关性。同样,"内牛满面"既与"泪流满面"(意味人生不幸)语音相似,又以盛放的器具是"杯具"(悲剧)还是"餐具"(惨剧)为依托,与"人生"产生语义关联。总之,基于"杯具—悲剧"建构的"人生"系列隐喻词句具有复杂的认知语义基础,只有凭借认知主体的积极参与,概念网络中的语音相似和语义相关才能得以激活,器具域及其范畴成员与人生域及其范畴成员才能形成有效认知对接。

3. 语音隐喻的生成动因

网络语言中变异语音隐喻现象的大量存在绝非偶然,都有其内在生成动因。这些动因大致包括材料基础和"键谈"模仿两种类型。

(1) 材料基础。网络语言中语音变异隐喻的建构有其现实语言基础,即现实语言符号系统中存在着大量可以利用的同音近音异义符号。李弘(2005)在研究语音隐喻问题时指出,"汉语是音节文字,一个字就是一个音节,同义字词特别多。汉语总共有 21 个声母与 35 个韵母,但只产生了 406 种搭配,出现了很多'轮空'现象,很多声母和韵母不能搭配成一个音节。这些音节再配以四个声调时也有'轮空'现象,只有约 1 330 个带声调的音节。因此,汉语用这些有限的音节,要表达 11 000 汉字《新华字典》,同音字特别多,如'yi'这个音就有 100 多个不同的写法和意义"[①]。汉语音韵的这种"高同音率为谐声艺术提供了广泛的基础,在具体的语境

[①] 李弘.2005.语音隐喻初探.四川外语学院学报,(3).

中,谐声成了信息极为丰富的载体,或寓意深刻,或风趣幽默,辞趣盎然"①。

关于语言系统中的音义结合方式以及变异特点,冯广艺(1992)指出,"语言是音义结合的符号系统,同音异义、一音多义、一音一义、异音同义等构成了音义结合的复杂性和灵活性,也形成了声响形态变异的可能性。利用音义结合中的某些因素,正是声响形态变异的重要途径。例如谐音变异,至少有如下内容:同音同形的变异、同音异形的变异、音近形异的变异、谐音拈连的变异、谐音别解的变异、谐音仿拟的变异等等,所以声响形态变异是复杂多样的,需作进一步的分析和研究。"②冯广艺此处阐述的实际上是一种语音修辞艺术,强调了汉语语言系统中音义结合的多样性,为语音变异修辞提供了基础。具有"键谈"性质的网络言语交际也充分利用了汉语语言系统中音义结合的多样性、复杂性和灵活性,且在现实基础上又将其进一步发扬光大。使一切可以利用的语音材料,汉字、数字、字母等表音符号在这里荟萃杂陈,普通话、方言、外语发音特点可以自由进入公共交际渠道,使网络语言语音表意具有综合性变异特质。

(2)"键谈"模仿。网络言语交际具有"我手敲吾口"特点,相关语言符号是一种利用电脑设备输出来的口语,因此,具有极强的口语临摹性。"写话"与"读话"是无声的言语交际,以文字为主要载体,通过视觉进行感知。这种视觉符号是对现实口语交际的一种模仿,不可避免地会打上口语交际的烙印,反映在网络语境中就是大批具有谐音变异特点的符号形式得以建构并大肆流行。如上述所分析的汉字类谐音隐喻,不仅普通话语词出现了许多同音替代现象,甚至出现了方言和外语类谐音隐喻的表达形式,如"银"(人)、"茶包"(trouble,麻烦)等。

此外网络交际语境中还流行着一种具有童稚化和女性化风格特点的谐音变异表达形式,网络称其为"蜜糖体"。例如:

---

① 李葆嘉.1998.当代中国音韵学:274.广东教育出版社.
② 冯广艺.1992.汉语声响形态及其变异特征.东疆学刊(哲社版),(4).

555……糖糖滴脸蛋也素粉圆粉圆滴捏……

偶家猪猪经常捏糖糖滴脸蛋…捏得糖糖好痛哦……555……

八过糖糖滴 mammy 告诉糖糖…等糖糖长大了……脸蛋就不会圆了哦…就会变成像 mammy 一样漂亮滴……虾米鹅脸哦…

糖糖要快点……快点长大哦……嘻嘻……O(∩_∩)O~①

"蜜糖体"是对现实语境中儿童与年轻女性语言风格的一种刻意模仿,目前在网络语境中已呈现出广泛流行的趋势,其特点是发嗲、撒娇与甜腻。本来是特定人群在特定环境中使用的一种言语表达风格,而今却越过了一切界限成为一种标准语调和大众语调,大有集体发嗲的演变态势。究其因,显然是由于其表达风格鲜明,能够如实地反映出现实交际中童稚化和雌性化的风格特点,可以在茫茫网海中独树一帜,能够赚足网民眼球。其惯用形式是多用重音叠字(包包、糖糖、猪猪)、方音口语词(虾米、八过、酱紫、粉好),以及音变语气词(捏、鸟)等。这种表达正是对现实语境中儿童与年轻女性口语交际风格的一种模仿与再现,将口语表达转换成书面形式,保留其语音上的相似性,充分体现出网络"键谈"交际过程中临摹现实的特点。

三、网络语言变异的转喻阐释

转喻认知强调事物之间的相关性,表现的是一种邻近与凸显关系。它不仅是不同事物的简单替代关系,更是人类特有的一种认知方式。相关事物之间关联性的发现需要认知主体的积极参与,具有"惟人参之"的特点。而正是认知主体的积极参与,也使得事物之间邻近与凸显关系具有一定的复杂性,往往会因为观察角度、关注焦点、认知意趣和生活经验

---

① 参见:蜜糖体. 百度百科, http://baike.baidu.com/view/2214310.htm. [2012-03-22].

等方面的差异而生成不同的转喻类型。就网络言语交际情况看,网络媒介的开放性和交际主体思维的创新性使得相关转喻建构极富创造性。自由平等的交际平台尊重个性选择,能够充分发挥交际主体的主观能动性,因此,网络语境中的转喻类型及其建构较之现实常规转喻类型更具个性化和多样化特征。从转喻建构材料性质来看,可以分为语音转喻和语义转喻两种类型。

（一）语音转喻

网络语言变异中的语音转喻典型地表现在字母缩略式建构过程中。上述所列举的字母缩略形式中,除了 CU(see you,再见)外,其余采用的都是首字母缩略方式。这种缩略形式内蕴了转喻认知机制。因为,与隐喻一样,转喻也是人类的一种重要认知方式,认知关联性、凸显性和选择性是其重要特点,即常用最显著、易感知、易记忆、易辨认的部分代替整体或其他部分,或用具有完形感知的整体代替部分的一种认知特质。而"在涉及转喻的语言现象中最显著的就是缩略语。缩略是指为了用语的经济而对某些事物称谓中的成分进行有规律的节缩或省略,缩略语则是缩略后形成的简短的语言单位,用以替代原语言形式表义,是语言形式与形式之间的转喻"①。网络语言中大量存在的字母缩略形式就是通过这种转喻认知机制建构起来的,其中蕴含着部分代整体的认知凸显性和选择性。上述"BT"之所以能够代替"biàntài",并进一步激活"变态"词形符号及其概念义,就是由于"BT"与"biàntài"之间存在部分与整体的关联,"B"与"T"分别是"biàn"与"tài"语音符号的首字母,具有凸显性,在人类认知域中易成为焦点认知对象,因此,"BT"与"biàntài"之间具有最强认知关联性,由"BT"最易激活其目标对象"biàntài"。通过对字母缩略形式的考察,笔者发现,该类缩略形式是一种强势模式,网络语言中的汉语拼音字

---

① 郭艳,肖美华.2008.论网络语言的隐喻、转喻认知机制.江汉大学学报(人文科学版),(4).

母缩略形式和大多数英文字母缩略形式都采用了这一模式。其中,英文单词缩略中还采用了抽取式和截取式,前者如"FT"(faint,晕),属于单词首尾字母的抽取组合,"GF"(girl friend,女朋友)属于双词首字母抽取组合;后者如"WEL"(welcome,欢迎),是截取了开首的三个字母。相关建构也蕴含了转喻认知机制,因为,上述"faint"、"girl friend"和"welcome"所选取的字母构件属于核心表音构件,具有凸显性,可以成为整体代表。由此可见,转喻认知中的关联性和凸显性是该类语言现象的主要生成动因。

(二)语义转喻

网络语言变异中的语义转喻主要有结果代原因和专名代泛称两种类型。

1. 结果代原因

结果代原因是网络转喻建构的一种基本类型。较之产生原因,其相关结果更具直观性与形象性,易成为认知过程中的突显对象与焦点信息。相关替代也吻合了转喻建构的一般原则,即"倾向于用具体的有关联的事物代替抽象的事物"[①]。因此,相关结果可以获得代表产生原因的资格。例如:"喷鼻血"(心情过度激动)、"吐血"(感到难以承受或出乎意料)、"晕"(遭到刺激后头脑胀痛,快要倒下)、"倒"(过度惊异或遭受重大打击后身体向后倾)、"汗"(非常惭愧、无可奈何、无容以对)等。上述转喻都运用情绪变化所产生的外在表现来代替相应的情绪状态,内涵邻近和突显关系。徐盛桓(2007)在研究转喻问题时曾提出了"内涵外延传承说",认为转喻的指代是通过源域和目的域的概念所指称的事物的内涵和外延的传承实现的。[②] 参照这一理论,笔者认为上述结果代原因转喻类型也可

[①] 赵艳芳.2001.认知语言学概论:116.上海外语教育出版社.
[②] 徐盛桓.2007.修辞研究的新进路.西南大学外语学院学术报告讲稿.

以在这一理论框架中得到科学而合理的阐释。当然这种传承还需要服从认知邻近原则和突显原则,与认知主体的主观选择有关。如上述"喷鼻血"之所以能够用来指代"心情过度激动",是由于其中存在着外延传承性和认知选择性。"喷鼻血"处于"心情过度激动"情绪状态的外延范畴之内,是其外在表征之一。这种外延传承性可以使得始源域的认知拓扑结构能够以最大限度的保真度映射到目标域上,二者之间可以形成最佳认知关联。且这一表征具有典型性和突显性,易成为认知首选对象,进而获得相关情绪状态的指代资质。在此需要指出的是,这种转喻建构在网络语境中还具有一定的衍生性,可以派生出若干子喻建构,从而形成一定规模的转喻家族,如基于母喻"汗"而生的"暴汗"、"大汗"、"汗死"、"瀑布汗"、"暴雨梨花汗"等,充分体现出网络语境中转喻建构具有复杂多变的性质特征。

2. 专名代泛称

转喻建构中的专名代泛称是利用具有典型属性特征的人或事物专有名称代替具有一定相关性的本体事物名称。其中包含典型属性突显和主观认知选择运作机制。认知语言学研究也注意到此类问题,认为与范畴成员一样,一个词的不同意义也有中心和边缘之分,其中,最基本的典型意思是范畴语义凝聚力(semantic cohesion)的中心,它通过使其他意思进入人的理解系统的方式而把范畴凝聚在一起。也可以说,在语义特征束(semantic feature cluster)中,词义集合呈现出非均质性特征,有些词义比较典型,处于中心位置,有些则难以界定,处于边缘位置。另外,词的意思之间同时还通过若干认知过程以系统方式互相联系起来,这些意思表现出内部有序的联系集合[①]。其中,中心效应或原型效应意味着在一个词义范畴中,一些范畴成员远比另外一些范畴成员更典型、更易提取、

[①] 卢植.2006.认知与语言——认知语言学引论:165 - 166.上海外语教育出版社.

使用频率更高。一些专有名词的语义提取和属性突显也经历了类似认知运作过程。首先,能够进入转喻建构渠道的专有名词必须具有典型属性特征,即原型特质彰显,其典型属性能够上升为突显信息和焦点记忆,可以成为其所依附主体的首选代表;其次,专有名词能够成为其典型属性的表征并得以泛化延伸,还需要认知主体的积极参与,涉及筛选、提炼、加工、包装等认知程序。因为一个具体事物的主体名词可以附载多个属性特征,即所谓的"名词容器性",但是,多种属性地位并不均等,其中某一属性会受到人们的格外关注而成为突显属性。当提到该主体名词时,其典型属性特征会被最先激活并进入交际主体的认知域,进而得到彰显与选择。网络语境中的专名代泛称的转喻建构极富创造性,其典型属性的提取与泛化更多的是基于某些事件脚本与形象塑造,具有用典转喻的特点。相关转喻建构见表3-4。

表3-4 专名代泛称转喻建构分析表

专名(源概念)	泛称(目标概念)	映射域
唐僧	废话连篇的人	周星驰《大话西游》中的唐僧是个唠唠叨叨、婆婆妈妈的形象
梅兰芳	冒充女性的男网民	梅兰芳是著名京剧表演艺术家,擅长旦角,扮相端丽,唱腔圆润
皮卡丘	很会放电的女生	日本著名动漫《宠物小精灵》中的皮卡丘,能放出十万伏的高压电
小马哥	帅气有气质的男士	香港电影《英雄本色》中小马哥(周润发扮演)风衣墨镜、双手抢枪的潇洒英姿
哈姆雷特	太高深、听不懂	莎士比亚戏剧《王子复仇记》中的主人公,"有一千个观众就有一千个哈姆雷特"的经典评论

由表3-4可以看出,相关转喻建构中的双域映射具有或明或暗的语义关联,转喻过程中的内涵传承与解读需要消耗交际参与者更多的认知资源。如上表中"皮卡丘"与"很会放电的女生"之间能够建立有效认知链接,显然是认知主体充分发挥主观认知能动性的结果,其中的思维运作具有发散性,要想在"皮卡丘"与"很会放电的女生"之间找到关联性,需要发

现并识别"高压电"与女生"放电"之间的认知联通性,所谓"放电"是指女生的外貌,尤其是眼神能够勾魂摄魄,极具诱惑力,使男人被迷得就像触电一样,不能自拔。认知主体只有经过这一系列的认知思维运作,才能实现"皮卡丘"与"很会放电的女生"的转喻认知对接。

除了人物类专名出现转喻泛化外,还有一些动物类专名在网络语境中也出现了类似的转喻泛化,如用"小强"转指"蟑螂",用"旺财"转指"狗"等。两者的转喻泛化都是基于周星驰电影《唐伯虎点秋香》中的宠物名称,即一只名为"小强"的蟑螂和一条名为"旺财"的狗。其转喻泛化也是基于特定的故事脚本,具有用典特征。且因为周星驰电影的无厘头表现手段正吻合了当代网络交际游戏化和解构性特点,所以其电影中的词汇自然就容易成为网络变异词汇复制仿效的母版,使"小强"和"旺财"等词语得以走俏网络,并得到广泛传播。

需要指出的是,网络语境中的用典转喻已经成为一种极富特色的转喻类型,具有极强的语境顺应性和能产性。除了上述分析的相关用例外,网络语境中还有大批依托于社会热点人物和事件而生的转喻建构。如用"躲猫猫"转指"离奇死亡事件"或"不明真相死亡",其背后典故是:因盗伐林木被关进看守所的青年李乔明在监狱中受伤死亡,警方称其受伤是在放风时和狱友玩躲猫猫游戏时撞墙所致。"做人不能CNN"中的"CNN"转指"以偏概全,混淆视听",其系连的典故是:美国有线电视新闻网(CNN)在报道"藏独"分子恐怖袭击事件时别有用心地断章取义,混淆视听,造成了严重的舆论后果。此外网上一度还流行"做人不该周正龙,为官不能太陕西"特殊表达形式,其中的"周正龙"和"陕西"都有转喻泛化趋势,分别转指个人的欺世盗名和政府主管部门的不良作风。其隐射的是"正龙拍虎"事件,即周正龙利用欺世盗名的手段获取个人利益,而相关监管部门沆瀣一气,指鹿为马的丑恶现象。在网络语境中,因源于贵州安顺的假茶叶事件,"安顺茶叶"也已经成为"假冒伪劣"代名词。究其因,显然是由于网络媒介的开放性、交互性与辐射性使得社会热点人物和事件易于被宣传曝光,而由于相应的人物和事件与其所反映的社会问题具有内在关联性,随着相关人物事件传播频率的提高和宣传范围的扩大,这种内在关联性就能够超出其原有范畴,热点人物或事件专名便会演化成为具有类似属性特征的泛化指称符号。较之现实语境,网络语境中的这种转喻建构具有强烈的语境依赖性和偶发性,一旦有热点新闻事件促发,便可能有新的转喻建构诞生,个体即兴创作很快就会变成集体共约,投身其中的网民数量如同滚雪球般地不断发展壮大,乐此不疲地为网络言语交际增添许多新的表达形式。

综上所述,网络语境中的隐喻和转喻现象因滋生于特殊媒介已呈现出一些新的特点,即并非单纯为了解决无法直接感知和表达的现实问题,而更多的是一种功能表达需求,以满足表达者的主观表达意趣,且特殊"键谈"模式又使网络言语交际呈现出强烈的语音喻变偏好。BBS交际用语和网络用户身份表达是网络语言隐喻变异的典型代表,语音材料基础和"键谈"现实模仿是其语音喻变的条件与动因。关于转喻变异,据其建构材料,可以分为语音转喻和语义转喻两种类型。其中语音转喻典型地表现在字母缩略建构过程中,缩略前后的完型与字母具有整体与部分转喻认知关联;语义转喻主要有结果代原因和专名代泛称两种类型。经研究发现,网络传媒易使社会热点人物和事件成为公众关注焦点,能够强化相关现象及其属性的内在关联,进而使人物与事件名称可以获得代表其属性特征的资格,并在网络语境中进一步推演泛化,最终完成从概念指称到性状描述的转换,实现转喻跨越。

第四章　象似性理论与网络语言变异

　　新兴网络言语交际是一种"键谈"式口语交际。除了偶尔可以动用音频视频工具以实现直观情境交际外，绝大多数情况下，网民们都是通过键盘、鼠标和显示屏与对方进行无声无息的去情境化交流，交际双方已成为网络交际环境中的"聋哑人"。为此，虚拟空间中的在线或非在线交际需要尽力弥补现实空间中的主体缺场，单纯的文字交际显然无法完成这一任务，于是，各种具象化和情境化映象符与示意符应运而生。较之常规语言表达，这些映象符与示意符具有强烈直观临摹性特点，观物取象、依声托义、寓义于形、比附会意等是其常用的表达手段。而现代化的电脑设备与互联网技术也为弥补现实情境的缺失提供了可能，即时通讯工具软件设置了自带的表情图谱，内含逼真形象的 GIF 格式多帧表情图片、Flash 制作的表情动画等，可供网友交流时自由使用。此外，键盘上的字母、数字、标点符号以及其他各种符号都可以成为随时调用组配映象符和示意符的可用材料，网络还备有"颜文字辞典"、"火星文转换器"等现存的资源和工具设备，以满足网友创造和利用映象符与示意符的多种需求。发展至今，该类映象符与示意符已广布于电子公告板、电子邮件、聊天室、论坛、文字类网络游戏等网络空间，成为网络交际中一种极富特色的表达形式。而这些映象符与示意符都具有直观临摹的共性特点，可将其纳入到人类认知象似性理论视阈中进行统一考察分析，以探究其生成理据与发展动因。

一、象似性理论概说

(一)象似性与任意性

在人类语言符号研究历程中,象似性问题始终与任意性问题相交织,二者对垒中的此消彼长源于在能指与所指关系认识上的分歧。历史上的唯实论与唯名论、本质论与约定论、自然派与习惯派等观点的对立本质上都是象似性与任意性的对立。"Simone(1994)将这两种对立的观点称为'柏拉图模式'(Platonic Paradigm)与'亚里士多德—索绪尔模式'(Aristotelian-Saussurean Paradigm)。前者认为词和所表示的事体之间存在着一种根本的联系,词只不过是人们给现实或外部世界的事体所起的自然名称。……后者认为语言形式与其所指意义之间并没有什么内在的联系,是任意性的结果"①。长期以来,一直是"亚里士多德—索绪尔模式"占据上风,任意性已经成为语言符号的一种基本属性,也是一条不言自明的公理与准则,这种成见直到 20 世纪 70 年代末认知语言学的兴起才得到较为彻底的矫正。

(二)认知语言学视阈中的象似性

认知语言学理论视阈中的象似性有广义与狭义之分,广义象似性相当于理据性和非任意性,狭义象似性相当于皮尔斯所说的映象符。一般所说的象似性是指广义象似性,即语言符号能指与所指之间有一种必然的联系,两者之间的关系是可论证的,有理据的。因为,认知语言学认为,语言是人类对现实世界进行认知加工而形成的,在现实和语言之间存在认知中介,现实和语言并不能构成直接对应关系。人类在对现实世界感知体验和认知加工的基础上形成了概念结构,语言形式不仅能够反映客

---

① 转引自:王寅.2007.认知语言学:506.上海外语教育出版社.

观现实,而且在许多方面还与人们的经验结构、概念框架、认知方式存在映照性相似关系。语言的语音形式、文字符号和句法结构是表达与它们相对应的概念的思维形式,其间存在着语言形式与所指意义之间的对应性象似性关联。由此可见,广义象似性包蕴着狭义象似性,皮尔斯的映象符只是其中的一个次类,主要指拟声词和象形字之类的直观临摹符号,属于初级的表层象似符。而认知语言学中的象似性是指语言与思维的关系,即语言结构直接映照概念结构,其象似性属性特征可以扩大到人类语言系统与其概念系统之间的深层对应关系上。本章重点锁定于狭义象似性,着重考察探究符号音、形与其所指对象之间映照性象似关系。理论出发点基于王寅的论述,即"首先,在语音方面,某些词语的发音与其所指之间存在一种自然的相似性;其次,在词形方面,某些词语的书写形式与其所表达的意义之间有象似性现象"①。

(三) 皮尔斯的映象符

皮尔斯的符号论被公认为符号学思想史上最杰出的贡献之一。他运用三分分类原则区分出若干不同类型的记号,提出了"记号—对象—解释项"三项式模型,认为"符号是由被称为对象的客观事物所决定的,而符号本身又决定了对象对人的影响"②。他将这种影响称为"解释项",认为有三种不同的区分现象单元的方式,即"1. 单子式关系(即非关系式,记号为其本身)"、"2. 二项式关系(相对于其对象)"、"3. 三项式关系(相对于解释项)"。其中最为典型的当属肖似记号(icon)、指号(index)和符号(symbol)。该组三分法在现代符号学中运用最广,它是按照记号与其对象的关系建立起来的分类体系。这种分类法所关心的不是把什么当作记号,而是考察使其成为该种记号的方式。1)肖似记号:记号与其对象有共

---

① 王寅. 1999. Iconicity 的译名与定义. 中国翻译, (2).
② C. S. Peirce and L. V. Welby. 1977. *Semiotic and Signifies: The Correspondence between Charles S. Peirce and Victoria Lady Welby*. Indiana University Press, 80-81.

同性质,二者在某方面有相似性。如照片与本人的记号关系。2)指号:记号与其对象之间有存在性关系。如手指和所指对象之间,风帆与风之间,烟与火之间的关系。3)符号:记号具有代表该对象的意义,无关于相似性和存在性的关联,并具有任意性,或三者关系只按人为规则确定。如天然语言和其他象征标志(旗子、图符等)。关于肖似记号,皮尔斯又进一步区分出图画、图表和隐喻三种次肖似记号。后来,认知语言学家对皮尔斯的符号分类作了进一步的阐述,总结为图4-1。

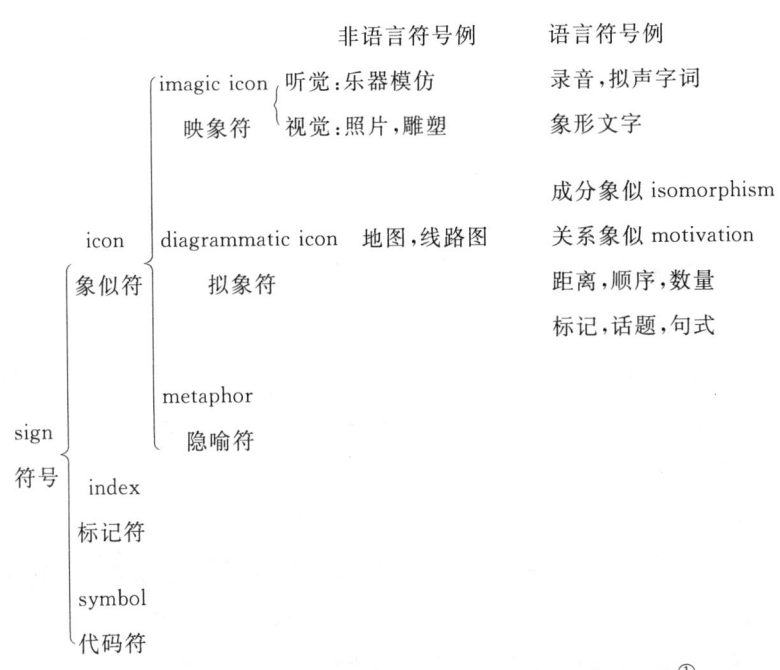

图4-1 认知语言学家对皮尔斯的符号分类(王寅,2007)①

图4-1中的映象符、拟象符和隐喻符分别对应于皮尔斯的图画、图表和隐喻三种次肖似记号。其中映象符相当于皮尔斯第一组三分法中的"性态记号"(qualisigns)。所谓性态记号,即"记号为其本身,记号即其所呈现者,物体之性质与形式均属之"②。该类符号具有直观临摹性特点,

---

① 王寅.2007.认知语言学:527.上海外语教育出版社.
② 李幼蒸.1999.理论符号学导论:482.社会科学文献出版社.

符号记载的就是其所指对象的具象特征,也可以说,"特性本身足以使包含它的符号发挥其符号功能,这些特性似乎可以独立于任何实物之外。因此图画呈现一价结构,其发挥符号功能的特性独立于对象和解释项之外。也就是说,在图画符号中,对象和解释项同时缺省"①。从符号发展进化历程来看,映象符属于原始初级建构,直接来源于人类早期的感性认知,是形象思维的产物。后起的拟象符、隐喻符,乃至标记符和代码符,直观象似性不断减损,抽象程度不断提高,属于符号发展的高级阶段。由图4-1可以看出,处于符号发展初级阶段的映象符在语言层面主要包括拟声语符和象形语符两种类型。这两种类型恰好对应于人类最重要的两种感知方式——听觉感知与视觉感知。网络语境中的诸多映象符正是基于人类最基本的感知方式建构起来的。

二、网络语言符号的象似性变异

从历时发展变化情况来看,汉语符号系统由殷商时期的甲骨文发展演变到当代经过规范整理过的楷书、行书,一直是朝着简化抽象的方向发展的。其主要表现为:"第一,从图画性的象形文字逐步变成不象形的书写符号;第二,笔形从类似绘画式的线条逐步变成横、竖、撇、点、折的笔画,书写更方便了;第三,许多字的结构和笔画逐步简化,如'书',在小篆中本是从聿者声的形声字,现在简化多了;第四,甲骨文、金文都异体繁多,小篆、隶书、楷书的异体减少了。"②此外,清末以来的汉字改革工作又进一步助推了汉语符号系统简化抽象的发展历程。回溯历史可知,汉语符号系统起源于古人的绘画记事,由图画到象形,体现的是人类早期发达的形象思维和诗性智慧。但是随着社会的发展、文化的进步,人类逻辑思

---

① 徐畅.2010.论皮尔士的次肖似符号与语言象似性.重庆科技学院学报(社科版),(6).

② 黄伯荣,廖序东主编.2007.现代汉语(增订四版)(上):143.高等教育出版社.

辨的抽象思维能力不断得到发展，反映在语言符号层面就是绘画象形因子的衰退、抽象表意因子的增强。作为人类最重要的思维工具和交际工具，语言符号系统必须具有经济适用性，必须利于信息传输和人际交流，简化抽象的发展趋势恰好顺应了这一需求。但是，当前网络交际平台中却出现了一种相反的复古潮流，销声匿迹已久的冷僻古汉字，诸如"囧"、"槑"、"烎"等重现江湖，抢占互联网流行文化地盘。此外，系统配置的各种图形图像以及网民创造的各种奇异的非语言符号也在网络上大行其道，已成为当代网络言语交际中的独特景观。当代美国批判社会学代表人物丹尼尔·贝尔所言的"当代文化正在变成一种视觉文化，而不是一种印刷文化"①，在网络交际中已经得到充分印证。互联网的技术优势和网民的创新思维一拍即合，使当前网络言语交际符号中出现了一种"返祖"现象，一种符号体系的返璞归真。汉民族原生态形象思维在网络语境中被重新激活，滋生出诸多直观临摹映象符与示意符，为网络交际语境增添了诸多新奇表达形式。

纵观网络语境中的诸多映象符与示意符，根据其象似性建构的不同性质，大致可以分为象声符号、象形符号、象意符号三种类型。

（一）象声符号

网络语言"键谈"交际模式以及拼音输入法的运用，对网络语言符号的象声变异产生了重大影响。"媒介在产生新文明和新文化形态的同时，也形成了适应不同媒介环境的媒介语言。"②象声符号就是网络特殊媒介的产物，较之常规语言交际，网络语言交际呈现出强烈的谐音拟声造词偏好，具有材料多样化、构造复杂化等特点。就建构方式来看，网络象声符号可以分为谐音符号和拟声符号两种类型。

---

① ［美］丹尼尔·贝尔.1976.资本主义文化矛盾:156.赵一凡，等，译.1989.生活·读书·新知三联书店.

② 高长虹.2010.论改革开放以来的语音造词法——以网络语言中的新词新语为例.辞书研究,(2).

1. 谐音符号

谐音符号是利用了汉语字符以及其他符号之间的同音近音特点建构起来的。汉字、数字、字母以及其他特殊符号都可以成为备用材料,且由于谐音来源不一,除了普通话谐音外,还有方言土音的挪用、外来语译音的借用等,建构方式有单音变异和合音变异之分,使该类象声符号的建构呈现出多样化特征。其中汉字谐音符号有"斑竹"(版主)、"大虾"(大侠)、菌男(反谐"俊男")、"偶"(我)、"稀饭"(喜欢)、"虾米"(什么)、"鸭梨"(压力)、"神马都是浮云"(什么都是浮云)、"猫"(modern,调制解调器)、"哈皮"(happy,高兴)、"瘟都死"(windows,电脑操作系统)、"酱紫"("这样子"合音)、"包看"("不好看"合音)等。数字谐音符号有"42"(是啊)、"520"(我爱你)、"1314"(一生一世)、"7456"(气死我了)、"5876"(我不去了)、"7086"(七零八落)、"8384"(不三不四)、"995"(救救我)等。字母谐音符号有"BT"(变态)、"BS"(鄙视)、"JS"(奸商)、"BF"(boy friend,男朋友)、"CU"(see you,再见)等。混合谐音符号有 B4(before 之前)、3X(Thanks 谢谢)、P9(啤酒)、2GT(二锅头)、8HD(不会的)、D 版(盗版)、P 服(佩服)、M 国(美国)、牛 B(牛逼)、打 PP(打屁股)、I 服了 U(我服了你)、哈 9(喝酒)、8 错(不错)、4 人民(为人民)、不好 14(不好意思)、qu4(去死)、+U(加油)、1 切斗 4 幻 j(一切都是幻觉)、↓4O(吓死我)等。

2. 拟声符号

拟声符号也可以称为摹声符号或状声符号,是摹拟自然界声音的一种符号。张弓(1993)认为"只是按照感觉,作大体的描绘,不能完全与事物的原声音相符"①,说明摹声具有感知性与近似性,"摹声的感知性和近似性意味着对相同声音的模拟可能因为个体感知的差异而不同"②。较

---

① 张弓.1993.现代汉语修辞学:53.河北教育出版社.
② 段曹林.2009.论拟声词、叹词、语气词皆"摹声".湖北师范学院学报(哲社版),(6).

之现实语境中写实性拟声符号,网络语境中的拟声符号属于虚拟性临摹,个体感知的差异性和近似性体现得更为明显。例如,常用的模拟笑声的拟声符号就有"哈哈、呵呵、嘻嘻、嘿嘿、嘎嘎、吼吼、咔咔、哇咔咔、hiahia、hiahi"等不同类型,且还有许多变体存在,如"吼吼"就有"厚厚"和"hoho"两个变体,"haha"和"xixi"可以分别代替"哈哈"和"嘻嘻"。哭声符号常用的是"呜呜",此外还有"55"和"wuwu"等变体,有时还有夸张性的重复赘余连用,如"呜呜呜,姐姐笑话俺","母猫把小猫咪吃了,55555","这样每天担心害怕的日子好痛苦……呜呜呜呜呜呜呜呜呜呜呜呜呜呜呜呜呜呜呜呜……"。咳嗽声符号常用"咳咳咳",变体形式有"KKK"和"喀喀喀"。"咔嚓"是摹拟砍头或删除的声音,如"你再胡说八道,我就把你咔嚓了"。此外还有流行影视剧和小品中的拟声符号,如"钢钢地"和"piapia 的"等,"钢钢地"还有"钢钢滴、刚刚地、杠杠地"等变体①。表语气的拟声符号有:"切",摹拟人轻蔑和不屑一顾时发出的声音。"撒",表示询问语气,如"你最近心情不好撒","沙"和"洒"是其变体,高长虹(2010)认为是"方言的记音"。"靠",摹拟人惊讶、不满、恼火、鄙视的声音,如"靠,这么小气啊"。其他还有"滴"、"呗"、"哈"、"捏"、"恩(嗯)"等。总体来看,网络虚拟交际赋予拟声符号建构自由性,使其在网络语境中呈现出多样化特点。其主要表现为:1)拟声材料多样化。汉字、数字、字母都可以用来摹拟声音。2)拟声方式多样化。利用电脑输入系统,自由建构拟声符号,具有随意摹拟、变体繁多、重复连用等特征。

(二)象形符号

CMC(computer-mediated-communication,电脑中介通讯)是一种去情境化交际。远程在线和不在线交际通常都是以一种虚拟而隐匿的方式进行的,信息交流采取的是一种"键谈"式口语交际模式。而"键谈"式口语交际无法获取在场非语言交际信息的有效补充与支持。相关研究显

---

① 张云辉.2010.网络语言语法与语用研究:137-144.学林出版社.

示,"非语言交际是人际交往的重要手段,在交际过程中,非语言交际与语言交际互为依托,相辅相成,共同传递信息与情感。"[①]其中"语言交际所传达的信息仅占35%,而65%的信息则是通过非语言交际(主要是身势语)来传递的"[②]。美国著名心理学家艾伯特·赫拉别恩(Albert Mehrabian)曾经提出了这样一个公式:信息交流总效果=7%的语言+38%的语调语速+55%的表情和动作。这也就是说"我们用发音器官说话,但我们用整个身体交谈"。由此可见,非语言交际在 FTF(face to face,面对面)交际过程中具有极其重要的作用,面部表情、目光交流、音调、话轮转换方式、沉默、衣着和身体姿势及运动等要素都会对在场交际产生一定影响。为了弥补 FTF 在场交际非语言要素的缺失,CMC 交际平台上产生了诸多表情示意象形符号,以满足口语化交际的情境化需求。

CMC 交际平台上的非语言符号系统(nonverbal code system)已经引起了专家学者们的关注。早在 20 世纪八九十年代,相关研究已经问世,Carey(1980)研究了那些用来表示心情/语气(mood)的非语言交际问题;Allen(1988)讨论了电子公告板中表示"叫喊"的问题;Walther & Tidwell(1994)对 CMC 社交暗示信号(social cues)进行了研究;Sanderson(1994)对 e-mail 中的"网络表情"(smiley)进行了研究和分类。[③] 国内具有代表性的研究当属李艳和韩金龙(2003)对 IRC(网络聊天室)非语言交际的研究,他们重点探究了 IRC 身体语言和 IRC 副语言。本书此处考察探究的对象不限于 IRC 身体语言和副语言,拟将研究对象扩大到具有象形特征的一切符号系统,包括语言和非语言象形符号。从建构性质与特点来看,该类象形符号大致包括以下几种类型。

---

① 程同春.2005.非语言交际与身势语.外语学刊,(2).
② M. Knapp & J. Hall. 1972. *Nonverbal Communication in Human Interaction*:12. Wadsworth Publishing Co Inc.
③ 转引自:李艳,韩金龙.2003.IRC——聊天室非语言交际研究.外语电化教学,(6).

1. 象形字符

CMC 交际过程中最为流行的象形字符非"囧"莫属。从 2008 年开始,作为一种时尚表情符号,"囧"广泛流行于中文地区的网络社群中间,成为网络聊天、论坛、博客中使用最为频繁的汉字之一。新赋予的"郁闷、悲伤、无奈"之意恰好满足了当代青少年具有亚文化特征的心灵诉求,于是,甫一问世,便获得了极高的关注度和流通量,被誉为"21世纪最风行的一个汉字",足见其影响之大。究其建构特点与流行动因,笔者发现,生僻古汉字"囧"的复兴与流行本质上内蕴了汉民族直观临摹取像的原生态思维机制。考其字源,"囧",象形,本作"冏"。"象窗口通明",本义"光明"。当代网络交际将该字符的象形表意进行了重新设定:外框像人脸轮廓,其中的"八"像耷拉的眉眼,"口"像一张嘴,整个造型酷似一张苦闷失意的人脸,因此被赋予郁闷、尴尬、悲伤、无奈、困惑、无语等意思,也可以指处境窘迫、为难,与"窘"相似。该字符能够成为当今网络交际中最火爆的表情示意符,显然是其象形示意特征触发了交际主体的认知联想,于是,古旧字符凭借其本身的独特造型以及主体的认知参与走俏网络,可以直接用来表示某些特殊的含义,并能收到新颖有趣的表达效果。

在此基础上,网民们又用"囧"来代替另一个象形符号"Orz"中的"O",进而组建成复合象形示意符号"囧 rz",使得失意体前屈"Orz"的头部特征更为形象直观。失意体前屈"Orz",是一种源自日本的网络象形文字,也是一种心情图示,摹拟人被击垮跪地的样子。问世以后,其迅速成为网络上非常流行的表情符号。其原始构造是左向前屈体"O「¯|_",摹拟的是一个人跪倒在地、低着头的动作造型,颇为生动传神。此外,还有"_|¯「O"(右向)、"O|_「¯"(逆天)等不同造型。后来,又发展出英文字母型象形符号"Orz",分别用英文字母"O"、"r"和"z"代表人体的"头"、"躯干"和"腿脚",共同组构成具有写意特点的跪地低首象形符号。在此基础上,又进一步生发出不同变体,大致可以分为简单变体和复合变体两种类型。所谓简单变体,是指原始构件性质没有变化,只是在构件形式上作了一些变动,对人体构造的三个组成

部分进行适当调整,来表示不同的体态特征。例如:"orz"(小孩)、"OTZ"(大人)、"or2"(屁股特别翘)、"Or2"(头大身体小的翘屁股)、"orZ"(下半身肥大)、"Otz"(举重选手)、"●rz"(黑人头先生)、"Xrz"(刚被爆完头)、"sto"(换一边跪)等。所谓复合变体,是指原始构件性质发生了变化,有异质性符号介入,共同组构成混合象形符号。例如:"崮 rz"(囧国国王)、"茴 rz"(囧国皇后)、"商 rz"(戴斗笠的)、"卣 rz"(轰炸超人)、"曾 rz"(假面超人)、"圙 rz"(老人)、"囼 rz"(没眼睛的)、"囚 rz"(没眼没嘴的)、"囫 rz"(歪嘴的)、"困 rz"(无话可说的)、"茜 rz"(女的)、"匱 rz"(被捉奸在床的)等。该类复合变体统一运用具有象形示意特点的汉字符号取代失意体前屈"Orz"中的"O",从而建构起各种外貌面相特征的象形表意符号。对"O"进行象形汉字符号替换,主要是因为脸是一个人外貌特征最关键的部位,也是识别人的身份状况与精神状态的最重要依据。而诸多冷僻汉字能够参与人的各种表情脸谱的建构,显然是受"囧"的启发,直观具象示意是其共同特征。

2. 表情符号

网络表情符号被称为是虚拟空间中的"第二张脸",由此可见其在网络交际中的重要作用。所谓表情符号,一般是指运用字母、数字、线条、标点符号以及其他各种符号,对现实生活中人的面部表情进行模仿和创造而生成的各种简笔画式的情态示意符号,日文称之为"颜文字"。因为是用键盘上各种符号的编码组合来摹画人物的表情心态,其结果类似于古代的象形文字,因此,也有人称之为"现代甲骨文"。作为"身体临场"的替代物,网络表情符号问世以后,便一发不可收,在电子公告板(BBS)、电子邮件(E-Mail)、聊天室、文字类网络游戏(文字 MUD)等网络空间中迅速蔓延开来,并得到进一步发扬光大。发展至今,网络表情符号已经"经历了字符组构、图形、运动图形、声形组合以及目前的多媒体动漫艺术形式","逐渐成为使用率仅次于文字的一种新型交流符号"[①]。网络表情符号的最初的制作工具是 ASCII 码（American Standard Code for Information Interchange,美国标准信息交换码）。经日本人改造完善后的 ASCII 文字艺术广泛流行于日本、中国台湾和香港等国家和地区,在中国大陆一般称之为文字表情、QQ 贴图等。根据建构特点,网络表情符号可以分为美式和日式两种类型。美式表情符号,主要是用标点符号、英文字母以及其他符号组构成一些简单的面部图案。为了突出面部主要器官,通常用":"代表人的眼睛,用"-"代表人的鼻子,用"（"或"）"代表人的嘴。因为要迁就字母符号书写顺序,所构造的图案都是左倾式不完整表情符号,基本形状都是横向的、侧面,主要用嘴型的变化来表达不同的感情,需要顺时针旋转 90 度观看,象形表意显豁度不高,如"XD"（大笑）、":-o"（吃惊）、":-p"（伸舌头）、":-x"（闭嘴）、"8-)"（戴着眼镜微笑）等。

与美式表情符号相比,日式表情符号（颜文字）的基本形状是纵向的、正面的,注重眼睛的变化。梁艳碧（2006）认为这种区别与不同民族的体貌特征和审美意识有关联。因为,颜文字主要是对面部表情的模仿,"选择侧面还是正面,在很大程度上会受到创造者对脸部审美观的影响。西方人脸部富有立体感,崇尚侧面的立体美","在这种审美观的影响下,创造表情符号时也选择了侧脸来表达各种感情。然而西方人最美的侧脸,对于脸部较平的日本人来说恰恰是他们的短处"。于是"用侧面来表示喜怒哀乐的欧美版表情符号,传到日本后由于不符合他们的审美意识,自然而然地就被改造成了正面型的'颜文字'"[②]。梁艳碧的分析侧重于文化心态层面,上述字符书写顺序的说明侧重于技术层面,二者对东西方表情符号差异的形成都有一定的影响。现将日本版和欧美版的区别列为表 4-1。

[①] 梁国伟,王芳.2009.蕴藏在网络动漫表情符号中的人类诗性思维.新闻界,(5).
[②] 梁艳碧.2006.日本的网络表情符号"颜文字"及其文化内涵.广东外语外贸大学学报,(2).

表4-1 东西方表情符号比较(梁艳碧,2006)

日本版(正面型)	欧美版(侧面型)
(ˆ_ˆ)微笑	:-)微笑
(ˆOˆ)大笑	:-D 大笑
(T_T)抽泣	:-(不高兴
(ˆ_-)眨眼	;-)眨眼
(? o?;惊讶	:-O 惊讶

日式表情符号通常用"＊"、"ˆ"、"-"等符号代表眼睛,常用变体有"·
·"、"TT"、"00"、"XX"、"><"、";;"、"ëë"、"6ƍ"、"ɘɘ"等,将"_"、"."、
"o"等符号放在中间作为口部,常用变体有"○"、"□"、"◇"等,用"ω"、
"△"、"д"、"з"等符号代表鼻子。组成「ˆ_ˆ」、「＊_＊」、「ˆoˆ」、「ˆ_～」之类的
脸谱后,有时还可以在其旁边加上别的符号作为修饰物,以表现更为丰富
的表情,如「-_-|||」表示日本漫画中尴尬的面部,「-_-b」表示人物脸上滴
下汗水等等。比较而言,日式表情符号取材广泛,建构方式更为复杂多
样,标点符号、罗马字母、希腊字母、俄罗斯字母,甚至汉字、假名等文字符
号都可成为建构人的眼、鼻、口、脸颊、手等器官的符号部件。

除了表情符号外,根据所描摹对象的不同,象形符号还有动作符号、
表物符号等类型,如"\(ˆoˆ)/"(举双手欢呼)、"p(ˆoˆ)q"(双手握拳)、
">>d(·_·)b<<"(戴着耳机听音乐)、"(ˆ_ˆ)∠※"(送你一束花)、
"=ˆ.ˆ="(猫咪)、"<°♯)))≤"(烤鱼)、"<＊)>> >=<"(鱼骨头)、
"≡〔°°〕≡"(螃蟹)、"(??)nnn"(毛毛虫)、"\(0ˆ◇ˆ0)/"(麻雀)、"ε==3"
(骨头)、"■D"(咖啡杯)、"@>>->--;"(玫瑰花)等。

3. 摹像符号

网络摹像符号以腾讯 QQ 聊天软件自带的符号库为代表。所谓摹像
符号,是指通过描摹客观事物实体形貌的方式所产生的符号。较之上述
表情符号,该类符号直观临摹性更强,有些符号就是客观事物的摹形绘

图,如 QQ 符号库中的"●"、"●"、"●"、"●"等摹像符号。目前,QQ 聊天软件 2011 版自带符号库中的摹像符号已有 105 种,大致可分为表情摹像、实物摹像、手势摹像和体态摹像四种类型。其中,尤以表情摹像最为典型,数量最多,共计 55 个。建构方式一律以金色小太阳为底版,通过面部器官位置、形态的变化,以及适当添加附加符的方式,来表现微笑、难过、呲牙、害羞、傲慢、得意、流泪等不同的情绪状态。除此以外,私人聊天空间中的图片和动漫也属于摹像符号。目前,QQ 摹像表情符号又有新的系列出现,如网络最近流行的兔斯基、小破孩、无知熊猫、绿豆蛙、蘑菇点点、悠嘻猴、炮炮兵、猥琐猫、奶瓶仔等 QQ 表情包,充分体现出网络新媒体的技术优势及其对交际模式的视觉化转型所产生的重要影响。

关于 QQ 摹像表情符号的发展历程,唐清霞(2008)将其分为四个阶段:第一阶段,是简单的字符组合;第二阶段,QQ 表情符号是小图片,即腾讯特有的小太阳表情;第三阶段,QQ 表情符号表现为静态图片,格式多为 jpg;第四阶段,QQ 表情符号呈现出新的变化特点,一是动态性,技术支持多为 gif、eip,二是系列性,有专业的民间制作者和专门的角色饰演。① 从 QQ 摹像表情符号的发展历程可以看出,由最初简单的字符组合发展到当下具有动漫特点的系列 QQ 表情包,网络媒体交际中的视觉形象感知元素在不断增强,多媒体技术特征日益凸显。

(三) 象意符号

所谓象意符号,是指利用汉字符号表意的特点,将两个或两个以上的汉字部件加合在一起所构成的可以见形知义的合成表意符号。这种表意符号的所指意义就是其构成部件意义的简单相加,类似于汉字构造法中的同体会意字和现代会意字,如"林"、"晶"、"淼"、"品"、"歪"、"孬"、"甭"

---

① 唐清霞.2008.QQ 表情符号在网络聊天中的表达功能及其局限性.今日南国,(4).

等。其与传统异体会意字的区别在于,传统异体会意字"比类合谊,以见指撝",不同部件合成新字符,其意义并非构件意义的简单相加,需要结合相关背景进行认知解读。如"取","从耳从又;又是右的本字,作部件用当手讲。'取'是手拿一只耳朵,古代战争中对敌方的战死者割左耳,用以记功"[①]。由此可见,"取"的字源与古代战争有关,一个汉字就是一种历史生活的记录,具有复杂的记事功能和民族文化内涵。随着时间的推移,这些字的来源已经淡出人们的视野,变得难于求索。与此不同,当代网络语境中新兴的表意符号具有见形知义的特点,组构部件一般都能独立表意,符号的整体所指意义直接来源于其构件意义的加合,是一种建立在单体符号基础之上的合成表意符号,具有直观取义特点,故名之"象意符号"。究其来源与性质,该类象意符号基本上都是古代生僻字,且多为弃置不用的古代异体字,是网民们从古旧字废场中掏捡出来的,具有"返祖"特色。它们之所以能够在当代网络语境中复兴并流行,主要是这些古旧字的构造具有合成取意特点,可以见形知义,或"望文生义",能够满足当代网民解构传统、颠覆规则的创新娱乐需求。根据构件性质及其组合特点,网络象意符号大致可以分为以下两种类型。

1. 同体象意字符

同体象意字符是由两个或两个以上相同汉字部件组构而成的见形知义符号。该类字符在古汉语语境中都有其特定的意义与用法,被移植到当代网络语境中接受了象似性再加工,将其同体构件组合表意进行重新设定,进而生成迥异于古义的网络字符新义,所生成的新义与其构件意义具有象似性关联。相关建构情况见表4-2。

---

① 黄伯荣,廖序东主编.2007.现代汉语(增订四版)(上):152.高等教育出版社.

表4-2 网络同体象意字符分析表

同体象意字符	古　义	网络新义	读音
槑	同"梅"	槑=呆+呆（很呆、很傻）	méi
靐	拟声词，雷声	靐=雷+雷+雷（很雷）	bìng
朤	同"朗"	朤=朋+朋（很要好的朋友）	lǎng
孖	同"滋"，滋生	孖=子+子（双生子，成对）	zī/ mā

2. 异体象意字符

异体象意字符是由两个或两个以上不同汉字部件组构而成的见形知义符号。该类字符建构机制与后起的现代会意字符建构机制趋同，网络新义就是其构件意义的简单加合。不过，该类字符的网络新义与其古义已有很大差别，古义的产生都有其历史渊源，随着时间的流逝，意义理据与字符构形已有一定的距离。而网络新义直接来源于当代网络交际的见形赋义。根据创新交际需求，网民们将可以直观取义的古旧字符从故纸堆里遴选出来，进行"望文生义"式重新设定，进而生成具有特殊含义的网络新字符，新义与古义相映成趣，可以收到字符游戏化表达效果。当前，网络语境中较为流行的异体象意字符主要有以下几种。（见表4-3）

表4-3 网络异体象意字符分析表

异体象意字符	古义	网络新义	读音
烎	光明	烎=开+火（斗志高、有血性）	yín
兲	同"天"	兲=王+八（王八，詈语）	tiān
氽	同"溺"	氽=水+人（水鬼）	nì
嘂	高声大呼	嘂=口+口+口+口+丩（激情高叫）	jiào
巭	勉学	巭=功+夫（功夫）	bù
忈	同"仁"	忈=二+心（二心）	rén
灮	同"光"	灮=火+化（火化）	guāng

续表

异体象意字符	古义	网络新义	读音
惢	欲望	惢＝好＋心（好心）	hào
奣	天空晴朗无云	奣＝天＋明（天明，天亮）	wěng
嬲	纠缠、戏弄	嬲＝男＋女＋男（调戏、操、粗口）	niǎo

其他还有"勥"（jiàng 言语倔强）、"嫑"（jiào 只要）、"嫑"（biáo 不要）、"圐圙"（kū lüè 网围栏）等。另有一个"玊"（sù）较为特别,是"玉"的变体,类似于指事字,因为"玉"的点儿点得不是地方,被称作有瑕疵的玉。

总之,对古旧字符的改造新用已经成为当代网络交际的一种时尚,根据古汉字构件的象意特征赋予新义,可以满足新时期快餐式、游戏化的亚文化交际需求。

三、网络语言符号象似性变异的认知阐释

（一）情境再造——虚拟在场的认知调节

作为身体缺场的替代物,网络象似性语符的产生是为了弥补虚拟交际过程中现实情境要素的匮乏。互联网技术平台的出现,使人类的生存方式和交际模式发生了深层变革。麦克卢汉的"媒介即讯息"理论在信息时代得到了充分验证,一种新媒介的出现必定会开创一种新的社会生活状态和一种新的社会行为方式。就交际模式来说,互联网的出现使传统的 FTF 交际模式变革为 CMC 交际模式,"网络人际交往则创造了一种超越物理世界的虚拟交往领域,电子空间的建构将人置于虚拟社会中,现实的人成了一种'身体不在场'的数字符号"[①]。由于这种不在场交际的"去情境化"必须在可视化的网络言语交际层面得到补偿,于是,具有象似性

---

① 白亚峰.2009.复得的"表情"——网络表情的表征及其亚文化特性:3.西北大学硕士学位论文.

特质的网络变异符号应运而生,在某种程度上为人类交际创造了一种"人工情境",或称"再造情境",使现实交际中的"身体缺场"变成虚拟交际情境中的"身体临场"。

经验主义认知观强调人类认识活动中主客体之间的互动关系。依据"现实——认知——语言"的认知模型,人类所处的客观世界对人类的认知具有决定性的意义,对语言的形成具有本源性的作用。但在现实与语言之间有认知中介的参与,语言并不直接反映客观世界,而是通过认知加工形成的概念间接地反映客观世界。也就是说,认知活动中的主客体互动决定了人类认识世界的过程与结果,作为认知成果的语言符号既是对外界客观现实的反映,又是人类认知加工的产物。利用这一认知原理考察分析相关现象,笔者发现,网络语境中的象似性变异语符也是认知活动中的主客体相互作用的产物。

首先,互联网新媒体的出现,为人类创造了一个有别于现实世界的另类生存空间和交际空间,使人类的交际场合由现实物理空间转向虚拟网络空间。于是,人们必须借助键盘、鼠标和显示屏,与虚幻的"网中人"进行视觉对话,虚幻的网络交际情境已经成为人们认知和表达的唯一情境。这种网络交际情境也是人们所处的另一个客观世界,对人们的认知具有决定性意义,对语言符号的建构与运行具有重要影响。也可以说,网络语符的象似性变异正是其所系连的外界现实变化的客观反映。

其次,互联网新媒体的出现,为人类交际模式多样化、复杂化和形象化的实现提供了技术基础,也为获得有效的认知表达提供了硬件支撑。先进的多媒体应用技术将人类引领进一个集文字、图像、声频、视频、动漫等多种表现形式于一体的奇妙符号世界,这些新媒介表达形式成为构建网络象似性语符取之不尽、用之不竭的宝贵资源。人类的认知成果需要动用一定的媒介形式进行包装,传统语言文字是其最主要的媒介形式,而网络新媒体的出现,为认知成果的包装提供了多样化的手段,直观形象性是其典型特征。

最后，认知主体的积极参与是网络诸多象似性语符生成的根本动因。无论是新兴交际空间的形成，还是先进表达手段的运用，都只为网络象似性变异语符的产生提供了一种物质条件，一种潜在的可能性。要想将其变成现实，必须有赖于交际主体积极的认知参与。就生成缘由来说，网络象似性变异语符的建构是一种有目的、有计划的认知表达行为，即为了创设一种在场交际替代物的虚拟在场情境。人类交际过程中存在着一种潜在的具象表达偏好，只要条件许可，就会想方设法使表达手段更为直观可感，使表达内容更为生动形象。于是，在现场交际过程中，发话者除了语言表达外，还经常动用包括语气、语调、姿态、眼神、手势、表情和其他非语言手段在内的诸多副语言要素表情达意，传递信息。而在不在场的书面交际过程中，这些副语言要素则无法直接进入交际渠道，辅助交际顺利进行。网络交际就属于不在场的"键谈"式口语交际，在线与不在线人际交流都变成了符号与符号之间的一种交际模式。于是，口语交际与"键谈"式书面化形成冲突，一方面口语交际需要尽可能多的副语言辅助，另一方面"键谈"式书面化交际又无法使副语言要素直接呈现。这一矛盾的化解需要认知主体的积极斡旋。耶夫·维索尔伦(1998)认为，"使用语言必然包括连续不断的做选择，这种选择是有意识的或无意识的，是由语言内部（即结构）的同时也/或者是语言外部的原因所驱动的。这些选择可以出现在语言形式的任何一个层面上：语音/音位的，形态的，句法的，词汇的，语义的"，而"做出选择"的过程又必然包含"变异性"、"协商性"和"适应性"三个环节。其中，"变异性"限制选择的可能范围；"协商性"指选择是根据具有高度灵活性的原则和策略做出的；"适应性"可以使人们得以从一系列范围不定的可能性中进行可协商的语言选择，以便逼近交际需要达到的满意位点。① 显然，网络象似性变异语符的产生也是一种语言选择的结果。"变异性"体现在认知主体根据交际情境的变化所做出的调整

---

① [比]耶夫·维索尔伦.1998.语用学诠释:65-72.钱冠连，霍永寿，译.2003.清华大学出版社.

与改变,网络交际情境的出现必然会对交际方法与手段产生影响,进而会在符号运用层面有所反映。"协商性"是在可供选择限度内对媒介选择的一种权衡与磋商,具有高度的灵活机动性。这种权衡与磋商是一种积极主动的认知行为,因为选取与舍弃都决定于认知主体的认识和需要。变异和协商都是为了取得"适应性"效果,使得语言选择逼近交际需要的满意位点。网络象似性变异语符是变异和协商的产物,目的在于创设虚拟在场情境,使交际方式和交际效果能够适应"键谈"式交际需求。

(二)返璞归真——原生态思维的复兴

与现实常规语言符号的演变趋势相比,网络象似性变异语符的发展方向恰好相反,回归形象直观是其典型特征。现实常规语言符号朝着抽象简易化方向发展,思维或观念的表征呈现为线性排列的符号串。人类发明创造的文字系统经过数千年的发展演变,已经逐渐把人类交流过程中的语气、语调、姿态、眼神、手势、表情等情境要素从话语中过滤掉,进而凝固成线性排列字符,造字之初的原始诗性智慧已经随之逐渐消弭。卢梭(1970)认为,"语言的年龄与其文字的完善程度呈反比。文字愈简陋,语言愈古老"①。英国著名学者爱德华·B. 泰勒(1898)也认为,"词汇像战时的印第安人一样地流浪,同时随着移动消灭了中途的足迹。极为可能的是,我们常用的许多词,都是以这种方式由真正的摹声词组成,但是在现在,永不复返地丧失了它的原始表现力的痕迹。"②泰勒的断言有时代局限,"永不复返地丧失原始表现力的痕迹"是指现实常规语言的发展状况,并不排除在某种特殊情况下有复苏的可能。网络象似性变异语符的出现,将人类久违的原生态思维重新召回,通过多媒体技术将遮蔽和消弭的诗性智慧再一次呈现出来。2008年5月11日,殷昱在北京大学开

---

① [法]让—雅克·卢梭.1970.论语言的起源:25.洪涛,译.2003.上海人民出版社.
② [英]爱德华·B. 泰勒.1898.人类学——人及其文化研究:106.连树声,译.2004.广西师范大学出版社.

设了一场题为"是谁把汉语撕成了碎片"的精彩讲座。在讲座过程中,殷昂结合当前网络新字符"囧"的流行谈了自己的看法。他认为,这只能说明汉字本身的魅力。今天有些文字里的信息已经被渐渐丢掉,汉字的原生态思维也在一点点被丢掉,这种返璞归真的趋势值得肯定。殷昂强调了汉字蕴藏了我们祖先的思维方式和民族文化,但是时间的推移消磨了这些要素,而"囧"的流行,说明我们民族的原生态思维又有复苏的趋势。也可以说,一旦条件具备,我们民族的原生态思维潜势就会尽其所能地释放出来。网络象似性变异语符的出现就是这种变异状况的重要表征。

原生态思维是一种淳朴的感性思维,是一种不受技能、技巧和经验约束,经常表现出超常规的、想象化的甚至显得古拙幼稚的思维形式。借自自然科学中的"原生态",本指一切在自然状况下生存下来的物件,是生物和环境和谐共处的一种自然状态。被移植到社会文化领域后,通常是指没有被特殊技艺雕琢,存在于民间原始的、散发着乡土气息的艺术形态。而随着现代文明的不断进步,人类原生态思维活性因子正在退化乃至衰竭,高科技的发明与应用进一步助推了这种演化历程。关于人类的符号文明,卡西尔(1944)认为,人类除了拥有一般动物所具有的感受器系统和效应器系统外,还拥有介于这两个系统之间的第三环节——符号系统。并认为,正是"这个新的获得物改变了整个人类生活。与其他动物相比,人不仅生活在更为宽广的实在之中,而且可以说,他还生活在新的实在之维中"。这新的实在之维就是符号世界,"语言、神话、艺术和宗教则是这个符号世界的各部分,它们是织成符号之网的不同丝线,是人类经验的交织之网。人类在思想和经验之中取得的一切进步都使这符号之网更为精巧和牢固。人不再能直接地面对实在,他不可能仿佛是面对面地直观实在了。人的符号活动能力(symbolic activity)进展多少,物理实在似乎也就相应地退却多少。"[①]依据卡西尔的论述,拥有符号系统是人类有别于其他动物的重要标志,这一系统改变了人类的生存状态,使人类无法生存

---

① [德]恩斯特·卡西尔.1944.人论:43-44.甘阳,译.2003.西苑出版社.

在单纯的物理世界中,无法直面客观现实。而且随着社会文明的进步,人类文化活动能力的增强,人类所赖以存在的物理世界和符号世界之间存在此消彼长的关系。随着人类抽象符号活动能力的不断提高,能够直观反映物理现实的原生态思维能力随之在逐渐退化,二者呈反比关系。

泰勒(1898)曾对人类丰富的在场交流如何逐渐蜕变为高度抽象化的、标示读音的线性字母的过程进行过描述。他认为,人类在开始进行交流的时候,其喊叫出来的声音,必然伴随着双手、头和身体的各种姿势,随着交流内容的复杂化,面部表情的重要性开始凸现出来,因为只有脸部表情的变化,才能让对方细致地理解与这个表情相符合的某种心境和情感。然而,随着话语的逐渐成熟,即便看不见一个人的表情,与这个表情一起产生的声音语调,也开始能够表达与这个表情一致的内在情感,于是,"把所有姿态、面部表情和情感声调的作用从说话中排除掉,我们进一步把说话归入常规的清晰语音系统,这个语音系统,语音学家和比较语音学家习惯上看做语言。这些清晰的语音,能够用代表元音和辅音的记号大致记录下来,并配上重音符号和其他有意义的符号。任何一个学过给每个字母以正确语言的人,都可以朗读这些书面记号。"[1]"在这样的一个过程中,标志身体活动无限丰富性的视觉、听觉、触觉、味觉、嗅觉元素被逐渐过滤、沉淀而最终凝固成仅仅表征各类感知运动痕迹的线性文字。"[2]相关论述勾画出人类语言符号系统的发展变化轨迹,即由情境性和具象性向抽象性和逻辑性方向进化,原始的诗性智慧和具象思维日渐式微。

与常规语言符号系统的发展变化趋势相比,新兴网络语言符号系统已呈现出一定的逆向变化趋势,原生态思维机制有了一定程度的回归,有人称之为"返祖"现象。所谓"返祖",是指"某种长期被抑制了的微弱遗传因素,突然又强化起来,使得某个生物体出现了一部分不同于一般状态的

---

[1] [英]爱德华·B.泰勒.1898.原始文化:136.连树声,译.2005.广西师范大学出版社.

[2] 梁国伟,王芳.2009.蕴藏在网络动漫表情符号中的人类诗性思维.新闻界,(5).

现象"①。上述所分析的网络象声符号、象形符号和象意符号都具有不同程度的"返祖"倾向,体现出人类久违的诗性智慧和具象思维的复苏与回归,即人类凭借自身肉体方面的想象而展开的具有强大热情和崇高性质的创造活动。在这样的一个创造过程中,人类首先是通过身体动作或实物形成可以交流的象形符号,随后又提取出身体动作中的声音材料转化为语言,最后凝固成书写的文字,从而得以表达和传承人类源于自然本能的情感和欲望。

就象声符号来说,谐音符号是基于符号与符号之间的语音相似性才得以建构的,是对非自然声音的临摹。能用"稀饭"代替"喜欢",只是二者语音近似而已,严格地讲,应该属于二级象声符号。而拟声符号的建构则是基于语音与其所表达的客观外界自然声音之间的相似性关联,许多汉字字音就是物音,具有依声定音的特点。关于汉字的依声定音,杨启光(1997)认为,"先民们除了直接用自身的感叹呼叫来释放情绪和表达愿望外,还通过模仿自然界的声响来把握外界事物。他们撷取最能撞击感官、触动心灵感受的音响,转而赋于事物。这种命名活动中语音与物音的同构,形成了原始民族把握世界的词音系统网络上的一个个网结,而汉民族又是用一个个汉字将它记录下来的,因此,汉字字音是依声定音的。这正如章太炎在《语言缘起说》中所指出的:'何以言雀?谓其音即足也。何以言鹊?谓其音错错也。何以言鸦?谓其音亚亚也,何以言雁?谓其音岸岸也。何以言鸳鸯?谓其音加我也。何以言鹡鸰?谓其音磔格钩辀也。'"②而赫尔德(Herder)早在1772年《论语言的起源》一书中就指出:"人依靠知性统治自然,而知性也正是语言之母;从物体发出的声音中,人提取出区分特征,从而构成了一种生动的语言。于是,树就叫'沙沙',风就叫'嗖嗖',泉水就叫'淙淙',这样,人们就有了一部小小的词汇,等待着

---

① 吴薇薇.2009.网络语言"返祖"现象探析.四川理工学院学报(社科版),(2).
② 杨启光.1997.试论汉字和汉民族的具象思维方式.汉字文化,(4).

发音器官给它们打上印记。"①相关研究充分说明语言的起源与人类对自然界中各种声响的认知模仿密切相关。网络语言中拟声符号的建构继承了这一传统,依声定音,拟音用字,语音与物音同构。于是,笑声就有了"哈哈、呵呵、嘻嘻、嘿嘿、嘎嘎、吼吼、咔咔、哇咔咔、hiahia、hiahi"等不同类型,杀头或删除也可用"咔嚓"来表达。

　　从网络象形符号来看,汉民族观物取象的原生态思维方式于其中得到充分体现。其建构方式承继了古汉字绘形表义特点,强调具象思维与直觉体验。因为,最古老的汉字是一种象形文字,象形是用线条描画实物的形象来表示字义的一种造字方法。关于汉字的起源,许慎《说文解字·叙》说:"黄帝之史仓颉,见鸟兽蹄迒之迹,知分理之可相别异也,初造书契。"《通鉴外纪》认为"仓颉见鸟兽之迹,体类象形而制字"。《周易·系辞下》则提出"古者庖牺氏之王天下也,仰则观象于天,俯则观法于地,观鸟兽之文与地之宜,近取诸身,远取诸物,于是始作八卦,以通神明之德,以类万物之情"。相关论述都说明了在造字之初,先民们采用了"观物—取象—比类—体道"的认知方法,其中"观物取象"是汉字建构的源头与基础。"所谓'象'指的是通过仰观俯察,近取远取等方式,对天地万物的物象进行多角度多层次的反复观察与感受,'拟诸形容',概括、提炼为意象,因此'取象'不是脱离客体形象的纯粹抽象符号,也不是对事物外在形象的简单模仿,而是通过对纹、理、节等物象特征的概括,对蕴含其中的'情'和'道'的象征与表达。"②这种表达方式与先民们的认识水平有关,因为,"原始人心里还丝毫没有抽象、洗炼或精神化的痕迹,因为他们的心智还完全沉浸在感觉里,受情欲折磨着,埋葬在躯体里","没有推理的能力,却浑身是强旺的感觉力和生动的想象力"③,即古朴的诗性智慧。因此,最古老的文字一般都是用象形符号把客观物体的形象描摹出来,具有"画成

---

① J.G. Herder. 1772. Abhandlung ther den Ursprung der Sprache. 转引自:论语言的起源:39-40. 姚小平,译.1999.商务印书馆.
② 杨启光.1997.试论汉字和汉民族的具象思维方式.汉字文化,(4).
③ [意]维柯.新科学(上):220-223.朱光潜,译.2006[1986].安徽教育出版社.

其物"和"绘成其形"的特点。世界文字中,古埃及的圣书字是典型的象形文字,亦称图画文字。(见图4-2)

图4-2 古埃及的象形文字(孔刃非,2008)①

这些象形文字还保留在埃及古代的神庙墙壁、陵墓、石柱、石碑、悬崖岩石上,作为埃及先民诗性智慧的历史见证。我们汉民族的祖先也创造出灿烂的文字文化,其中的甲骨文和金文还保留着较为完备的象形示意特点。(见表4-4)

表4-4 甲骨文、金文与楷书对照表(刘志基,2007)②

楷书	王	大	贝	象	鱼	宝
金文						
甲骨文						

在汉字不断抽象化发展过程中,互联网凭借其技术优势以及网民的创新思维,将键盘字符进行组合,创造出具有特定意义的网络象形符号,使古汉字中蕴藏的原生态思维因子得以复活。以"囧"为代表的网络象形字符即属于借形摹像表意符号;":-)"(微笑)和" =^.^= "(猫咪)之类的表情表物符号即属于简笔写意式摹像表意符号;而系统自带图库中的"😁"、"🔺"、"⚫"等象形符号则属于直观摹像表意符号。虽然建构方式有别,但观物取象的原生态思维机制趋同,正是这种思维机制的作用,使古汉字日渐式微的象形写意特征得以回归与彰显。

---

① 孔刃非.2008.汉字创造心理学:2.线装书局.
② 刘志基.2007.汉字——中国文化的元素:20.华东师范大学出版社.

网络象意符号,大都是旧字新用会意字符。从废旧的故纸堆中掏捡出来的冷僻汉字,经过网民们别出心裁的加工处理,取其形而改其义,据形赋新义,可以收到"望文生义"的表达效果。如"槑"本是"梅"的古旧异体字,取梅树外形之象造字,而在网络语境中网民们却将其掏捡出来拆解构件赋新义,槑=呆+呆=很呆、很傻。"烎"(yín)的古义本指"光明",当代网络玩家将其据形赋义为:烎=开+火=斗志高、有血性。这些古为今用的字符复兴与流行,体现出形象占主导地位的认知选择和思维惯习,标志着原生态思维在网络语境中有了一定程度的回归与复苏。哲学教授成中英(1991)认为汉字的构成规则均与"象"有关,"六书"就是以象形或取象为主,当然也有象声,都是对客观自然现象的模仿。其中"会意"是对事态的复杂关系的显示,不是单纯的象形。① 由此可见,网络据形赋义象意字符也是基于"象"而生,这种"象"是一种"意象"。关于会意,许慎《说文解字·叙》说:"会意者,比类合谊,以见指撝,武信是也。"就是说,会意字是并列字类,即两个以上的字,会合它们的意义,来表现该字义所指向的事物。会意字符是由一个个"细节"组成的叙事单元。(见图4-3)

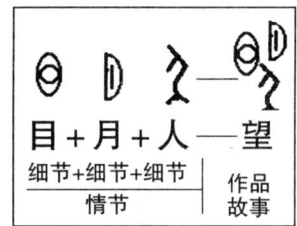

图4-3 汉字建构中的叙事性文学技巧(孔刃非,2008)②

较之象形字符,象意字符"以'形'表意,不是孤立依靠自身的'形象'意蕴,而是在整体系统的定性界定下,'形象元'之间进一步按内在的逻辑

---

① 成中英.中国语言与中国传统哲学思维方式.张岱年,成中英,等.1991.中国思维偏向:190-200.中国社会科学出版社.
② 孔刃非.2008.汉字创造心理学:59.线装书局.

有机结合起来,呈现出更精确的意义"①。因此,象意字符的建构与解读需要动用更多的认知资源。与传统会意字符不同的是,网络象意字符的建构偏重于"形象元"(细节)的加合会意,是严格意义上的合体象意字符,可称之为"网络会意字"。(见图4-4)

```
男 ＋ 女 ＋ 男———嬲
细节＋细节＋细节———故事情节
```

图 4-4　网络会意字"嬲"的叙事性建构

总之,汉民族原生态具象思维方式,"决定着他们抽象概念时是沿着'观物取象'的运思途径,取万物之象,加工成为象征符号,来反映、认识客观事物的规律;在用汉字来固定概念的形式时,则习惯于用相应的具象使概念生动可感而有所依托。于是象征中有概括,概括中有象征,从而无形意念、物性特征、动作行为乃至极为抽象的概念都呈写意之象。"②

(三)读图时代——视觉至上认知模式

法国作家雷吉斯·德布雷(Régis Debray)曾经认为可用媒体的三个分期对人类社会进行说明,即书写时代、印刷时代和视听时代,这三个时代分别对应于语言统治时代、书写统治时代和视图统治时代。在语言文字传播占绝对主导地位的时代,尤其是印刷文字主宰一切的时代,人们需要以阅读、静观、冥思的方式来理解和把握世界,特别强调对文本的阐释与解读,崇尚逻辑思辨与澄怀观道。麦克卢汉也认为,"书写最大的特点就在于它将思想的迅捷过程呈现为稳定不变的沉思与分析的力量"。而视图统治时代的来临,已极大地改变了人类理解和把握世界的方式。现代传播科技的迅速发展,影像技术、电子信息技术日渐兴盛,视觉文化迅

---

① 孔刃非.2008.汉字创造心理学:83.线装书局.
② 杨启光.1997.试论汉字和汉民族的具象思维方式.汉字文化,(4).

速崛起,并逐步发展成为当代文化的重要组成部分。图像已经僭越语言文字成为当代人类认识世界与观察社会的主要工具,传统语言所具有的阐释性日渐式微,在图像时代,语言时常沦为图像的附庸和注解。人们在某种程度上已经走进了只看不想的读图时代、一种碎片化的浅阅读时代。当代网络传媒正在加速这种演变进程,并以其全媒体技术优势和及时互动的传播优势使这种演变的覆盖范围日益广泛,形形色色的视觉文化形象已经遍布于当今社会生活的每一个角落。

在人类认知范式的转型过程中,电脑多媒体技术和互联网极速通讯技术对当代文化中的图像转型产生了重大影响。"近十多年来日臻完善的电脑多媒体技术,以其对图像的生成、加工、复制的优势和凭借网络通讯传输对影视技术的综合运用,表征着现代文化工业凭借科学技术对传媒领域革新的全面完成。于是,一种新的文化艺术形态——视觉文本占据了现代文化的主导地位,人类跨入了一个视觉文化的新时代。"①作为网络信息传播与人际交流的主要工具,网络语符的建构也深受这种演变趋势的影响,网络语境中诸多具有具象性特点的映象符与示意符正是读图时代的产物,也是视觉文化的表征,本质上体现的是一种认知思维方式的转换。关于视觉文化,文化研究学者米歇尔(1994)认为,"视觉文化是指文化脱离了以语言为中心的理性主义形态,日益转向以形象为中心,特别是以影像为中心的感性主义形态。视觉文化,不但标志着一种文化形态的转变和形成,而且意味着人类思维范式的一种转换。"②这种文化的形成与人类的认知特点与思维方式密切相关。因为在人类所有的感觉器官中,最重要的是视觉和听觉,人类把握世界的方式主要依靠视觉和听觉,而其中尤以视觉最为重要。当代德国哲学家威尔什(Welsh)通过视觉与听觉的对比,系统地阐述了视觉的特点:首先,视觉是持续的,以及所

---

① 赵维森.视觉文化时代人类阅读行为之嬗变.学术论坛,2003(3).
② [美]W. J. T. 米歇尔.1994. 图像转向. 范静晔,译. 陶东风主编.2002. 文化研究(第3辑):17. 天津社会科学出版社.

见之物是现存的,因此视觉的认知与科学相关;其次,视觉是原距性的感官,可在一定距离之外把握对象,因此视觉是间离的感官,可以反复审视和质询对象;再次,视觉是个体性的感官,看是一种个体性的行为。这种视觉至上的感知方式吻合了认知语言学所倡导的经验主义认知观,强调了人类概念系统与符号体系的形成具有体验性。而网络语境中的象似性符号又将这种体验性进一步直观化与形象化,使其具有图像转型与视觉转型的特点。

关于网络信息传播与人际交流过程中的视觉转型问题,可以从两个维度进行考察。首先,电质媒介的技术优势为视觉转型提供了最大可能。网络用户充分挖掘并利用电脑和网络空间中直观表意的图像符号素材,为网络信息传播与人际交流创设了一种可视化表达情境。人类视觉至上的认知活动的开展需要依凭一定的物质基础和技术手段,显然,新兴电质媒介的全媒体技术能够极大地满足网络用户视觉至上的认知表达需求。所谓全媒体技术,目前比较通行的观点认为,是指采用文字、图形、图像、动画、网页、声音和视频等多种媒体表现手段(多媒体),通过广播、电视、音像、电影、出版、报纸、杂志、网站等不同媒介形态(业务融合),通过融合的广电网络、电信网络以及互联网络进行传播(三网融合),最终实现为用户提供电视、电脑、手机等多种终端的融合接收(三屏合一),实现任何人、任何时间、任何地点、以任何方式接收任何媒体内容(5W)。而全媒体在发展过程中往往要受到信息技术和通讯技术的限制,互联网是迄今为止全媒体技术最杰出的代表,随着其不断普及与日臻完善,其媒体集大成者的功能与性质日益凸显,一种开放式的不断兼容并蓄的传播形态已经形成,极大地丰富了网络用户的媒体体验。这种媒体优势对网络交际过程中的视觉转型产生了重大影响,它从物质层面和技术层面确保了相关表达形式的建构与运行。

其次,这种转型与当代网络用户的认知取向和表达意趣密切相关。由文字符号的理性解读走向图像符号的感性体验,已经成为人类认知方式转变的主导方向。就人类的认知偏好来看，追求视觉感官享受已经成为当代消费社会中的主要生活样态。对于视觉文化，贝尔(1976)认为，"目前占统治地位的是视觉观念。声音和景象，尤其是后者，组织了美学，统率了观众。在一个大众社会里，这几乎是不可避免的。"并对成因作出分析，认为其具有"当代倾向的性质，它渴望行动、追求新奇、贪图轰动。而最能满足这些迫切欲望的莫过于艺术中的视觉成分了"[1]。而网络文化正日渐成为视觉文化的重要表现形态，其本质上是一种崇尚视觉感知和形象体验的浅表文化，削平文化的深度模式，拒绝理性与崇高。这种认知取向与网络特殊交际方式有关，虚拟交际空间遮蔽了在场交际的所有情境要素，因此，非在场交际过程中需要尽力弥补相关要素的缺失，而所运用的交际工具便成为进行情境化改造的首选对象，于是，网络诸多图像符号应运而生。此外，网络交际工具的视觉转型也是网络用户表达意趣的充分体现。"因为视觉的东西比话语的(语言的)表达更直观和更有效，它所导致的'不是概念化，而是戏剧化'(贝尔)。更进一步，现代主义的视觉创新所导致的新的感性方式，与这种视觉偏好的结合，便强化了主体对视觉的迷恋和欲望。"[2]也可以说，只要条件许可，人类更倾向于运用可以直接感知的表达形式，而不是需要消耗更多认知资源的抽象符号。网络新媒介的出现极大地满足了人类形象表达和直接感知的种种需求，且这种表达形式和感知方式已经发展成为一种网络交际时尚，能够彰显出网络用户的表达意趣。比如，为了表现恋人之间的浪漫情怀这一主题，网络交际语境可以进行如图 4-5 设计。

---

[1] ［美］丹尼尔·贝尔.1976.资本主义的文化矛盾:154.赵一凡,等,译.1989.生活·读书·新知三联书店.

[2] 周宪.2001.视觉文化与消费社会.福建论坛(人文社会科学版),(2).

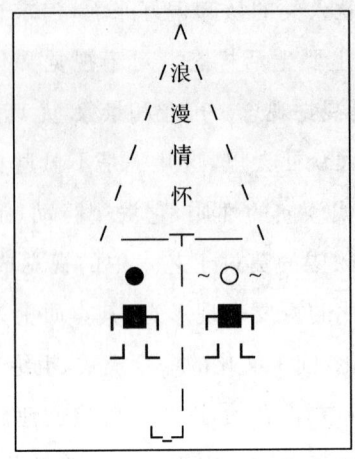

图 4-5　恋人之间浪漫情怀的意象表达

通过对男女二人和小雨伞形象的简笔勾勒,一幅温馨浪漫的美好画面跃入眼帘,而"浪漫情怀"四字只起到辅助说明的作用。类似表达形式已经成为当前网络用户经常动用的交际手段,很多网站都内嵌了图像符号库,可供用户随时调配使用。简言之,互联网的技术优势与网络用户的表达意趣联袂合作,共同助推了当代网络文化的视觉转型。

综上所述,网络语言象似性变异本质上缘于通过键盘、鼠标和显示屏与对方进行无声无息的去情境化交流。因此,网络空间中的虚拟在场交际需要尽力弥补现实空间中的主体缺场,于是,各种具象化映象符与示意符应运而生。这里所探究的象似性是语言符号音、形与其所指对象之间的直接映照性相似关系。在网络语境中,该类象似性变异建构形式多样,分布广泛,在语言符号的音、形、义层面都有所体现,诸如谐音与拟声、表情与摹像、象形与象意等。究其生成缘由,当与人类具象化认知思维偏好有关,认知情境再造、思维返璞归真和读图视觉转型共同促成了当代网络语言中象似性变异符号的产生与流行。

第五章　非范畴化理论与网络语言变异

网络语言中的诸多变异与人类认知过程中的范畴化不无关联。不过,这种范畴化是在特殊交际环境中进行的,受特定交际目的和表达意趣的支配,有别于常规认知过程中的范畴化。张辉(2000)认为,"语言变异就是为了获得一定的交际功能和美学功能,力图突破语言结构常规的约束而发生的变异,而所产生的变异又反过来丰富了语言的结构,促进了结构的发展和完善。"①其中"突破语言结构常规的约束而发生的变异"就是指一种重新范畴化,或曰再范畴化,其中包含着一定量的非范畴化现象。就网络语言来说,其变异的主要目的是为了获取一种游戏娱乐功能和社会批判功能。而网络交际主体的认知心理特点以及网络交际的隐匿性、开放性、经济性、交互性、解构性和辐射性等诸多性质,又进一步强化了语言常规突破的可能性与复杂性,使网络语境中的范畴化过程总是处于一种变动不居的状态。网络语境中的诸多变异现象本质上正是源于人类认知过程中的再范畴化与非范畴化,相关变异现象可以在非范畴化理论视阈中得到更为科学而合理的阐释。

一、非范畴化理论及其应用价值

非范畴化理论是范畴化理论的重要组成部分。这一理论最早由 Hopper 和 Thompson(1984)提出,主要用来解释词的范畴属性的动态

---

① 张辉.2000.语言变异的本质与制约.福建外语,(2).

性。国内学者刘正光和刘润清(2005)又进一步发展完善了这一理论体系，系统地阐述了其工作机制、理论特征与理论意义，并运用该理论探究了英汉语言中诸多"非理想"语言现象的认知动因，充分展现出该理论的科学意义与应用价值。关于非范畴化的工作机制，刘正光和刘润清着重从两个层面展开论述，一是语言层面，二是认识层面。在语言层面上，非范畴化是在一定的条件下范畴成员逐渐失去范畴特征的过程。这些成员在重新范畴化之前处于一种不稳定的中间状态，也就是说在原来范畴和它即将进入的新范畴之间会存在模糊的中间范畴，它们丧失了原有范畴的某些典型特征，同时也获得了新范畴的某些特征。范畴化过程具有动态性，实体从无范畴状态到有范畴状态，然后又失去原范畴的某些特征，开始非范畴化的过程，经多次、反复使用之后，实体从一种中间状态逐渐过渡成为一种具有稳定范畴身份的实体，完成重新范畴化过程。这一变化过程可以图示为图5-1。

$$\xrightarrow{\text{范畴化}}$$
(无范畴)范畴化→非范畴化→重新范畴化→

图5-1 范畴化的动态运作机制(刘正光、刘润清，2005)[①]

在认识层面上，非范畴化则是一种思维创新方式和认知过程。其强调原有概念在认知发展过程中的作用，转喻和隐喻认知操作机制，以及人类知识的相互作用与联系。关于非范畴化的理论特征，刘正光和刘润清将其概括为四条：1)语义抽象与泛化；2)形态分布特征逐渐消失或中性化；3)功能扩展或转移；4)范畴属性变化或转移。[②] 非范畴化的理论意义主要体现在其对范畴化理论的补充与完善。以往范畴化研究偏重于理想语言事实及其范畴形成过程的静态观察，而非范畴化理论关注的则是非理想语言事实以及范畴的动态运作机制，二者相辅相成，共同构成了进一步认识和解释各种语言现象的科学理论模型，可以将语言研究不断引向深入。

[①②] 刘正光，刘润清.2005.语言非范畴化理论的意义.外语教学与研究,(1).

非范畴化理论能够给予"非理想的"、"难解释的"、"不合适的"、"非常规的"等所谓"杂质语言"以应有的研究地位,对相关语言现象加以特别关注。这种研究取向能够很好地顺应与满足网络时代具有游戏性与狂欢化色彩的变异语言研究。较之现实常规语言运用,网络语言因运行于特殊的网络语境而呈现出极强的创造性与变异性。对于这些变异语言现象,传统范畴化理论已无能为力,只有将其放置到非范畴化理论视阈中才能得到科学而合理的阐释。就功能而言,范畴化的作用在于从混沌世界中寻出规律和秩序,对事物、行为的性状等进行必要的分类,以减轻认知负担。但是,范畴化过程与结果并非均值恒定,而是具有一定的等级性和动态性。在范畴属性等级序列中,有原型范畴和边缘范畴之分,二者构成连续统,其间存在渐变性,原型范畴体现出与其他范畴的差异性,边缘范畴体现出与其他范畴的关联性,蕴藏着范畴变异的可能性,为非范畴化埋下伏笔。而人类的认知系统和语言系统总是处于不断创新发展过程之中,语言系统创新发展的重要途径之一就是对现有资源的扩展与重组。"在这个扩展和重组的过程中,范畴成员必然发生地位和资格的变化,即非范畴化。"[①]网络时代加速了人类的认知系统和语言系统的更新换代,作为范畴化结果的概念系统及其表达形式在网络语境中也呈现出相应的变异性特征。非范畴化理论特别关注"非理想"和"非常规"语言现象,因此,在"污染"与"不纯"的网络变异语言研究中可以大显身手,有助于揭示出纷繁复杂的语言现象背后所蕴含的深层理据与运作动因。

二、网络语言非范畴化变异的类型及特点

(一) 重新范畴化与重新词汇化

网络语言中的非范畴化变异可以分为静态形式变异与动态语义功能变

[①] 刘正光.2006.语言非范畴化——语言范畴化理论的重要组成部分:7.上海外语教育出版社.

异两种类型。静态形式变异侧重于为既有现象赋予新的形式范畴,即发生在语表层面上的重新范畴化。这种重新范畴化直接导致重新词汇化,也就是为原有概念意义寻找并确立新的语言表达式的过程。需要指出的是,此处所言的重新范畴化既非传统语法化和词汇化过程中的重新范畴化,也非作为非范畴化结果的重新范畴化,而是非范畴化在共时平面上的一种运行机制与表现形态,重新词汇化是其最终结果与外在表现。李战子和庞超伟(2010)认为,"互联网为人们提供了一种全新的信息交流方式和人际交往方式","打破了传统的社会生活模式","已经初步具备了'反社会'的特征,而网络上流行的网络语言也因此带有了'反语言'的特点和功能"①。从认知角度来审视这些具有"反社会"性质的"反语言",可以发现,网络语境中的"反语言"本质上是来源于非范畴化过程中的重新范畴化,其结果不仅导致了重新词汇化,而且还产生了反词汇化和过度词汇化现象。

首先,重新词汇化是网络语言非范畴化变异中重新范畴化的主要表现形态。因为,网络语言的创新变异不仅表现为诸多全新表达形式的创造与运用,还表现为对大量现有表达形式的改造翻新与重新利用,后者属于语表层面上的重新范畴化过程,亦即重新词汇化过程。这种过程体现在词汇系统的各个层面上,从词音、词形到词义,都可以进行音转、拆分、缩减、重叠、增繁、隐喻、引申、别解、飞白与重置等再加工。相关语言现象的重新范畴化(即重新词汇化)过程呈现出一定的复杂性与多样性。(见表5-1)

表5-1 网络语言重新词汇化类型分析表

词汇元素	变异方式	变异词例
词音	谐音	果酱(过奖)、鸭梨(压力)、94(就是)、+U(加油)
	合音	酱紫(这样子)、表(不要)
	记音	哈皮(happy)、茶包(trouble)、恰特(chat)
	缩音	BT(变态)、JS(奸商)、SJB(神经病)

---

① 李战子,庞超伟.2010.反语言、词汇语法与网络语言.中国外语,(5).

续表

词汇元素	变异方式	变异词例
词形	拆分	马叉虫(骚)、走召弓虽(超强)
	缩减	FT(faint,晕)、SP(support,支持)
	重叠	东东(东西)、漂漂(漂亮)
	增繁	轲笕(可见)、硒呱(西瓜)
词义	隐喻	青蛙(丑男)、灌水(发帖)
	引申	哈姆雷特(高深、难懂)、286(迟钝,反应慢)
	别解	偶像(呕吐的对象)、蛋白质(笨蛋+白痴+神经质)
	飞白	假 A(甲 A)、李肛(李刚)
	重置	囧(光明→郁闷、无奈)、槑(梅→很呆、很傻)

表5-1显示,网络语言形式层面上的重新范畴化可以通过多种方式来实现。重新词汇化就是以多种方式构建不同"能指"的过程,其结果是作为现有词汇的替代物或对立物而存在的。例如:对于"制伏人的力量或承受的负担"的概念意义,原本用"压力"来进行范畴化和词汇化,二者已形成既定关联。网络语境中利用语音上的联系,故意拆解这一既定关联,将原有概念意义重新范畴化,进而重新词汇化为"鸭梨",使"鸭梨"成为现有词语"压力"的替代物和对等物。也可以说是"鸭梨"暂时逃离了其原有"梗部凸起,状似鸭头的梨子"的概念范畴,庖代了"压力",使"压力"退居后台。这种重新范畴化和重新词汇化的目的在于有意制造认知障碍,增加思维张力,进而增强网络人际交往的游戏性与趣味性。

其次,网络语境中的重新范畴化和重新词汇化必然会带来一定程度上的反词汇化和过度词汇化现象。就反词汇化来说,其在网络语境中主要表现为诸多重新词汇化之后的能指符号具有异质性。从本质上来讲,反词汇化是与词汇化相对而言的。作为信息载体的语言符号是形式和语义功能的结合体,特定的形式可以表达特定的语义功能,特定的语义功能也需要一定的语言形式来表现。常规词汇化过程就是为不同语义功能寻找并确立合适表达形式的过程,也就是所指与能指的配对过程。简言之,词汇化过程就是一种建构过程,尽力维持一种恒定状态和应有的秩序。而反词汇化则背道而行,从事的是一种解构工程,尽力破坏稳定的状态和原有的秩序,使能指与所指的结合始终处于一种飘忽不定的状态,能指符号的选材与建构具有无限可能性、创造性与多变性。在网络语境中,除了常见的标准中文字符外,汉语拼音、繁体中文、英文、日文、韩文、数字、方言、别字、图标以及其他各种符号都可以成为构建能指符号的备用材料。例如:

星期天,妈妈带我去逛200。我的GG带着他的恐龙GF也在200玩,GG的GF一个劲地对我PMP,酿紫就像我们认识很久了。后来,我和一个同学到网吧打铁去了……7456!大虾、菜鸟一块儿到我的烘焙机上乱灌水。"(星期天,妈妈带我去逛公园。我的哥哥带着他的相貌平平的女朋友也在公园玩,哥哥的女朋友一个劲地对我拍马屁,那样子就像我们认识很久了。后来,我和一个同学到网吧发帖去了……气死我了!超级网虫和超级新手一块儿到我的个人主页上乱留言。)

而网络流行的"火星文"更是其典型代表。例如:

1) 曾经u1份金诚di摆在挖d面前,但4挖迷u珍c。(曾经有一份真诚的爱摆在我的面前,但是我没有珍惜。)

2) b要b挖d样子↓坏,其4挖粉口i。(不要被我的样子吓坏,其实我很可爱。)

此外,网络语境中还存在着大量过度词汇化现象。根据构成情况,可以分为同体过度和异体过度两种类型。所谓同体过度,是指网络语境中部分相同词汇符号的低语值或零语值重复冗余使用,虽带有夸张目的,但已超出了常规言语交际所允准的限度。例如:表笑声的"哈哈哈哈哈哈哈哈哈哈

哈哈哈哈哈哈……"、表哭声的"呜呜呜呜呜呜呜呜呜呜呜呜呜呜呜呜呜……"、英文单词的赘余形式"missssssssssss uuuuuuuuu"、"loveeeeeeee uuuuuuuuu"、无厘头语言表达中的"爱一个人需要理由吗？不需要吗？需要吗？不需要吗？I 服了 U!"等。所谓异体过度，是指网络语境中所指相同的诸多不同能指符号的建构与使用，依据常规标准，能指与所指之间的比例已出现失衡现象，能指呈现出过度激增与超限扩张之势。就其来源看，显然是重新词汇化与反词汇化的必然结果。网络交际语境所特有的虚拟性、开放性与自由性有助于重新范畴化和重新词汇化相关活动的开展。"互联网还为使用者提供了一个从未体验过的虚拟空间。在网上，网民身份被数字化、电子化、虚拟化，使人们更容易在互联网上比较真实地自由地表达意见，从而极大地激发了公众参与社会生活的热情。"[①]这种生活方式与思维方式的变化有助于人们自由言说，也激活了他们的创新思维。作为语义功能载体的语言符号不应成为束缚思想观念的枷锁，而应成为自由表达的利器。因此，传统被各种含蓄委婉的表达形式所蕴藏的言下之意和言外之意，在网络语境中通过各种异化形式得以外显并强化。汉民族传统文化表达尊奉"微言大义"信条，追求言简意赅，刻意缩减能指符的数量与形式，特别重视言下之意和言外之意的探索与追寻，强调内省、静思与阐释。当今网络交际则反其道而行之，偏好"繁言寡义"表达技巧，尽力将各种被隐藏的所指诉诸多样化表达。所用的能指符既有数量上的激增，又有形式上的多变，已打破了现实常规语言系统中能指与所指之间正常的比例标准。这种变化直接导致了网络语境中过度词汇化现象的产生。例如：负责论坛管理的人被称为"版主"，但在具体使用过程中又出现了"斑竹"、"斑猪"、"版猪"、"板主"等多种版本；判断动词"是"在网络语境中分别有"素"、"系"、"4"、"S"等多种变体；"我"可以有"偶"、"挖"、"俺"、"5"等多种形式；笑声可以分别用"哈哈"、"呵呵"、"嘻嘻"、"嘿嘿"、"吼吼"、"厚厚"、"嘎嘎"、"咔咔"、"哇咔咔"、"haha"、"hehe"、"xixi"、"hoho"、"hiahia"等多种

---

① 冯先灵.2006.互联网的发展对人们思想观念的影响.科技经济市场,(6).

拟声符号来表示。至于网络语境中的表情符号和图形,其建构更是五花八门,异态纷呈。表情符号的建构可以分为欧美版(侧面型)和日本版(正面型)两大类,其中的小类又可以分为多种形式,如表示"笑"的概念意义的表情符号就有"(ˆ_ˆ)"、"(ˆOˆ)"、"o(∩_∩)o"、"└(ˆoˆ)┘"、"XD"、"&(ˆ_ˆ)&"、"*ˆ÷ˆ*"、"*ˆ◎ˆ*"、": -)"、": - D"等多种形态。这些过度词汇化符号的产生大多源于网民们的灵感与创造,或是为了纯粹娱乐和消遣,或是为了描述和表达特定的经验和感受,因交际主体观察视角和建构意趣的不同而使相关符号呈现出一定的差异性与变异性。

(二)非范畴化与语义功能变异

严格意义上的非范畴化是指在一定的条件下范畴成员逐渐失去范畴特征的过程,在语言层面上通常表现为语义功能变异,也是交际主体利用现有语言资源表达特定思想内容的过程。首先,非范畴化本质上是源于现有语言形式与交际主体不断发展变化的认知表达需求之间的矛盾冲突。因为,随着人类认识的不断深入与丰富,相应的认知系统与概念系统中会产生许多新的东西需要表达,而原有语言资源中并没有现成的表达形式,遵循经济性原则,语言系统往往会拓展与更新原有表达形式的语义功能和范畴属性,以满足新的表达需求。这是语言非范畴化变异的客观动因。其次,范畴化的运作机制及其与人类认知思维的关系,也为非范畴化奠定了重要基础。原型范畴理论认为,范畴边界是模糊的,具有开放性;范畴成员之间的地位不平等,具有家族相似性;范畴属性具有综合性、互动性和多值性,无法用充分必要条件加以描述;范畴特征具有差异性和具体性,与物质世界直接相关。相关研究表明,范畴化是一个包含起始点与中间状态的动态过程,在范畴化与重新范畴化之间还存在非范畴化的中间环节。范畴化是人类认识世界的一种基本认知方式,与人类的经验和想象力密切相关。范畴表现的并不是对外界现实的任意切分,而是主客观相互作用的结果,本质上基于人类认知思维能力。这种"惟人参之"的运作特点是语言非范畴化变异的主观动因。而网络语境的交际特点又进一步强化了语言非范畴化变异的主观性与复杂性,有许多变异并非出于解决形式有限而表达无穷的矛盾需求,而是纯粹为了追求新奇、刺激和娱乐,以满足特殊表达风格需求。纵观网络语境中语言符号的语义功能非范畴化变异,其类型大致可以分为以下几个方面。

1. 词法变异

特定语言系统中的范畴化包含了对不同词类的划分与界定,所划分出来的词类都具有其大致相同的范畴属性,相同词类中的成员在形态、语义、功能等方面呈现出较为稳定的共性特征。与之相对,非范畴化打破了词类范畴原有的平衡状态,实现了新的突破,使范畴之间的对立中性化,部分范畴属性特征消失,范畴属性成员的地位与功能也发生了变化、扩展与转移。

(1)名词→动词。

①有事伊妹儿我!　　　　　②你知道我在Q你吗?
③今天你雅虎了吗?　　　　④百度一下。

上述例句中的划线名词都出现了词类范畴属性转移现象。名词转用为动词,属于工具论元的凸显与转指。非范畴化过程中蕴含着转喻认知机制。从认知角度看,"'认知框架'是人根据经验建立的概念与概念之间的相对固定的关联模式,对人来说,各种认知框架是'自然的'经验类型"①。上述工具论元之所以能够转指,是因为人类在长期运用工具从事各种活动过程中,逐步建立起"工具—行为"的认知框架,于是,工具与相关活动行为就建立起最佳认知关联,其在认知后台中的显著度不断增强,最终由工具范畴升格为行为事件范畴。网络上经历了类似非范畴化变异的还有"雷人"一词。所谓"雷人"是指出人意料、使人震惊的意思。名词

---

① 沈家煊.1999.转指和转喻.当代语言学,(1).

"雷"转用为动词,体现的是根据生活经验建立起来的概念与概念之间的固定关联,即自然现象对人的感觉与心理所产生的重大影响。在认知操作下,"雷"的语义有了一定程度的抽象与泛化,并由自然现象域延伸到人事活动域,范畴属性出现了拓展转移,属于指称到陈述的跨域转化。

(2)形容词→副词。

网络语境中程度副词的使用也出现了非范畴化变异,传统常规程度副词"很"、"十分"、"非常"等已经被边缘化,一批时尚的形容词性词语或语素偏转为程度副词,占据了主阵地,诸如"暴、狂、巨、酷、炫、超、强、严重"等。"狂顶"、"超爽"、"巨强"、"严重支持"等奇异组合频现于网络语境中,充分体现出网络言语交际的夸饰性和游戏性特点。其中"严重支持"的用法最具特点。根据《现代汉语词典》(第5版)解释,"严重"本为形容词,有两个义项,❶程度深,影响大(多指消极的);❷(情势)危急。① 但在网络语境中,"严重"已经历了词性与感情色彩的双重变异,即出现了"形容词→副词、贬义→褒义"非范畴化变异,可以修饰谓词,组建成"严重推荐"、"严重赞成"、"严重浪漫"等特殊建构。

(3)形容词→动词。

⑤想要聊天必须起个好网名真正"酷"一把。
⑥一些著名网站最近相继被黑。
⑦有事短我。
⑧周末我们一起腐败吧。

上述例句中的形容词都经历了词类非范畴化变异,具有了动词性范畴属性特征。仔细考察发现,它们的非范畴化路径并非完全相同。其中"酷"和"黑"分别源自英文单词"cool"和"hacker"。"cool"本意为"冷",20

---

① 中国社会科学院语言研究所词典编辑室.2005.现代汉语词典(第5版):1565.商务印书馆.

世纪60年代成为美国青少年街头流行语,代表了一种冷峻的、反主流的行为或态度,后来泛指一切可赞美的人和物。70年代中期传入中国台湾后被音译为"酷",后来传入大陆,成为"潇洒"的代名词,得以广泛流行。其非范畴化植根于"性状—生活方式"认知框架,认知后台中的性状凸显,被赋予陈述功能。"hacker"汉译为"黑客",用于泛指那些专门利用电脑网络搞破坏或恶作剧的人。例⑥中的"黑"应是"黑客"的省略,严格意义上讲,当属于名词转用为动词,是"主体—行为"认知框架中的范畴转换。例⑦中的"短"与例⑥中的"黑"相似,是"短信"的省略,应属于"工具—行为"认知框架中的范畴转换。例⑧中"腐败"的非范畴化较为复杂,与上述"严重"相似,经历了词类范畴与感情色彩范畴的双重变异。在现实语境中本指官员思想行为腐朽堕落,而在网络语境中却成了"聚餐玩乐"的代名词。一方面出现了性状范畴向陈述范畴的转移过渡,另一方面感情色彩范畴也由贬义趋向中性。不同语境中的范畴属性相似性是其非范畴化的深层动因,因为尽管陈述的对象与性质存在较大差异,但是追求娱乐享受的生活方式具有一致性。

2. 句法变异

语言系统中的非范畴化变异不仅体现在静态词汇系统中,还体现在由词汇单位参与建构的动态句法系统中。因为,根据认知语言学理论,世界上除了不同事物外,人们还以各种各样的行动作用于外部世界,于是产生了诸多动作范畴和事件范畴,这些范畴反映在语言系统中就形成了各种不同的句法结构。句法系统赋予了人类表达各种思想或观念的能力,句法形式与功能的关系反映了人类的概念结构与认知组织原则。"句法结构在相当程度上不是任意的、自主的,而是有自然的动因,其外形通常是由认知、功能、语用等句法之外的因素促成,表层句法结构直接对应于语义结构。"[①]语言结构直接对应于人类的概念结

---

① 卢植.2006.认知与语言——认知语言学引论:219.上海外语教育出版社.

构,语法只是人类概念结构的重组与象征化,各种句法结构是不同概念结构范畴化的结果。但是,"在概念化过程中,人类并不能直接达及现实世界;现实世界独立于我们而存在;人类是通过积极感知的方式来将世界概念化的,而感知的方式又受到人类自身结构的影响;所以语言实体的意义不仅反映事物现象的特征,更反映出对现象的概念化过程;因此,语言实体的意义和功能就获得了主观性,并由此成为一个不完全确定的开放的系统。"① 相关论述强调了人类认知系统中的概念化和范畴化具有主观性,所形成的概念范畴具有不确定性和开放性,因而为各种非范畴化变异打开了方便之门,句法系统中的各种变异正是由此而起。

(1) "被 X"变异建构。"被"字句的原型范畴属性特征之一是结构中的动词要有及物性和处置性,能够对受事施加积极影响。但是,在网络语境中,能够进入"被+X"模标的模槽填充物已经出现了一定程度的非范畴化变异,有非及物性和非处置性语言成分介入。如:

"被+名词"—— 被小贝、被中考、被雷锋、被民意、被会员、被高薪

"被+形容词"—— 被和谐、被幸福、被繁荣、被寂寞、被健康、被慈善

"被+不及物动词"—— 被自杀、被失踪、被跳楼、被增长、被就业、被捐款

考察发现,网络平台上流行的"被 X"变异话语模属于非范畴化变异建构,呈现出自主到他主、自为到他为的语义功能变异。现以"被自杀"为例,将相关语言现象的变异机制分析为如图 5-2。

---

① Geerarets Dirk. Diachronic prototype semantics: A digest. Andreas Blank & Peter Koch (eds.). 1999. *Historical Semantics and Cognition*: 91-108. Mouton de Gruyter.

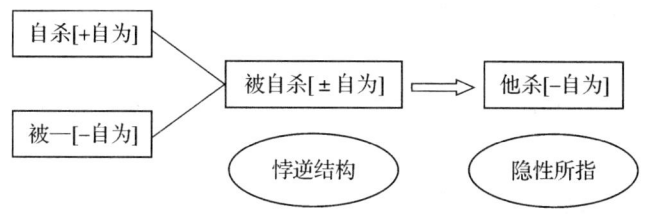

图 5-2 "被自杀"非范畴化变异机制图解

运用义素分析法分析"被自杀"模标变体,可以看出,变量"自杀"和恒量"被一"之间产生了"[＋自为]"和"[－自为]"的语义对立。互逆语义合二为一,生成蕴含特定语义功能的悖逆结构,其变异构式"被 X"已由常规表被动异变为表否定,用来澄清事实,可用"非"或"非自愿"替换,以表示对变量构件"X"的一种否定性评判。显然,网络上流行的"被 X"话语模已出现了非范畴化变异,有新的语义功能产生,即事实上并不是(没有)"X",而被人为地炮制成"X"。

(2)"副＋名"变异建构。在词类系统中,名词的典型语法范畴属性之一是不能接受副词修饰的。但是在实际语言生活中,"副＋名"建构已悄然流行,网络语境中流行的"很克林顿"、"做人不能太 CNN"、"太 CCTV"、"太陕西"、"太周正龙"、"很陈冠希"、"很黄很暴力"等足以佐证。关于"副＋名",现有研究一般认为,名词所具有的性状义和描述性是其范畴属性转移的语义基础。但刘正光(2006)认为,"在副名构式中,名词由指称意义向陈述意义转化只是其语义特征变化的显现方式。它实际反映的是语言与认识创新的过程。其认知机制是非范畴化","当名词丧失所指意义后,语言使用者可以根据自己的需要提取名词所具有的意义,如特征意义、功能意义、关系意义、联想意义等等,甚至还可以根据需要附加说话者的意义,这一认知操作过程,在微观的层次是转喻映射,在宏观层次是隐喻映射,映射的方式是:人/物＞特征/性质。"[①]伴随语义特征的变化,句法功能也发生了

---

① 刘正光.2006.语言非范畴化——语言范畴化理论的重要组成部分:190-191.上海外语教育出版社.

相应的改变,原有范畴典型属性特征弱化乃至消失,新的范畴属性特征不断增强,最终完成由指称意义向陈述意义的转化。

就"做人不能太 CNN"来说,"CNN"本是美国有线电视新闻网(Cable News Network)的缩略形式,为专有名词。进入句法结构,其名词属性特征出现了非范畴化变异,丧失了原有的指称意义,被赋予了新的特征意义和附加意义。2008 年 3 月,中国西藏少数"藏独"分子在拉萨街头制造了血腥事件。事件发生后,作为西方国家主流媒体的美国有线电视新闻网(CNN),竟然不顾新闻事实真相,片面截取刊登的一幅"藏独"分子袭击军车的照片,故意淡化袭击者的暴力和群体色彩,严重歪曲了事实,违反了最起码的新闻职业道德。因此,"CNN"便获得了"以偏概全,混淆视听"的附加特征意义,其范畴属性也由西方主流媒体机构的指称意义转化为不良行为的陈述意义,具有了描述性语义特征,相应的句法功能也发生了变化,可以接受程度副词修饰。

(3) "ABB"变异建构。新生叠音类后缀式"ABB"建构脱胎于 2008 年汶川大地震中的"范美忠事件"。由此事件所滋生的"范跑跑"一词不胫而走,很快发展成为网络热词,且不断被网民们推演扩展,最终蜕化为新兴"ABB"模标建构。如负面人物名有"郭跳跳、蒋代代、鲁嫁嫁、舒灰灰、王舔舔、余哭哭、张编编、赵光光、常面面、吕传传、何逛逛"等;劣质工程名有"楼脆脆、桥粘粘、坝溃溃、塔散散"等;离奇死亡事件名有"喝水水、做梦梦、洗澡澡、发烧烧"等。该类建构有别于传统"ABB"重叠式建构,"ABB"建构的原型范畴为单音性质形容词带叠音词缀的构成方式,如"红彤彤"、"绿油油"、"亮堂堂"等。进入网络语境后,"ABB"语法形态出现了非范畴化变异,分别出现了"名词性语素+谓词性重叠语素"和"动词性语素+名词性重叠语素/离合性重叠语素"两种变异建构。前者如"范跑跑"、"楼脆脆"等,后者如"喝水水"、"发烧烧"等。重叠语素并非程度标记,有些是负面行为或状态的强调与凸显,如负面人物名和劣质工程名;有些是戏仿童言儿语,故意制造黑色幽默,如离奇死亡事件名。该类建构通过形态范畴变异,被赋予了强烈的讽刺批判功能。

(4)语序变异。广义句法范畴化理论还包括语序范畴化,即"共时语法的某一句型总有一定句法成分,各成分的排列都有固定的位置"①。汉语句法结构属于"SVO"句型,常规语序包括:主—谓、动—宾、定—中、状—中、中—补。但是在语言交际过程中,出于修辞或语用上的需要,原有固定语序位置会被故意调换,经常会出现非范畴化变异。在网络语境中流行的"状语后置句"就是句法语序非范畴化的结果。如随着《大话西游》在网上的流行,其经典台词"给我一个理由先"也成了网络热门用语,并据其仿造出"签个名先"、"难过死了都"、"我都急哭了快"、"我高兴很"等变异建构。这些变异句法结构通过状中位置关系的变换调整,意在突出强调中心语,使之成为焦点信息。形式变异的目的是为了更好地满足特殊语义功能的表达需求。

3. 当代洋泾浜

"洋泾浜",是指19世纪中外商人使用的混杂语言,因该语言流行于当时上海洋泾浜周边地区而得名。它是在没有共同语言而又急于进行交流的人群中间产生的一种混合语言,是不同语言人群的联系语言,属于语言接触和融合的特殊产物。就性质来说,"'洋泾浜'是当地人没有学好的外语,是外语在当地语言的影响下出现的变种"②。旧中国上海滩"洋泾浜"的主要特点是以当地汉语为主,夹杂着许多英语词汇,成为当地人与外来商人、水手、传教士等打交道所用的变形通用语。新中国成立以后,这种畸变语言逐渐退出了历史舞台。但是,改革开放以来,随着国际交往活动的日益频繁,现代汉语语言系统中的外来词汇逐渐增多,表达方式趋于多样化。而当代网络语言交际更是将这种中外混杂语言的运用发展到登峰造极的地步,外来语汇数量骤增,构成方式日益复杂,大有消逝已久的"洋泾浜"又强势回归的态势。当然,无论从发生背景和语言性质,还是从构成方式和使用目的来看,当代网络语境中流行的外来语汇都和旧时

---

① 黄伯荣,廖序东主编.2007.现代汉语(增订四版)(下):94.高等教育出版社.
② 叶蜚声,徐通锵.1997.语言学纲要:214.北京大学出版社.

的"洋泾浜"大相径庭,因此,姑且称之为"当代洋泾浜"。其变异方式大致有以下几种类型。

(1) 英文词汇直接嵌入。外文词汇嵌入汉语语言表达由来已久。钱钟书《围城》中曾对汉英夹杂的语言表达方式有过一段讽刺性描写与评价。

张先生大笑道:"……可是我有 hunch;看见一件东西,忽然 what d'you call 灵机一动,买来准 O.K.。他们古董掮客都佩服我,我常对他们说:'不用拿假货来 fool 我。O,yeah,我姓张的不是 sucker,休想骗我!'"关上橱门,又说:"咦,headache——"便捺电铃叫用人。①

钱先生就此评论道:

"张先生跟外国人来往惯了,说话有个特征——也许在洋行、青年会、扶轮社等圈子里,这并没有什么奇特——喜欢中国话里夹杂无味的英文字。他并无中文难达的新意,需要借英文来讲:所以他说话里嵌的英文字,还比不得嘴里嵌的金牙,因为金牙不仅妆点,尚可使用,只好比牙缝里嵌的肉屑,表示饭菜吃得好,此外全无用处。"②

显然,钱先生对汉英夹杂的语言表达方式是持否定批判态度的。不过,当今网络语境中这种"牙缝里嵌的肉屑"随处可见,最为经典的当属周星驰的搞笑台词"I 服了 You"。这种有意无意地使用一些英语单词或短语来配合中文表达,目前已经成为特定圈子里人的一种时尚表达。诸如"copy 一下"、"气氛好 high"、"小 case"、"一起 happy"、"去 office"、"很 tired"、"hold 住"、"早 OK 了"、"跳最 in 的舞"等表达形式频现于网络语境,被网民们戏称为"散装英语"、"三明治英语"。这种表达形式的悄然出现并渐趋流行与网络语境和网民们的表达意趣密切相关。

---

① 钱钟书.2004.围城:40.人民文学出版社.
② 钱钟书.2004.围城:39.人民文学出版社.

（2）日文词汇大量引进。在当前网络语境中,日文词汇的大量引进已经成为一大特色。回顾历史,汉语从日语大量借词可以追溯到19世纪末20世纪初,诸如"资本、自由、意识、悲观、主义、现象、经济、政府、理论、文明、博士、古典、社会、伦理"等都属于日语借词。但是随着中西合作交流的不断加强,英语借词逐渐增加,日语借词则逐渐式微。近年来,随着英语国际主导语言地位的确立,现代汉语中外来词的引进几乎被英语所垄断,日语借词已被彻底边缘化。但是,互联网的问世,为日语借词又提供了新的生存和发展空间,诸多日语借词得到了网络新新人类的热情追捧。如"萌、控、残念、怨念、远目、宅男、宅女、达人、素人、熟女、御姐、暴走、攻略、萝莉、正太、苦手、姐贵、兄贵、元气、王道、腹黑、素敌、卡哇伊、干物女、死死团"等,已经成为网络热门用词。究其因,一是由于日语和汉语有着历史上的内在联系,汉语中很多古典语义表达还留存在当今日语词汇中,因此,借回来的日语词汇让人有似曾相识之感;二是由于网络语言交际追求新颖别致,反对陈腐老套和因循守旧,因此,引进日语词汇并进行适当加工,可以收到熟悉中的陌生化效果,能够满足网络语言创新求变的交际需求。

（3）音译英文词滥造。所谓音译英文词滥造,是指在借用英文词汇的过程中,故意不用英文词的已有意译形式,而是另起炉灶,为其重新创造音译形式,结果导致新造音译形式与原有意译形式重复并置,违背了语言经济性原则。汉语在引进外来词的过程中通常会遵循一条潜规则,即能意译的尽量不音译,历史上的"水门汀"（cement）、"德律风"（telephone）和"梵婀玲"（violin）等后来终被"水泥"、"电话"和"小提琴"等所取代就是明证。但是,当今网络语言交际却反其道而行之,为许多英语外来词创造出音译表达形式,如"粉丝"（fans,迷）、"甫士"（pose,姿势）、"哈皮"（happy,高兴）、"茶包"（trouble,麻烦）、"恰特"（chat,聊天）、"拷贝"（copy,复制）、"烘陪鸡"（homepage,主页）等,甚至出现英文句法结构的音译形式,如"爱老虎油"（I love you,我爱你）,戏谑之意溢于言表,已成为网络语境中的特殊表达形式。

（4）英汉语法标记错搭。从语法结构类型看,汉语属于孤立语,缺乏形态范畴变化,英语属于屈折语,有丰富的形态范畴变化,二者具有对立关系。但是在网络语境中,这种对立关系被打破,英语语法范畴标记可以被人为地嫁接到汉语语法结构中,汉语中的语法词也可以被套用到英语语法结构中。前者如"郁闷ing"、"休息ing"、"工作ing"、"睡觉ed"、"吃饭ed"、"伤心est"、"JMs"等等。其中"-ing"形式和"-ed"形式分别表示进行时和过去时,网民们将其加在现代汉语谓词后,"实际上也就是把现代汉语里表示时态的词语省略,换上英语时态的表达形式,其目的就是要起到一个表示指示时间的作用"①。当然,其实际表达效果已经超出了时态表达作用,满足了网络语言特殊表达风格需求。"伤心est"是将英语形容词最高级形态标记"est"附于汉语形容词"伤心"之后,组建成表程度的混合语法形态,意为伤心到极点。而"JMs"则是"姐妹们"的变异表达形式,其中"JM"是"姐妹"汉语拼音的缩略形式,"-s"是英语语法范畴中的复数标记,二者加合,生成汉英混合语法结构形式。后者如"joking de"(开玩笑的)、"working ne"(正在工作呢)、"playing football ne"(正在踢足球呢)、"miss you le"(想你了)等。网民们将汉语语法虚词的拼音形式加在英语句法结构中,用来表示特定的语气情态。此种建构是英汉语法标记错搭的又一特殊类型。

纵观上述具有"洋泾浜"特点的四种变异类型可以发现,其在认知层面上都蕴含着非范畴化机制与动因。其中英文词汇嵌入、日文词汇借用和音译英文词滥造三类属于非范畴化过程中的重新词汇化和过度词汇化变异,与上述重新范畴化与重新词汇化同理。作为重新范畴化的一种手段,该类变异的重要特点在于将大量外文词汇搬上了网络语言交际平台,替代了原有的常规表达形式,破坏了语言系统中整齐划一的范畴化体系,使范畴化过程及其结果呈现出创新性和变异性特点,具有了非范畴化特质。至于"英汉语法标记错搭"变异类型,则属于语法形态非范畴化变异,且具有了跨域非范畴化变异特点。因为,人们在考察讨论认知过程中的语法范畴化

---

① 杨月波.2007.零度偏离理论与网络语言规划:30.南昌大学硕士学位论文.

时,都是以特定语言为对象的,没有跨语言的统一语法范畴化。网络语言交际中故意打破这一界限,将不同语言类型中的语法范畴标记错搭在一起,进而生成具有"洋泾浜"特点的汉英混合语法变异表达形式。

三、网络语言非范畴化变异的功能动因

耶夫·维索尔伦(1998)所提出的"选择与顺应语用观"对网络语言非范畴化变异的成因探究具有重要的启示意义。现有研究大多将网络语言变异归因为键盘输入和网络传输等外界因素,而具有本质意义的网络交际主体的认知特点和交际意图却被有意无意地忽略了。笔者认为,网络语言符号是网民们在网络环境中所使用的最重要的交际工具,其一切变异形式都是交际主体认知选择的结果,具有主观能动性。键盘输入和网络传输等外界因素只能从属于并服务于交际主体的主观认知选择,并使这种选择更为高效和实用。因此,网络语言非范畴化变异的功能动因必须要深入到交际主体的主观认知层面进行考察探究。

从生成与运行情况看,人类语言符号系统是范畴化的结果,且这种范畴化具有动态性。随着认识活动的不断深入和发展,人类的认知系统和概念系统会不断产生新的内容,为了表达这些新的内容,原有的范畴结构和范畴化过程需要作出相应的调整与变化。语言实体记录的是人类认知过程中所形成的概念范畴,概念范畴的变化必然会引起相应的语言实体的变化。反言之,语言实体的变化又可以推断出人类认知过程中所形成的概念范畴发生了变化,即出现了非范畴化变异。作为意义与功能载体的语言实体,其非范畴化变异主要体现在意义与功能两方面。刘正光(2006)认为,原型范畴化理论已经较好地解决了词汇和构式语义多义性问题,而功能多义性则需要非范畴化理论来解决。所谓功能多义性,是指语言实体在句法层次上具有不同范畴的功能或意义。[①] 但是,网络交际

---

① 刘正光.2006.语言非范畴化——语言范畴化理论的重要组成部分:3.上海外语教育出版社.

语境有别于常规交际语境,运行于其中的语言实体的功能多义性不仅表现在句法层次上,更多的是表现在语用层次上。概念系统和表达系统之间的矛盾并非网络语言交际的主要矛盾,而功能系统和表达系统之间的矛盾才是网络语言非范畴化变异的主要动因,即网络语言非范畴化变异本质上是为了满足不同语用功能的表达需求。

(一) 身份认同

网络语言中的非范畴化变异首先能够满足网络交际主体的身份认同。因为人类语言两个密切相关的根本功能就是"支持社会活动的开展和社会身份的确定;维持不同文化、社会群体和机构中人的归属"[①]。"物以类聚,人以群分",活动在网络虚拟社会中的公民已构成了一个特殊的群体组织。正如生活在不同地域区划中的人群会拥有属于他们自己的交际工具一样,虚拟网络社会中的公民也有属于他们自己的一套交际符号体系。非范畴化变异是这套交际符号体系的重要特点,也是特定群体组织成员外显的统一身份标识。这种群体组织是由相同兴趣爱好的新新人类组成的。"入乡随俗",进入网络虚拟社会参与活动的所有成员都必须接纳这套交际符号体系,唯有如此,才能融入集体,获得安全感。很多语言哲学家和文化语言学者都认为,语言本身就是生活方式的一部分,选择一种语言就是选择了一种生活方式,人们选择网络语言交际中的非范畴化变异就是在选择一种新的生活方式。诺埃勒—诺依曼的"沉默的螺旋"理论对于网络语言中的非范畴化变异选择也同样适用,因为,人是社会性动物,天生具有从众感和依附感,害怕孤独和被排斥。对于网络言语交际来说,能否被主流话语所接纳并融入强势意见集团,不仅取决于你的观点和意见是否与其一致,还取决于你所动用的表达手段是否与其相吻合。因为,网络语境中的特殊表达手段本身就能够履行一定语义风格的表达

[①] [美]詹姆斯·保罗·吉.2005[1999].话语分析导论:理论与方法:1.杨炳钧,译.2011.重庆大学出版社.

功能,能够彰显交际主体所属的社会群体或阶层的意识形态、价值取向和兴趣爱好。所以,对于网络语言非范畴化变异形式的选择,不仅是一种符号体系的选择,更是一种表达策略的选择。这种策略在网络交际活动参与者中间已经达成共识,成为一种自觉选择和统一行动,于是,网络语境中的非范畴化变异就发展成为一种具有强大同化与归化功能的交际策略,对网络交际工具与活动方式的选择产生重要影响。

当然,网络虚拟社会是一个庞大的活动空间,进入这一空间活动的人员情况复杂,目的不一,手段各异,言语交际变异情况也会随之呈现出一定的复杂性。尽管非范畴化变异已经成为网络语言活动的主流形态,但也不排除部分版块仍在坚守传统常规语言交际主阵地,如新闻、资讯类版块等。此外,就非范畴化变异来说,也会因为网络虚拟社会中的不同社区的活动情况而呈现出一定的差异性,社区的活动目的、主题、方式以及人员构成都会对语言非范畴化变异产生一定影响。

(二) 娱乐功能

网络语言中的非范畴化变异具有娱乐功能。如前所述,网络语言非范畴化变异本质上是为了满足不同语用功能的表达需求,而娱乐功能则是其主要语用功能。著名媒体评论家尼尔·波兹曼(1986)在探究电视传媒对人类文化生活所产生的重大影响时曾经指出,"一切公众话语都日渐以娱乐的方式出现,并成为一种文化精神。我们的政治、宗教、新闻、体育、教育和商业都心甘情愿地成为娱乐的附庸,毫无怨言,甚至无声无息,其结果是我们成了一个娱乐至死的物种。"[①]波兹曼的评价与判断充分证明了"泛娱乐化"时代的到来已经不可逆转。"'娱乐'是当代传媒文化的主要功能和价值所在","人类与生俱来的'娱乐'需求在媒介社会得到了前所未有的放大,从一种单纯的消费行为和休闲方式转变为一种普遍的、基本的生活态度和生存方式。由此,对娱乐的重视成为传媒业的主流倾

---

① [美]尼尔·波兹曼.1986.娱乐至死:4.章艳,译.2004.广西师范大学出版社.

向,渗透到媒介的每个细胞,娱乐化成为传媒文化的主要生存策略。"①这种"泛娱乐化"在网络媒介中得到了进一步的发扬光大,网络媒介凭借其特有的技术优势使游戏和娱乐的方式更为复杂多样。除了在媒介形式和传播内容等宏观层面制造娱乐外,还将娱乐制造"渗透到媒介的每个细胞",使之在微观层面也能体现出来,网络语言中的非范畴化变异就是网络制造娱乐所动用的微观策略之一。当前网络语境中的非范畴化变异具有一定的符号游戏化特征。一方面网络交际主体故意颠覆与消解既定规则和秩序,拆解语言符号能指与所指的既定关联,导致能指与所指的漂移滑动和混配错搭,进而获得陌生化和娱乐性表达效果。如用"稀饭"来代替"喜欢",既可以增加表达时的情境要素,再现口语交际时的语音特点,又会因变异能指与原有能指迥异而被赋予一定的游戏效果。而用"大虾"来代替"大侠",则会因长期在电脑前忙碌的电脑高手弯腰曲背的外形与"大虾"相似而具有一定的调侃和戏谑效果。另一方面网络交际主体还可以通过选择与组建不同表达材料来拓展能指符的建构方式与数量,如将标准汉字、汉语拼音、繁体中文、英文、日文、韩文、数字、方言、别字、图标以及其他各种符号等杂糅在一起,形成"杂烩语言",亦称"火星文"。这种不同符号形式的混合使用可以突破传统纯语言文字符号的限制,增强能指符的复杂性、多变性和形象性,使相关表达具有语言狂欢化色彩。

(三) 批判功能

除了娱乐功能外,网络语言非范畴化变异还具有批判功能。数字化生存时代,网络信息传播功能已经发生了巨大变化,"网络已经不仅仅是原来意义上的提供信息交流和信息服务的平台,而且演化成了拥有强大社会影响力和舆论动员力的重要新闻传播工具。"②就功能来看,互联网

---

① 岳璐.2011.当代中国传媒文化的娱乐化生存策略.求索,(4).
② 谢新洲,肖雯.2006.我国网络信息传播的舆论化趋势及所带来的问题分析.情报理论与实践,(6).

以其特有的隐匿性、开放性、交互性和解构性等特点已经超越了传统媒介,成为新时期网民们关注民生、实施社会监管的新利器。而网络传媒除了直击事实进行批判性报道外,还可以动用其他间接手段来实施批判功能,网络语言非范畴化变异就是网民们经常动用的一种批判策略,如网络流行的"躲猫猫"、"被自杀"、"楼脆脆"、"发烧烧"等语言形式,背后都系连着相应的社会热点事件,并通过表达方式的变异使相关事件成为公众关注的焦点,引发公众热议,进而对社会事件的处理产生影响,并在一定程度上起到了"社会情绪泄压阀"的作用。究其功能成因,显然是由于网络语言非范畴化变异既能反映畸变的社会现实;又能造就陌生化的表达效果,可以带来新奇体验与认知艰涩;同时还能满足网民们批判现实的心理需求,即相关变异具有社会批判功能。

首先,畸变的社会现实必然会在网络语言生活中反映出来。或者说,社会生活的复杂多变直接导致了网络语言的复杂多变。诸如"利益分配的不均、社会层级的分化、公权力的滥用、社会公德的缺失、民众权利的被漠视,都会使民众产生不满和愤怒的情绪"①。畸变的社会现实催生出畸变的语言现象,非范畴化变异如影随行。例如:当代大学生就业造假内幕催生出"被就业";上海高楼建筑质量问题催生出"楼脆脆";杭州飙车案的问题车速鉴定催生出"欺实马";一些官员为谋退路把妻子儿女送往国外的狡诈做法催生出"裸体做官";浙江湖州南浔区人民法院的荒谬判决催生出"临时性强奸";美国有线电视新闻网(CNN)对西藏拉萨事件的歪曲报道催生出"做人不能太 CNN"。每一条流行语背后都系连着一个社会热点事件或现象,并通过非范畴化变异折射出这些社会事件或现象的荒谬怪诞。安志伟(2010)认为,"当这些新颖、传神的网络流行语出现以后,又会促使这些流行语背后社会事件在更广阔的范围内流传。"②这充分说明了网络语言非范畴化变异有助于社会热点事件的宣传和扩散,也使传

---

① 杨萍.2010.网络流行语:网民自主话语生产的文化景观.今传媒,(5).
② 安志伟.2010.论当代网络语言的社会影响.理论学刊,(4).

统社会事件处理过程中的暗箱操作和强权干预得到了一定程度的遏制。

其次,网络语言非范畴化变异也内蕴了批判性功能。因为,相关建构是网民们对相关社会热点负面事件或现象进行概括加工,并通过网络媒介得以传播与流行的特殊变异表达形式,是一种相对曲折、隐晦的评论话语,蕴含着"讽刺性民意"。形式即内容,网络语言非范畴化变异是网民们精心策划的产物,其批判功能正是来源于其变异性。这一特性使网络语言非范畴化变异获得陌生化效果和刺激性力量,以引导受众关注相关社会事件,激发他们进一步探究变异语言背后所隐藏的东西,进而实现其社会批判功能。例如"临时性强奸",虽缘起于湖州南浔区人民法院"临时起意"的荒谬判决,但是其批判功能的实现与网民们的精心设计加工密不可分。通过考察分析发现,"临时性强奸"中的修饰语"临时性"与中心语"强奸"原本无法兼容,属于怪异组合。因为"临时性"指的是一种非正式的短期行为状态,而"强奸"是指男子使用暴力手段强行与女子性交,属于违背当事人意愿的犯罪行为,并无正式与非正式、短期与长期之分。无法兼容的构件强行组合,乖互的语言表达形式反映的正是南浔法院案件判决的荒谬和怪诞,讽刺批判之意不言而喻。这种变异语言形式的加工与运作正是网民们的一种策略性选择,目的在于通过形式变异实现功能增补。变异性的介入,使网络语言呈现出有别于常规语言的陌生化特点,进而可以达到唤醒知觉和激发思考的目的,有助于引导受众关注社会事件,探求内幕,揭开假象,去除遮蔽,还原事实真相。

最后,网络语言非范畴化变异本质上是为了满足网民们批判现实的心理需求。"言为心声",流行于网络语境中的变异语言形式乃是网民心理的一种真实写照,其批判功能正是来源于网民们对社会现实的批判心理。余秀才(2010)在研究网络舆论场问题时,曾援引了勒温的心理场理论来分析网络舆论的产生与传播问题,认为"网络舆论中许多网络情绪化言论就是网民面对突发事件刺激后产生紧张,引发心理张力,而后释放张力产生冲突,最后产生新平衡的过程"①。以此理论来观照网络语言非范畴化变异的产生与运行状况,可以清楚地发现,其变异性正是网民们受到刺激,心理失衡的一种外在表现,也是其寻求心理平衡的一种方法。在现实社会中,人们承受各种制度性束缚,人性中的超我战胜本我,理性文明是其典型特征;在网络社会中,人们摆脱了各种科条律令的钳制与束缚,人性中的本我压倒超我,私欲发泄是其典型特征。现实社会中所积聚的不满与委屈在网络平台上得以尽情释放。目前大学生就业造假现象已屡见不鲜,作为直接受损者,大学生心中积聚的怨气随着网友"酱里合酱"在天涯论坛上发帖庆祝"被就业"得以充分外泄,现实世界中的心理失衡在虚拟网络环境中得以重新制衡。而大学生就业造假问题也被推到社会舆论的风口浪尖,引起了相关部门的高度关注。这正是网民获取心理平衡的一种过程与方法。

综上所述,非范畴化理论与网络变异语言研究具有很强的适配性,网络语言诸多变异现象都可以在这一理论体系中得到科学而合理的阐释。诸如包含音转、拆分、缩减、重叠、增繁、隐喻、引申、别解、飞白与重置等加工程序的重新词汇化问题,以及由此引起的反词汇化和过度词汇化现象,语义功能变异中的词法变异、句法变异和当代洋泾浜现象,都与人类非范畴化认知加工程序有关。而诱发相关语言现象发生非范畴化变异的还有一定的功能动因,寻求自我保护的身份认同、满足娱乐需求的游戏心态、体现社会关怀的批判功能等都对相关变异施加影响,已成为助推相关语言现象发生变异的内在动力。

---

① 余秀才.2010.网络舆论场的构成及其研究方法探析.现代传播,(5).

第六章　认知语用学理论与IRC会话变异

随着计算机技术与互联网技术的迅速发展与普及,CMC(computer-mediated communication)在线交际已经发展成为当代人际交流的主要方式之一。越来越多的人开始加入到网络交流活动之中,其中"网络聊天是网络使用中最普遍也是最重要的一种交流形式。甚至在很多人眼里,网络就等于聊天"①。因为,在网络交际空间中,交际主体的所有背景信息都被归零,IP地址和虚构的网名是其可见的身份标识。这种零背景的交流方式赋予了所有网民以自由发声的机会,互联网已经发展成为当代网民消遣娱乐和发泄情绪的自由市场,人际交流已经成为当代网络社会生活的主要形式和内容之一。为了满足网络用户不断增长的交际需求,网络聊天系统的建设也在迅猛的发展。目前,网络在线同步聊天系统大致分为两种类型:一是各种聊天工具。如腾讯QQ、微软MSN、ICQ、网易泡泡、Google Talk、Yahoo Messenger、阿里旺旺、移动飞信、TOM-Skype、新浪UC、百度Hi、51挂挂、天翼live、可乐55、YY等,该类工具以个体聊天为主,交际主体多为比较熟悉的人。二是网络聊天室,即IRC(Internet Relay Chat)聊天系统。这是一种可供多人同时在线交际的网络论坛,参与者多为陌生人。聊天室通常按照房间或频道为单位,由一个或多个管理员管理,在同一聊天室的人们可以通过广播消息、文字、语音、视频等进行实时交谈,可以实时地广播和阅读公开消息。IRC允许多个用户同时相互交谈,也允许个体之间的私下交流,是当前网络人

---

① 张云辉,2010.网络语言语法与语用研究:57.学林出版社.

际交流的主要活动空间。目前比较热门的网络聊天室有新浪 SHOW、286 在线、网易聊天室、搜狐聊天室、QQ 聊天室、泡泡吧聊天室、迷你聊天室等。鉴于 IRC 交际是以陌生人之间的群聊为主,相关语料能够反映出网络即时会话的真实状况,且网络即时会话内容是对外公开的,便于相关语料的收集与考察。此外,上述许多聊天工具还附带群聊功能,其会话情形也具有 IRC 交际性质,因此,本章以 IRC 空间中的会话语篇和聊天工具中的群聊语篇为对象,重点考察探究其变异特点以及内蕴的认知语用功能。

一、认知语用学理论及其应用价值

认知语用学(cognitive pragmatics)这一术语正式出现于 20 世纪 80 年代中后期,发端于语言学家、哲学家、心理学家等对语言使用中认知问题的关注。该理论是认知理论和语用学理论交叉融合的产物,主要强调从认知角度来探究语用学相关问题。因此,关于认知语用学理论问题,研究者可以从两个维度来考察,一是该理论属于语用学理论。语用学理论滥觞于美国哲学家查尔斯·莫里斯(Charles William Morris)对符号问题的探索。根据符号所包含的关系,莫里斯将符号分为三种类型:符号与其对象的关系、符号与人的关系、符号之间的关系,认为它们分别属于语义学、语用学和语形学的研究对象。因此,语用学就是研究语言符号和符号使用者之间关系的学科,重点研究意义在语境中的表达与变化,以及符号在交际意图、语境、推理等因素干预下的解释问题。语言作为人类最重要的交际工具,无时无刻不存在于人们的社会生活之中,是交流思想、抒发情感、沟通信息必不可少的载体。这种工具在使用过程中与具体交际环境和交际主体密切相关,因此,研究不同语言交际环境中交际主体如何使用语言和理解语言应该是语言研究的重要组成部分,所形成的学科就是语用学。该学科有别于语义学和语法学,具有动态性,"研究的对象是语言符号或结构通过其所指与实际交际意图之间的种种解释规律,以及语言传递交际意图的范围和性质。"①从交际双方出发,把人们使用语言的交际行为看作是受各种社会文化因素制约的行为,研究特定语境中的话语含义,着重说明语境可能影响话语理解的各个方面,从而建立起相应的语用规则。发展至今,该学科已经形成包括言语行为理论、会话含义理论、预设理论、关联理论以及新格赖斯原则等一系列理论在内的理论体系,且仍处在不断发展完善之中,其理论运用已经渗透到当代语言学内外诸多学科之中,显现出强大的理论生命力和广阔的应用前景。

二是该理论具有认知性质。因为,语言不仅是一种重要的信息载体,也是人类重要的认知工具。人们进行言语交际的过程实质上就是一种认知过程,即发话者明示自己的话语意图,受话者依据话语和语境假设,推导出发话者意图的过程。熊学亮(1999)将认知语用学界定为是一种研究符号和交际意图之间的、在历时过程逐渐趋向固定化的"超符号"关系的学科,是一门超符号学。认为"这种超符号关系是以语言使用团体的社会和心理默契为基础的,社会心理默契以知识结构的方式储存在大脑中间,在语言交际时,这种知识结构在必要时会自动激活,投入使用,参与语言的生成和解释活动"②。这里所言的符号和交际意图之间的"超符号"关系,实质上就是语言符号和符号使用者之间的关系。在语言运用过程中,语言使用者是一个具有主观能动性的主导要素,其交际意图直接决定了话语组织和意义表达,携带一定交际意图的语言形式已无法从静态形式层面直接求解,需要受话者消耗一定的认知资源去探索,以推导出发话者的真正交际意图。关于语言理解接受过程中的认知推动因,熊学亮将其归结为两点:"一方面,人们有时要以牺牲语言形式完美的代价,来换取特定的交际效果",这种不完美的表达形式增加了接受难度,需要动用一

---

① 熊学亮.1999.认知语用学概论:1.上海外语教育出版社.
② 熊学亮.1999.认知语用学概论:2.上海外语教育出版社.

定的认知资源进行推导;"另一方面,出于一定的社会规约限制,有时往往不能用比较直接的语言去表达说话人想要表达的意思"①,理解这些含蓄曲折的表达形式,也需要受话者进行必要的认知推导。当然,仅仅列出这两条还远远不够,人类语言形式和语义关系的复杂化是多种因素共同作用的结果。符号与交际意图的关系也有多种表现形式,"指示结构、言语行为、前提以及含意等语用现象的交际意义超出了语言的编码信息,是'认知心理努力之后'所产生的意义,它们都离不开类似推理这样的信息处理过程,而推理本身就是一个认知过程。"②因此,对于接受者来说,认知推导就成为话语理解过程中必不可少的环节和程序。

综上所述,认知语用理论强调从认知角度来探究语用学相关问题,重点考察语言符号与符号使用者之间的"超符号"关系,将语言符号实际使用过程中的具体交际环境和交际主体纳入研究视阈,深刻地揭示出认知推导在语言实践中的重要意义。这种理论取向和理论体系具有较高的科学价值和应用价值,对于网络语境中的会话变异研究具有一定的理论指导意义。因为,网络会话变异是发生在特定语境中的特殊言语行为,这种言语行为与现实语境中的言语行为既有区别,又有联系。发生变异的根本原因在于交际环境(虚拟性和交互性)和交际主体(年轻网民居多)的变化,这些因素属于语言系统的外部因素,可以将其纳入到语用学理论视阈中进行考察分析。而网络语境中的种种会话变异,虽受键盘输入和网络传输等硬件设施的影响,但本质上仍受控于网民们在交际过程中的认知选择,是特定交际意图的反映。诸如交际符号的守常与变异、会话含义的明示与隐含、话轮的重叠与分裂、合作原则的遵守与违背等等,都蕴含着交际主体在特定交际环境中的主观选择因素,相关问题隶属于语用学研究范畴,可以运用新兴认知语用学理论来探究其运作机制和深层动因。

---

① 熊学亮.1999.认知语用学概论:3.上海外语教育出版社.
② 冉永平.2002.认知语用学的焦点问题探索.现代外语,(1).

二、IRC 会话变异特点分析

(一) IRC 会话特点概述

在探究 IRC(Internet Relay Chat)会话变异问题时,人们已经预设有一种常规会话类型的存在,即 FTF(Face to Face)。或者说,正是参照了 FTF 会话执行标准,笔者才认定 IRC 会话具有变异特点。"这种会话是一种多器官并用的活动:交谈者通过键盘键入文字,通过计算机屏幕收看对方反馈的信息,使以文字为信息载体的笔语跨时空交流。网上会话具有口语实时交流的特性,即参与者的互动与意义的磋商都遵照口头会话活动的一般规律进行,同时,对文字媒介的依赖性又使之具备了书面语篇的文本特征。"①因此,被称为"键谈"、"写话"、"书写的言语"、"以说话的方式来书写"、"记述说话的文章"等,体现出与口语和书面语的双面关联。鉴于这一特点,我们可以通过比较来认识 IRC 会话的变异特点。首先应弄清口语和书面语的本质特征及其区别,然后再考察网络语言与它们的区别和联系。关于口语和书面语的本质特征及其区别,根据克里斯特尔(2001)的论述,可以将其概括为表 6-1。

表 6-1 言语与书写的区别(Crystal,2001)②

言　语	书　写
1) 时间约束性	1) 空间约束性
2) 自发性	2) 经过了仔细的构思
3) 面对面性	3) 可脱离视觉背景
4) 人际交互性	4) 具有事实交流性

---

① 秦俊红,张德禄.2005.网上会话中的话轮转换.外语电化教学,(5).
② [英]戴维·克里斯特尔.2001.语言与因特网:17-18.郭贵春,刘全明,译.2006.上海科技教育出版社.

续表

言　　语	书　　写
5）松散的结构性	5）精心组织
6）可立刻修正性	6）经多次修改
7）富有诗意性	7）富于图形表达

表6-1显示出口语和书面语之间存在多方面的对立性差异。那么，网络语言在其中究竟处于何种位置呢？需要说明的是，此处所言的"网络语言"是专指出现在聊天室等特殊空间中的言语表现形式，并非广义的"网络语言"，因为"万维网的许多应用（比如数据库、参考出版物、文档、广告）都与传统使用书写语言的情境没有什么不同；事实上，在万维网中能找到大多数的书写语言类型，除了那些为适应电子媒体而作的修改之外，几乎没有别的风格变化"①。因此，这里所考察的IRC会话变异当属于"为适应电子媒体而作的修改"之列，是特殊交际环境的产物。IRC是在一个网站中，供多人通过文字与符号进行实时交谈、聊天的场所，是一个向整个互特网开放的空间。进入聊天室主要有两种方式：直接进入和认证登录，有时还允许以游客身份进入。聊天室里设置了一个个小房间，有相应的聊天主题可供用户选择。聊天页面一般分成三部分：聊天区、功能区、名单区。聊天区分为上下两部分，分别为公聊区和私聊区，可供用户自由选择。现以"迷你聊天"为例，具体说明聊天室的建构与运行情况。"迷你聊天室"属于注册聊天室，进入聊天室之前需要用户首先注册。聊天室里设置了"共享专区"、"心情故事"、"岁月无痕"、"网络情缘"、"迷你乐园"等板块，每一板块又下设多个房间，如"网络情缘"板块之下就有"相逢是首歌"、"再续柔情"、"绝情谷"、"蓝颜居"、"雨霖吟"、"清荷犹香"、"温馨的港湾"、"相思鸟"、"天长地久"、"月满西楼"等十个房间。进入房间后，就来到了聊天页面，其中功能区的结构组成见图6-1。

---

① ［英］戴维·克里斯特尔.2001.语言与因特网：18.郭贵春，刘全明，译.2006.上海科技教育出版社.

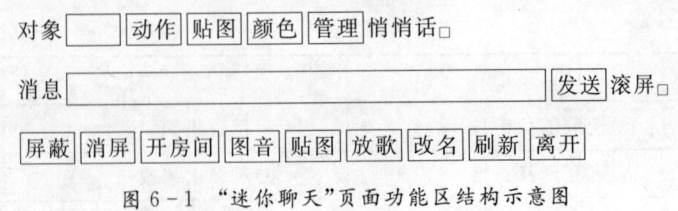

图 6-1 "迷你聊天"页面功能区结构示意图

用户注册进入聊天室后,就可以加入一个正在进行的实时谈话,选定对象,给出发言,该发言就会与其他参与者的发言一起被插入到不停卷页的屏幕上,组成网络即时聊天会话文本。其中聊天对象可以是所有人,也可以是特选对象,聊天方式有公共聊天和私人聊天两种类型,"悄悄话"功能按钮可供自由选择与切换。"动作"、"贴图"等功能按钮主要用于辅助交流,可以弥补 IRC 交际中情境要素的匮乏,以增强即时在线聊天的情境性与现实感。

以上考察了 IRC 的运行环境与运作方式,从中发现发生在 IRC 交际平台中的言语活动是一种特殊的交际类型。参与者将传统 FTF 交际搬进了网络空间,"谈话"所动用的工具不是发音器官(音频和视频聊天除外),而是键盘、鼠标、显示器以及网络传输系统等设备,"谈话"内容都显示在屏幕上的"窗口"中。就此情况而言,人们确实是在"键谈"、"写话"和"读话",网络聊天实际上是一种以文字表达为主的言语行为。关于聊天组中的网络语言与口语和书面语的区别,克里斯特尔(2001)在考察分析万维网、电子邮件、聊天组和虚拟世界等四种网络情境中的语言运用情况时曾进行过归纳,现撷取出来归纳为表 6-2。

表 6-2 聊天组语言与口语和书面语比较表(Crystal,2001)[①]

口语标准	聊天组语言	书面语标准	聊天组语言
1. 时间约束	有,但以多种方式体现	1. 空间约束	有,但有限制
2. 自发(然)性	有,但有限制	2. 预谋性	否,但有些改动

---

① [英]戴维·克里斯特尔.2001.语言与因特网:28.郭贵春,刘全明,译.2006.上海科技教育出版社.

续表

口语标准	聊天组语言	书面语标准	聊天组语言
3. 面对面	否	3. 脱离视觉背景	是
4. 结构松散	是	4. 精心构造	否
5. 社会交互性	有,但有限制	5. 现实交流性	可变
6. 可即时改正	否	6. 可多次改动	否
7. 韵律丰富	否	7. 图形化表达丰富	否

由表 6-2 可以看出,聊天组语言与口语和书面语的关系非常复杂,大致呈现出三种状态:一是相同,如聊天组语言具有口语结构松散和书面语脱离视觉背景特点;二是相异,如聊天组语言既不同于口语中的面对面、即时修正和韵律丰富,也有别于书面语中的精心构造、多次改动和图形化表达;三是中间状态,即非同非异,如聊天组语言具有口语交际中的时间约束性,但表现方式多样化,没有书面语交际中的预谋性,但可有一些改动等。为此,"巴伦(Baron)在一个形容这种媒体的主题比喻中称网络语言是'一个正在浮现出的语言半人马——一半是言语,一半是文字'。我很愿意以一个完全不同的比喻来说明我对网络语言的认识,将其看作是完全不同的东西,'言语+文字+电子媒体属性特征'。它绝非言语和文字的混血儿或这两种古老媒体结合的结果这么简单"[①]。克里斯特尔此处所提及的"电子媒体属性特征"属于外界客观因素,事实上,导致网络交际语言发生变异的还有更为重要的主观因素,即参与者的交际意图和主观选择。其对相关变异具有决定性的影响。因此,探究 IRC 中会话变异的发生问题,除了要认识到其与传统言语和文字媒体的区别和联系外,还应该考虑到其变异特点所赖以存在的相关认知情境要素,特别是交际主体的主观因素。

---

① [英]戴维·克里斯特尔.2001.语言与因特网:31.郭贵春,刘全明,译.2006.上海科技教育出版社.

(二) IRC 会话结构分析

为了弄清 IRC 会话结构问题,笔者打算先从 FTF 会话结构谈起。FTF 会话是现实生活中人际交流的主要形式,也是人类社会性存在的主要体现,小到日常简单问候,大至国际事务会商,都可以形成大小不一相对完整的会话语篇。这些语篇都有其内在的构成规则,即会话结构。鉴于 IRC 会话结构变异主要表现在话轮转换层面上,因此,此处着重考察探究会话结构中的话轮转换等问题。

现实生活中的 FTF 会话通常需要遵守一定的话轮转换规则。除了长时间霸占话语权或者长时间保持沉默,以及争吵辩论时的抢话等极端性交际情形外,交际活动一般都采取轮流发话形式,即"当一个人说话时,其他人不会同时说话。而前一个人说完时,后一个人又会立刻开始说话,中间几乎没有任何间隙"。萨克斯称之为"每次至少,并且最多,有一个人说话",或称"既无间隙,也无重叠"(No gap, no overlap)。为此,萨克斯等人还总结出"一套控制话轮构建(turn-construction),将下一个话轮分配给一个人,并且协调转换,以便把间隙和重叠减少到最低程度的基本规则"[1]。相关研究表明,在日常 FTF 会话过程中,人们一般会自觉对话语表达和话轮转换加以控制,以保持一种协调有序的会话序列,即"A—B—A—B—A—B……"交互式会话流程,目的在于避免话轮交叠或停顿,使会话活动能够平稳顺畅地向前推进,直至结束。例如:

周萍:凤儿!

四凤:不,不,不。看看,有人。

周萍:没有,凤,你坐下。

四凤:老爷呢?

---

[1] 转引自:姜望琪.2003.当代语用学:209.北京大学出版社.

周萍:在大客厅会客呢。

四凤:总是这样偷偷摸摸的。

周萍:哦。

四凤:你连叫我都不敢叫。

周萍:所以我要离开这儿哪。

四凤:……

——节选自曹禺《雷雨》第二幕

上述对话片段中,周萍和四凤之间的对话是按照话轮转换的交互式程序向前推进的。对话过程中,在无法明确回答或者有意回避的情况下,甚至一个模糊应答词"哦"也可以用作一个话轮,将话语链串联起来,以维持轮流发话的常规秩序。所谓话轮,是指发话人的一次发话从开始到结束的过程,也是日常会话的基本结构单位。"按照 Schegloff 的观点,话轮与话轮之间的转换常出现在会话的'转换关联位置'(transition-relevance place)上,(Levison,1983:297)。'转换关联位置'指的是一个意群行将结束,语流出现停顿,下一发话者认为可以进行话轮交替的位置。在日常会话中,为了防止冷场或话轮交叠,会话者通常遵守一套管辖话语轮次的规则,即:1.若当前发话者选定了下一发话者,则被选者有权利而且必须发话,其他人无权也不必发话;2.若当前发话者没有选定下一发话者,则其他参与者可以但不必须主动发话;3.若当前发话者没有选定下一发话者,则他可以但不必须继续发话,直到下一发话者主动发话。"[1]但是,发生在网络聊天室中的言语交际活动经常会打破这些规则与限制,话轮转换呈现出不同于 FTF 交际的诸多变异特点。例如(为保证网络语言使用原貌,本书所选语料不作规范语言修改):

---

[1] 转引自:秦俊红,张德禄.2005.网上会话中的话轮转换.外语电化教学,(5).

新 对 细描淡妆 说：你是哪的，，(15:52:43)
新 对 细描淡妆 说：可以加你Q么(15:52:52)
细描淡妆 对 新 说：k(15:53:09)
新 对 细描淡妆 说：你的几号码(15:53:33)
细描淡妆 对 新 说：没有号码(15:53:48)
新 对 细描淡妆 说：哪是不可以加你Q吗。(15:54:15)
新 对 细描淡妆 说：就不理我了(15:56:15)
细描淡妆 对 新 说：因为我接不了(15:56:31)
细描淡妆 对 新 说：接不了(15:56:34)
细描淡妆 对 新 说：接不了你下一句，我没有Q号(15:56:43)
新 对 细描淡妆 说：哦(15:56:54)
新 对 细描淡妆 说：哪就再见(15:57:06)
新 对 细描淡妆 说：不是你没，，是你没诚意(15:57:24)
细描淡妆 对 新 说：加Q并没有意思，加了不聊何必呢？(15:57:54)
细描淡妆 对 新 说：还不如在这里遇到时闹腾开心一下(15:58:21)
新 对 细描淡妆 说：你你就说不加，，，何必说没(15:58:36)
新 对 细描淡妆 说：伤感(15:58:39)
新 对 细描淡妆 说：你怕网络啊(15:59:12)
细描淡妆 对 新 说：这样也许不会伤你的自尊心(15:59:18)
新 对 细描淡妆 说：你读书的啊(15:59:54)
细描淡妆 对 新 说：错，上班的(16:00:24)
新 对 细描淡妆 说：哈哈，下次不再错了(16:00:54)
……

——抽取自"迷你聊天"中的"一生陪你走"
(http://chat.miniessay.com/index.php)

上述语料抽取自网络情感类聊天室"一生陪你走"中的公聊区。为了便于直观地考察 IRC 自然会话过程中单线话轮转换的变异特点,笔者特意将会话参与者"新"和"细描淡妆"的会话内容从公聊区的卷屏语篇中抽取出来。比较发现,IRC 中的单线话轮转换并没有严格按照 FTF 交际中的"A—B—A—B—A—B……"交互式会话流程进行,话轮空转、自转、跳转等现象时有发生。要弄清这些话轮转换变异现象,首先要了解"相邻语对"(adjacency pair)。所谓"相邻语对",就是指配对话轮,"是话语交际中最基本的话轮型式,也是建立语篇内部总体性衔接关系的重要机制。构成相邻对的两部分被认为具有自然的关联性,前面的话段叫做始发语(first-pair part),后面的话段叫做应答语(second-pair part)。有些相邻对是固定的、程式化的"①。如问题—回答、问候—问候、提议—采纳(拒绝)、劝告—认可、抱怨—道歉(辩解)等配对言语行为都可以构成一个个"相邻语对"。关于"相邻语对"的特征,谢格洛夫和萨克斯(1973)将其概括为:

相邻语对是由这样两段话语组成的序列:
(ⅰ)相邻,
(ⅱ)分别由不同的人说出,
(ⅲ)按第一部分、第二部分的顺序排列,
(ⅳ)分门别类,不同的第一部分需要不同的第二部分(或第二部分系列),如,提议跟采纳或拒绝匹配,问候跟问候匹配,等。

谢格洛夫和萨克斯(1973)还提出了一条运用相邻语对的规则:

当前说话人说了某种语对的第一部分以后,必须停止说话,同时下一个说话人必须在此时说出同一语对的第二部分。(转引自 Levinson,1983:303 – 304)②

---

① 转引自:秦俊红,张德禄.2005.网上会话中的话轮转换.外语电化教学,(5).
② 转引自:姜望琪.2003.当代语用学:215.北京大学出版社.

依据谢格洛夫和萨克斯所提出的"相邻语对"相关特征与运用规则来考察上述聊天室中的会话内容,我们发现,其变异中的话轮空转、自转和跳转等现象都有违"相邻语对"的特征与规则。现将上述网络聊天语料中的话轮变异情况分析为表 6-3(为了便于说明,列表分别用"A"与"B"来代替"新"与"细描淡妆",其话轮分别标示为 A1、A2、A3、A4……和 B1、B2、B3、B4……)。

表 6-3 网络聊天语篇单线话轮变异分析表

A 话轮	B 话轮	相邻语对	说明
A1 A2	B1	A2—B1	A 话轮空转、自转
A3	B2	A3—B2	常规话轮
A4 A5	B3 B4 B5	A4—B5	A 话轮自转,B 话轮跳转
		A5—B3 B4 B5	B 话轮重复、自转
A6 A7 A8	B6 B7	A6 A7 A8—B6 B7	A 话轮自转,B 话轮自转
A8 A9 A10	B8	A8 A9 A10—B8	A 话轮自转
A11	B9	A11—B9	常规话轮
A12	……	……	……

通过列表发现,上述网络聊天语篇中的"相邻语对"并非常规交互式对应序列,其中还出现了一对多、多对一和多对多等非均衡性配对序列。话轮转换分别出现了空转、自转、跳转、重复等变异类型。所谓空转,是指"相邻语对"没有配对成功,出现了轮转落空现象,使"相邻语对"成为"半截语对",如上例中的 A1"你是哪的"。所谓自转是指"到了话轮转换位置,没有别人自选说话,于是,原说话人继续。这样,一个可能的转换相关位置没有变成现实,一个可能的话轮间行为变成了话轮内行为(Sacks et al. 1998[1974]:206)"[①]。如上例中的 A4(哪是不可以加你 Q 吗)与 A5(就不理我了)之间的组合。跳转是指"相邻语对"之间有其他内容介入,

---

[①] 转引自:姜望琪.2003.当代语用学:215.北京大学出版社.

话轮转换出现跳跃性,"相邻语对"变成"间隔语对",如上例中的 A4(哪是不可以加你 Q 吗)与 B5(接不了你下一句,我没有 Q 号)之间的配对关系,中间被 A5、B3、B4 隔断。而此处的 B3、B4 和 B5 又构成了无谓的重复话轮。

以上考察分析了网络聊天室中的单线话轮转换的变异问题,即发生在个体之间的一对一交互式会话活动变异情况。为了保密和免遭干扰,这种会话活动通常会转移到私聊区中进行。此外,更为流行与普遍的是发生在公聊区中的会话活动,这种会话活动通常以多线并进的话轮转换方式进行。进入聊天室的用户,"只要他们有足够的认知力和必备的语言能力,就可以开启多个聊天窗口,同时进行两个乃至多个会谈。"①这种多头并进、交叉往复的会话方式使网络聊天室中的话轮转换呈现出更为复杂的特点,传统 FTF 单向交互会话模式与规则被双向甚或多向交互会话模式与规则所取代,话轮交叉跳转现象极为普遍。例如:

  红梅舞雪 对 秋风倒影 说:你恐惧什么啊(09:37:55)

  赏歌观聊 对 红梅舞雪 说:咋有空来了啊(09:37:58)

  红梅舞雪 对 秋风倒影 说:你是不是肾虚啊(09:38:01)

  成也萧何败也萧何 对 粉墨记忆 说:11(09:38:07)

  无为 对 粉墨记忆 说:我要叫粉粉有些邪恶哦(09:38:10)

  红梅舞雪 对 赏歌观聊 说:哈,赋闲(09:38:13)

  小草 对 宋思明 说:呵呵,不说也是青的(09:38:16)

  【动作】号外号外,灰太狼927 和 猫小妖 相爱了……(09:38:19)

  粉墨记忆 对 无为 说:那么叫 叫什么都有(09:38:19)

  【通知】夏沫 进入聊天室了!(09:38:19)

---

① [英]戴维·克里斯特尔.2001.语言与因特网:8.郭贵春,刘全明,译.2006.上海科技教育出版社.

赏歌观聊 对 红梅舞雪 说：就是哦(09:38:22)

红梅舞雪 对 赏歌观聊 说：早晨学了个词呢:赋闲(09:38:25)

秋风倒影 对 红梅舞雪 说：你怎么知道的啊？到了我这个年纪都这样额(09:38:28)

【动作】秋风倒影 感叹道："红梅舞雪 真是我的知音啊！(09:38:31)

粉墨记忆 对 成也萧何败也萧何 说：11111111 耶 有 听见的(09:38:37)

宋思明 对 小草 说：草有黄的(09:38:43)

宋思明 对 小草 说：你不知道吗？(09:38:49)

小草 对 青衫先生 说：看你很看重过节的(09:38:52)

成也萧何败也萧何 对 粉墨记忆 说：6666666666666(09:38:52)

粉墨记忆 对 秋风倒影 说：66 的哦(09:38:52)

红梅舞雪 对 秋风倒影 说：规律啊(09:38:55)

秋风倒影 对 粉墨记忆 说：啊！老糊涂了 我图音关了额(09:39:04)

小草 对 宋思明 说：呵呵,,不知道呢(09:39:04)

——截取自"迷你聊天"中的"再续柔情"
(http://chat.miniessay.com/index.php)

上述会话语篇截取自"再续柔情"公聊区。在特定时段中，参与会话的共有"红梅舞雪"、"秋风倒影"、"赏歌观聊"、"成也萧何败也萧何"、"粉墨记忆"、"无为"、"小草"、"宋思明"、"青衫先生"等九人，为便于下文话轮转换结构分析，暂且将这九位会话参与者分别记作"A、B、C、D、E、F、G、H、I"。考察上述会话语篇可以发现，多人参与的会话活动中的话轮转换呈现出错综复杂的特点，现将其话轮结构图解分析为图6-2。

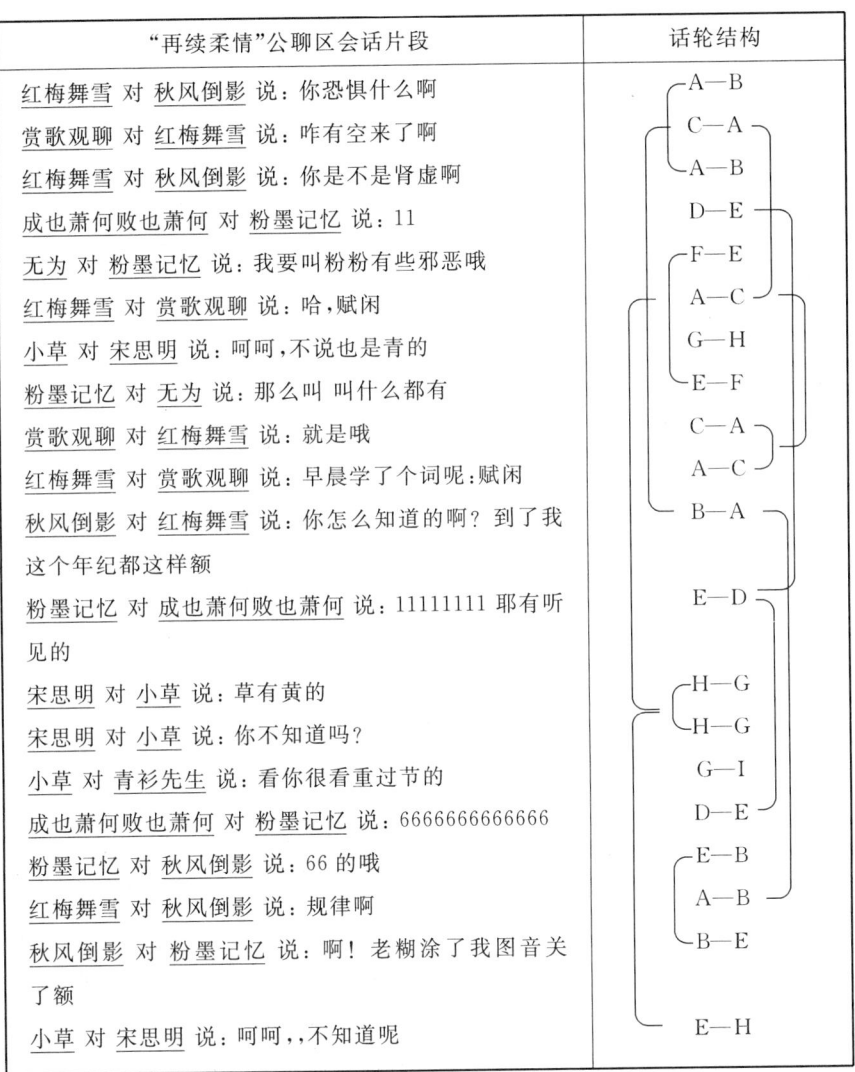

图6-2 网络聊天语篇多线话轮变异分析

由图6-2中的话轮变异分析可以看出,网络聊天室公聊区中的多线并进会话活动对话轮转换产生了一定影响。具体表现为话轮转换是发生在多用户之间的,而不是个体用户之间,话轮自转与跳转等现象更为常见,参与者的会话身份切换也更为频繁。如上述会话过程中,A在向B发起会话的同时自身又成了C的受话对象,当B给予回复时,中间已经出现了多次话轮交互,致使本应毗邻的语对出现了大幅度的延迟与断裂,话轮出现了跳转。E 在成为 D 的受话者的同时,又成了 F 的受话者,但是网络配对话轮并没有严格按照先后顺序,后来者居上,倒是 F 发起的会话首先配对成功,而 E 对 D 的回复却在很多话轮之后了。会话参与者之间形成了很多嵌套关联,A 与 B、C 之间有会话行为关联,B 与 A、E 之间有会话行为关联,E 又与 B、D、F 之间有会话行为关联,致使会话过程总是处于一种交错往复的多线并进状态。话轮配对呈现出极其复杂的特点,有些话轮可以及时配对,有些话轮会被延迟配对,而有些话轮则可能永远无法配对。

(三) IRC 会话主题分析

就会话主题的选择与运作来看,IRC 会话与 FTF 会话既有联系,又有区别。二者的联系在于,无论是 FTF 会话还是 IRC 会话,都要围绕一定的话题进行,即在一定的时间段内谈话的中心要相对明确。日常生活中 FTF 会话可分为两种类型:一是主题谈话。谈话之前已有明确的议题,谈话活动必须紧紧围绕议题展开。二是非主题谈话,即闲聊。谈话之前并没有什么特设的议题,谈话是由偶然性情境因素促发,话题是在谈话过程中逐渐形成的,有"话赶话"机制。不过,无论是主题谈话还是非主题谈话,都要服从话题运行机制管辖,以维持话题的相对稳定和转移的自然顺畅。IRC 会话是 FTF 会话在网上的拓展与延伸,与 FTF 会话有一定的联系。尽管交际媒介已有很大区别,但是会话活动的基本程序和基本要求还具有内在一致性。与 FTF 会话主题选择与运作情况相似,常规 IRC 会话也要维持话题的相对稳定和转移的自然顺畅,游移不定的话题和跳转幅度过大的话题都不利于会话活动的正常开展。但是,受种种主客观条件的影响,发生在网络聊天室中的会话活动也体现出其自身的一些特点。

1. IRC 会话主题静态考察

就谈话主题运作情况看,IRC 会话类似于 FTF 会话中的闲聊,会话活动开始之前一般没有明确的议题,进入聊天室后,会话发起者通常会以"你好"、"有人吗"、"征聊"、"有人聊吗"、"寻人聊天"、"哪有善聊的朋友吗"等话语形式寻求对话者,也可以主动选中一个在线用户并向其发出私聊邀请,但能否成功还要取决于对方的回应。如果配对成功后,会话的主题会在接下来的对话中逐渐形成并渐次展开。当然,受网络交际情境中诸多不可预知因素的影响,"交谈的话题可以预先确定,也可以在言语交流过程中不断地选择和改变。一次谈话可能话题一直不变,也可能产生动态变化,出现多个话题。"①IRC会话与FTF会话最大的区别在于其会话活动是在零背景信息下展开的,而背景信息对常规会话活动的开展具有极其重要的影响。FTF会话既要受到参与者年龄、性别、身份、职业、兴趣、心情等主观语境因素的影响,又要受到会话活动开展过程中的时间、地点、场合、氛围等客观语境因素的影响。此外,会话过程中参与者的各种反应,包括语气语调、身势手势、面部表情、位置距离等副语言信息,都会对会话活动产生一定影响。而所有这一切在IRC会话过程中都成为无法呈现的"隐匿背景"。"隐匿背景"下的话语交际给会话主题的选择与运作增添了一定的复杂性与不确定性。IRC会话所能提供的话题选择信号就是聊天房间的主题和参与者的签名。为了避免话不投机的尴尬,参与者通常都会根据聊天房间的主题作出自己的选择,根据用户签名发起会话邀请,这样可以提高会话配对成功的概率。例如,"搜狐小纸条聊天室"中就分别设置了"情感世界"、"鹊桥交友"、"女人话题"、"剩男剩女"、"英语角"、"隐私密语"、"投资理财"、"麻辣校园"、"混在北京"、"同城有约"、"伊甸园"、"漂在海外"、"失恋万岁"等不同主题的小房间,以供用户选择。这些主题在一定程度上规定了IRC会话的范围和方向,也起到了预定交谈话题的作用。而用户签名在情感类聊天室中主要用来辨别对方年龄、性别、职业、爱好等特征,对话题的选择和展开也具有一定的指导作用。如随机考察了"茶语相约"QQ群中的用户签名,笔者发现,诸如

---

① 谢蓉蓉.2011.网络会话语篇连贯性的语境阐释.长沙大学学报,(1).

"飘雪"、"月儿"、"秋韵红"、"轩辕帝"、"章鱼哥"、"随缘姐"、"紫竹馨怡"、"天山老狼"、"老酒部落"、"卧龙居士"、"青萝拂行衣"等都对会话参与者的性别身份有所提示,有助于相关话题的选择与运行。

2. IRC 会话主题动态分析

IRC 会话主题的变异性特征主要表现在其动态运行过程中。如上所述,"隐匿背景"下的话语交际给会话主题的选择与运作增添了一定的复杂性和不确定性。这种复杂性和不确定性主要体现在会话活动的动态运行过程中。胡悼和李丽(2003)在研究网络交际中双话题平行推进问题时曾提出了"信息沟"(Information Gap)概念,认为"在网络交际中,交际双方所有的交流信息都是以网络为载体进行传递的。当发话人发话后(往往是通过键盘输入的文字信息),信息由计算机进行编码后通过网络传递出去,对方电脑接收后进行解码还原,受话人通过阅读获得发话信息。这个过程往往有一个时间上的延迟。在正常情况下这个延时的时间很短,可以忽略不计,即相当于面对面的言语交际。可是,有时候因为技术的原因,这个延时就可能变得较长,形成信息沟(Information Gap)"[①]。不可否认,这种技术因素所造成的"信息沟"确实会对话轮与话题转换产生一定影响,但是这种影响最终还是需要通过交际主体的主观决策反映出来。交际过程中的信息反馈延迟会使交际者的交际心理发生变化,诸如对会话者交际意图产生误判,对交际活动失去耐心,甚至会产生极端性的暴躁情绪,这些都会对话题的维持与转移产生一定影响。

为了更为全面系统地考察分析 IRC 会话主题的变异性特征,笔者拟按照上述会话结构分析中提及的单线会话和多线会话的分类方式进行分别探究。单线会话中的主题变异主要表现为话题并进和话题急转。所谓话题并进,是指由于反馈延迟而产生的双话题同时开启并交叉推进的现

[①] 胡悼,李丽.2003.网络交际中双话题平行推进的语用特征与话轮结构.外语电化教学,(2).

象。例如:

A1:你的网络还是非常慢。在这个时候不应该如此呀。
B1:我也不知道为什么这么慢。
(Information gap)
B2:吃过中午饭了吗?(Qm)
A2:你应该检查一下你的电脑。(Qn)
B3:怎么检查?(An)
A3:还没有。(Am)
B4:为什么还不去吃呢?不饿吗?(Qm)
A4:你是拨号上网的吗?(Qn)
B5:是的。(An)
A5:昨天吃多了西瓜,肚子坏了。医生让饿一餐。(Am)

(转引自:胡惮、李丽,2003)

依据胡惮和李丽的分析,上述会话的话轮结构比较特殊,其中一个话题的连续的 Q—A 话对,总是被夹在另一个话题的非连续的 Q—A 话对中,形成 Qm—Qn—An—Am—Qm—Qn—An—Am 会话序列。笔者将这一会话结构图示如图 6-3。

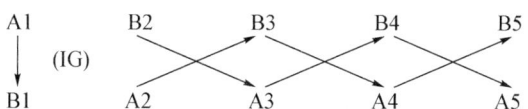

图 6-3 单线会话嵌套话题结构示意图

究其嵌套话题结构生成原因,显然是由 A1—B1 之后的会话延迟所造成的信息沟所致。B1 在回答了 A1 的问题后,发现 A1 没有及时回话,于是又开启了另一个话题 B2,可是几乎在 B2 发出去的同时 A2 回复又到场了,因此形成了"A1—B1—A2—B3—A4—B5"和"B2—A3—B4—A5"

两个嵌套话题结构,其中"A2—B3"和"A4—B5"两对相邻语对分别被嵌入分裂语对"B2—A3"和"B4—A5"中间。这种特殊话题结构的形成与IRC会话所特有的"键谈"方式有关,"写话"可以让会话参与者有机会回看之前的谈话内容,分裂的话题可以被重新召回并接续,能够保证话题结构相对完整,双话题可以并行不悖,交叉推进。而现实语境中的FTF会话受短时记忆的影响,一般只能采取单话题模式,如果要开展多话题对话,也要依次进行,即需要通过关闭话题和转移话题来切换不同话题。如图6-4。

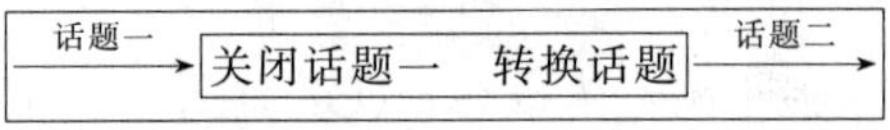

```
话题一 ──→ 关闭话题— 转换话题 ──→ 话题二
```

图6-4　FTF会话中单话题切换模式(胡悍、李丽,2003)

除了话题并进外,话题急转也是单线会话主题变异的主要表现形式之一。所谓话题急转,是指新旧话题之间缺少必要的衔接过渡,不同话题之间具有跳跃性。而FTF会话过程中的话题转换通常都有过渡环节,即"话赶话"机制,旧话题中的某个节点可以牵引出新话题,甚至交际现场中的某种情境要素也能促发新的话题,即新话题的产生都事出有因,不会空穴来风。而IRC会话因为缺少必要的背景信息支撑,话题转换常常显得生硬突兀,具有较大的跳跃性。例如:

[嫣然.淡陌]对[夜的诱惑]说:你要给狗狗洗澡得蛮☺(16:01:43)
[夜的诱惑]对[嫣然.淡陌]说:是呀(16:01:49)
[嫣然.淡陌]对[夜的诱惑]说:恩,我今天也在外面晚餐(16:01:59)
[嫣然.淡陌]对[夜的诱惑]说:你养的什么狗狗?(16:02:16)
[夜的诱惑]对[嫣然.淡陌]说:每天都要用毛巾擦洗的(16:02:18)
[嫣然.淡陌]对[夜的诱惑]说:贵宾犬?(16:02:47)
[夜的诱惑]对[嫣然.淡陌]说:不是(16:02:57)
[夜的诱惑]对[嫣然.淡陌]说:品种杂了(16:03:05)
[嫣然.淡陌]对[夜的诱惑]说:我的天,伺候狗都那么周全…☺

(16:03:19)

［夜的诱惑］对［嫣然.淡陌］说:不知道是什么狗杂交的(16:03:34)

［夜的诱惑］对［嫣然.淡陌］说:没有办法呀怕它要跑床上去(16:03:51)

［嫣然.淡陌］对［夜的诱惑］说:以前,父亲喜欢养狗,在我的记忆里,家里一直有各样的狗狗(16:04:16)

［嫣然.淡陌］对［夜的诱惑］说: ,难怪呢,清洗那么干净(16:04:36)

抽取自"新浪SHOW"中的"三十而立"文字聊天室

上述聊天室对话片段主要由两个话题构成,由"你要给狗狗洗澡得蛮"到"难怪呢,清洗那么干净"构成了第一个话题,讨论给宠物犬洗澡问题。而由"你养的什么狗狗?"到"以前,父亲喜欢养狗,在我的记忆里,家里一直有各样的狗狗"则构成了第二个话题,即谈论狗的品种问题。这两个话题交叉进行,缺少衔接过渡,其间还穿插了"［嫣然.淡陌］"的"恩,我今天也在外面晚餐"的滞后回复,话题断裂痕迹明显。

以上探究了单线会话中的主题变异情况。比较而言,多线会话中的主题变异情况要更为复杂。除了会出现单线会话中的主题变异情况外,还会出现多线会话主题交叉纠结现象。例如:

★九哥(1016513712)20:04:29 你是柳如是的妹妹

☆柳如烟(441799332)20:05:37 柳如是,不认识

☆静逸(1140106182)20:05:57 柳如是很出名的

☆柳如烟(441799332)20:06:11 我不认识

☆柳如烟(441799332)20:06:21 这就是不读书的下场

☆静逸(1140106182)20:06:30 古代的人

★长歌(1372263820)20:06:51 柳如是那个姑娘可是一条汉子

☆柳如烟(441799332)20:06:59 那我更不认识了😬

☆静逸(1140106182)20:07:02 我也只是记得一下

★长歌(1372263820)20:07:08 如烟是纯娘们儿

☆柳如烟(441799332)20:07:17 不带这样的

★长歌(1372263820)20:07:23 咋地啦

☆静逸(1140106182)20:07:25 🙂

★长歌(1372263820)20:07:28 我说错啦?

☆柳如烟(441799332)20:07:33 不带穿越😠

★长歌(1372263820)20:07:40 谁穿越了?

★九哥(1016513712)20:07:56 不读书的花瓶幸运的话叫宠物不幸运的话叫玩物

☆静逸(1140106182)20:07:55 🙂穿越我喜欢看

★长歌(1372263820)20:08:40 读太多书也不好

★长歌(1372263820)20:08:52 人生忧患识字始

☆柳如烟(441799332)20:08:57 女子无才便是德😊

★九哥(1016513712)20:09:06 读书为书本所累那叫蠢物

☆静逸(1140106182)20:09:22 如果能回到过去,我想看看西施是不是最美的🙂

☆柳如烟(441799332)20:09:30 我只是一介小女子

☆柳如烟(441799332)20:09:36 还是不读书的好

☆柳如烟(441799332)20:09:45 这样,我回很开心😊

☆静逸(1140106182)20:10:15 西施是不是如描写的那样美丽动人?

★河之(454071612)20:11:47 那是当然

☆柳如烟(441799332)20:12:03 没感觉到

☆静逸(1140106182)20:12:18 可惜不时是没照片的

★长歌(1372263820)20:12:18 当时没有网络

★河之(454071612)20:12:27 她的美丽流传千古

☆静逸(1140106182)20:12:53 不知道她实际上长什么样子,我比较好奇😊

☆柳如烟(441799332)20:13:23 因为她的付出

☆柳如烟(441799332)20:13:32 所以,就更美化了她

☆柳如烟(441799332)20:13:54 我都没感觉到她有多美

★长歌(1372263820)20:14:16 其实最美的女人都是可以亡国的

★长歌(1372263820)20:14:26 褒姒

★长歌(1372263820)20:14:33 妲己

☆静逸(1140106182)20:14:34 对啊

★长歌(1372263820)20:14:40 陈圆圆

——摘引自 QQ 群"茶语相约(一)"(119362083)聊天语料

上述 QQ 群对话片断中,共有五人参与了这一特定时段中的对话活动。会话主题大致有三方面:一是关于柳如是的讨论,二是关于读书问题,三是关于西施美丽以及红颜误国问题。"柳如烟"、"静逸"、"长歌"参与了全程讨论,"九哥"参与了前两个问题的讨论,"河之"只参与了后一个问题的讨论。三个话题杂合在一起,且每一话题的各自推进都具有一定的随意性,没有预定的议程设置。其中,"柳如烟"的网名是该段对话的直接诱因,"静逸"的"如果能回到过去,我想看看西施是不是最美的"引出了第三个问题的讨论。话题变换与推进出现了一定的自由性与跳跃性。

(四)IRC 会话语言分析

如上所述,IRC 会话的重要特点是"键谈"、"写话"和"读话"。发生在网络聊天室中的会话活动既具有口语实时交流的特性,又具有书面语篇的文本特征。这种兼具口语和书面语表达特点的 IRC 会话语言呈现出不同于 FTF 会话语言的变异性特征,其变异性主要来源于口语交际的及时性和书面语交际的延迟性之间的矛盾冲突以及解决这一矛盾冲突的过程与方法。网络交际活动中,除了音频视频聊天外,人们大多选择文字聊

天,交谈者通过键盘键入文字,通过显示屏收看对方反馈的信息,使以文字为信息载体的交际得以跨时空交流。但是"键谈"毕竟不是"面谈",交际环境和交际工具的变化对交际语言的运用产生了一定的影响。为了节约话轮转换时间,尽量将网络会话的延时性降到最低程度,参与者必须对"键谈"话语进行适当改造加工,使其尽量能够接近口语交际的相关标准,以满足信息及时反馈的交际需求。这种改造加工主要表现在两个方面:一是IRC会话中常规语言符号变异;二是IRC会话中的非语言交际方式的运用。

1. IRC会话中常规语言符号变异

尽管互联网技术为网络人际交流提供了多种交际媒介和交际方式,但是语言文字仍是其交流的主要介质。正如Wilbur(1996)所言,"无论因特网文化会成为什么样子,它仍旧是基于文本的事务。"[①]克里斯特尔(David Crystal,2001)也认为,"因特网是一个几乎完全依赖于对文字信息作出反应的媒体。"[②]诸如博客、论坛、邮件和聊天组等交流平台都是建立在以语言文字为媒介基础之上的。IRC是聊天组的一个分支,其会话活动的主要媒介也是语言文字。不过,较之FTF会话,发生在IRC会话活动中的语言文字已经呈现出强烈的变异性特征。现实交际情境中,口语和书面语是两种不同风格的交际形式,口语的特征"在于简短、疏放,有较多省略",而"书面语趋于周密、严谨;结构完整,长句较多"[③]。但是IRC会话语言却将二者的区别模糊了,键盘敲出的是类似于书面语的语言形式,却带上了口语交际风格,"包括使用口语词、俚语和较为随便、粗俗的语言,有时还会出现表达不清、不准,甚至语法出错的情况。结构复

---

① 转引自:[英]戴维·克里斯特尔.2001.语言与因特网:6.郭贵春,刘全明,译.2006.上海科技教育出版社.

② [英]戴维·克里斯特尔.2001.语言与因特网:12.郭贵春,刘全明,译.2006.上海科技教育出版社.

③ 黄伯荣,廖序东主编.2007.现代汉语(增订四版)(上):1-2.高等教育出版社.

杂,精美雅致的句子几乎不会出现。"①其变异性主要表现在以下几方面:
1)经济性变异。经济性是IRC会话语言变异性的首要表现,通过对交际语符和结构的经济性再加工,以节约交际成本,减轻交际负担,可以有效提高交际速度和效益。IRC会话中经济性变异可分为词法经济性变异和句法经济性变异两种类型。词法经济性变异如用"U"代替"你"、"发4"代替"发誓"、"BT"代替"变态"、"Q"代替"QQ"、"汗"表示"无语"、"闪"表示"离开"等。句法经济性变异主要表现为句法结构的残缺和松散,如我们在考察"迷你聊天"时发现其中就有诸如"完了,又都把我屏了"、"你的几号码"、" 还没恋的"、"嗯,我要下了,先去饭"等缺省表达形式。2)创新性变异。除了经济性变异外,IRC会话中还有许多创新式变异语句,这种变异语句主要是为了满足网络人际交流的娱乐性需求。例如"再续柔情"聊天室中就有"孔子曰,哥哥就是用来出卖滴"、"我自己封他做我情人的,他不干"、"我超级恨你了"、"这个恨发展滴够快哈"、"我晕死你"等创新变异语句。3)口语性变异。IRC会话虽然采用了书面语形式,但实质上还是一种书面化的口语,具有口语化特点。具体表现为大量口语词汇和口语句式的运用,前者表现为大量口语语气词和感叹词出现在会话过程中,有些语气词和感叹词甚至充当起了话轮角色,如"嘿嘿、呵呵、哈哈、哇哦、嘎嘎、哦、哈、啊、哼、嗯"等;后者表现为口语句式呈现为书面语形式,如"不带这样滴啊"、"这笑话不要太好笑哟"、"好哒,你罩我,说好了"、"是不是等偶呀"、"谁呀谁呀"、"你恶心不"、"咋滴"、"别介"等。

2. IRC会话中的非语言交际

IRC会话是在"隐匿背景"中进行的,缺乏FTF交际中所不可缺少的社会情境因素和参与者形体表情因素,而这些因素对于口语化交际具有极其重要的辅助性作用,会话过程中各种问题的协调、安排与处理都与之有关。而IRC会话本质上是一种具有口语化性质的交际形式,其动用键

---

① 林秋茗.2003.ICQ网上会话特点分析.外语电化教学,(2).

盘、鼠标、显示屏和网络通讯系统等工具的目的是为了完成口语化交际任务。这种交际性质与交际目的对口语交际中的非语言辅助手段有同样的需求,但是非在场的IRC会话交际又无法直接调用FTF交际过程中的种种非语言因素,除了音频视频外,人们只能在不断的"写话"和"读话"中完成信息交流,实质上是在从事一种"键谈"活动。一方面是对FTF交际过程中的非语言因素有同样的需求,另一方面又因受制于IRC交际媒介的特点而无法直接调用相关因素。为了解决这一矛盾,IRC会话过程中的非语言交际符号形式应运而生。

所谓非语言交际,是指"不依赖语言而进行的交际",其构成因素是指"在一定交际环境中语言因素以外的、对输出者或接受者有信息价值的那些因素"(Somovar et al,1981)。这些因素对交际过程的顺利开展具有极其重要的作用,科学研究表明,FTF交际中65%的信息是由非语言因素传递的。现实情境中的"非语言交际的基本因素主要有面部表情、目光交流、音调、话论转换方式、沉默等,甚至还包括衣着和身体姿势及运动"[①]。与FTF非语言交际不同,IRC中的非语言交际是通过可视化符号的设计与运用实现的。这些可视化符号具有拟像和摹声特点,是对FTF非语言交际基本因素的模仿,目的是营造一种仿真交际情境。计算机和互联网技术平台为大量辅助性可视化符号的设计与运用提供了硬件支撑,而网络"极客"和普通网民的积极参与和不断创新又为该类符号的设计与运用提供了智力资源。于是,一套为IRC话语社团成员所共同认可并接受的非语言代码系统由此而生,且有无限传播与发展的可能性。根据建构情况,这套非语言符号代码系统大致可分为体态语言和副语言两种类型。

体态语言亦称"人体示意语言"、"身体言语表现"、"态势语"和"动作语言"等,是一种人际交往中表情达意的方式。在交际中这种体态语言主要有情态语言、身势语言和空间语言三种类型。其中情态语言最为重要,

---

① 李艳,韩金龙.2003.IRC——聊天室非语言交际研究.外语电化教学,(6).

FTF 交际过程中的绝大部分非语言信息都来自于这一表达形式。它是由人面部各部位状态构成的表情语言,如目光语言、微笑语言等。人的面部表情是人的内心世界的"荧光屏",人的复杂心理活动都可以从中显现出来。面部的眉毛、眼睛、嘴巴、鼻子、舌头和面部肌肉的综合运用,可以向对方传递出丰富复杂的心理活动。为了弥补现实情态语言的匮乏,IRC 交际过程中也创造出一套"表情/笑脸"通用代码符号。这些符号一般是根据形象类比的原则,利用键盘中现有的字母、数字和特殊符号编制而成,用来显示 CMC 用户当时的心情或情绪,如用":-)"表示网络笑脸(顺时针旋转 90 度来看像人微笑时的脸部轮廓)、":-("表示苦瓜脸(像一个不高兴时耷拉着嘴的人脸)、":-O"表示非常吃惊等"。此外,为了方便用户各种情态表达需求,网络各种聊天系统中一般都预置了可供自由选用的表情符。如搜狐小纸条聊天室自带的"表情符"就有"狐狐"、"福娃"和"标准"三种类型,其中"标准表情符"使用频率最高,见表 6-4。

表 6-4 搜狐小纸条聊天室自带"表情符"类型

类型	示例								
狐狐									
福娃									
标准									

而"迷你聊天室"中则通过"贴图"来实现情态语言和身势语言的表达功能,且"贴图"功能既可以选择内设的各种表情动作的图片和动漫,也可以上传外部文件,增强了贴图选择的自由性与丰富性。系统内置的"贴图"选项,图文并茂,能够满足不同情态和身势的表达需求。如"再续柔情"聊天房间中共预置了 68 个表情动作选项,从"出场"搞笑动作到"人呢"疑问表情,应有尽有。这些"贴图"被广泛地运用于聊天话语中,增强

了现实情境感和交际趣味性。例如:

迷你游客 说: (09:29:27)

迷你游客 说: (09:29:42)

迷你游客 说: (09:29:57)

音画时尚 对 曼雪儿 说: (08:52:21)

不曾忘记 对 兰心默默听歌 说: (09:20:00)

貌若天仙 说: (09:32:03)

——抽取自"迷你聊天"中的"再续柔情"
(http://chat.miniessay.com/index.php)

副语言有广义和狭义之分。狭义副语言是指有声现象,诸如说话时的节奏快慢、音调高低、语气语调、字音拖长、咳嗽、结巴、停顿、沉默和犹豫的运用等。广义副语言还包括无声而有形的现象,即与话语同时或单独使用的手势、身势、面部表情、对话时的位置和距离等等,相当于上述所探究的体态语言。此处拟重点考察分析IRC交际过程中狭义副语言的运用。在 FTF 交际过程中,除了情境因素和体态语言的影响外,会话过程中的副语言也会对交际过程产生一定影响。因为 FTF 会话属于有声语言交际,参与者的语气语调,即腔调对会话活动具有一定的辅助作用。诸如"低声下气、唯唯诺诺、阴阳怪气、窃窃私语、轻声慢语、软语温存、颐指气使、声色俱厉"等都表示语音、语气、语调在交际过程中具有多种运用方式和表达作用。但是,IRC 语言文字交际是一种无声交际,FTF 交际中的所有副语言要素都无法在交际过程中直接呈现。为了补偿这一缺失,IRC 中的可视化副语言便应运而生,以满足聊天参与者各种复杂情感和不同话语风格的表达需求。这种可视化副语言主要表现为拟声语符的大量使用。

为了模拟 FTF 交际中大量叹词、语气词以及其他拟声语词的运用,IRC 交际将这些口语化的叹词、语气词和其他拟声语词设计成书面语形式,突出表音元素,以仿造和再现 FTF 交际的真实情境。通过聊天室语料考察发现,表各种感情和风格的叹词、语气词和其他拟声词得到了广泛的运用。现摘录其中具有代表性的"蜜糖体"语料并作适当评析。

蜜ぁ儿 对 兰心默默听歌 说:额,兰心姐姐～～今天周末啊,肿么还是那么早啊(10:06:57)

蜜ぁ儿 对 兰心默默听歌 说:哼,鄙视中,睡眠那么少,皮肤还那么好,我嫉妒～～(10:07:59)

蜜ぁ儿 对 边缘来兜兜 说:大叔,你滴兜兜破了,钱掉了(10:09:09)

蜜ぁ儿 对 兰心默默听歌 说:呜呜呜呜,呜呜呜呜,不公平了啦,我也要嫩嫩滑滑滴肌肤啊～～～(10:09:40)

蜜ぁ儿 对 陌上花已开 说:姐姐,你什么时候是不困滴啊?汗(10:10:04)

蜜ぁ儿 对 边缘来兜兜 说:木钱,木钱你带兜兜干什么啊?(10:10:29)

蜜ぁ儿 对 陌上花已开 说:我我我我我,我年轻,哈哈哈(10:16:01)

蜜ぁ儿 对 边缘来兜兜 说:好主意,大叔,你滴妞掉了(10:16:34)

蜜ぁ儿 对 兰心默默听歌 说：额,介个介个,偶想老到 81 了还是 18 滴模样,汗～～天山童姥了(10:17:08)

蜜ぁ儿 对 陌上花已开 说：介个,我不在乎,妞妞,是你就行了～～～(10:18:32)

蜜ぁ儿 对 兰心默默听歌 说：额额额额～～呜呜呜,我还木有儿女,我要努力呢,我要跟你一样生个漂亮女宝宝(10:19:55)

蜜ぁ儿 对 兰心默默听歌 说：恩恩恩,我打算征婚去,征个帅哥～～介个就有漂亮妞滴女儿了(10:21:46)

——抽取自"迷你聊天"中的"再续柔情"
(http://chat.miniessay.com/index.php)

以上是特定时段中网络聊天用户"蜜ぁ儿"的聊天语料,从中发现"蜜ぁ儿"的语言具有典型的"蜜糖体"特点。所谓"蜜糖体",是指 2009 年网上最新流行的一种文体,该文体具有强烈的年轻女性口语化特点,以撒娇和发嗲见长,甜到腻,腻到呕。其具体特点为："无论称呼别人还是自己一定用叠字昵称,叫妈妈 mammy,叫爸爸 daddy,5555……(呜呜呜)挂嘴边,0(n_n)0 表情不能少。喜欢把'是'说成'素','可是'变成'口素','非常'说成'灰常';'的'和'地'都用'滴'代替,句子的最后总要加上'鸟'作为语气词。"①比照"蜜糖体"特点,笔者发现上述所引语料也具有类似特征：一是多用重音叠字。诸如"哥哥、妞妞、兰心姐姐、女宝宝"等称呼语；"嘿嘿嘿、呜呜呜呜、哈哈哈、额额额额、嗯嗯嗯"等叠音叹词；"亲亲、兜兜、嫩嫩滑滑、我我我我、介个介个、果然果然果然"等其他叠音词。二是有口语音变词。如用"肿么"代替"怎么",用"滴"代替"的",用"木钱"代替"没钱",用"介个"代替"这个",用"偶"代替"我",用"木有"代替"没有"等。这种表达风格是对现实情境中爱撒娇发嗲女性口语言风格的一种自然模仿,突出了其语音、语气、语调等特征,属于可视化副语言的一种典型表现形态。

---

① 钱宏.2009.网络江湖新流行蜜糖体.现代计算机(普及版),(4).

三、IRC 会话变异的认知语用阐释

综上所述,IRC 会话较之 FTF 会话已经呈现出一定的变异性。以往研究通常将这种变异性的成因归结为交际媒介的变化,不可否认,这种变异性的产生的确与交际媒介的变化有关。不过,在此需要指出的是,IRC 交际过程中所依凭的物质媒介只是其变异性得以产生的外部条件,具有决定性意义的内部条件是参与 IRC 交际的网络用户,其交际意图和认知处理对 IRC 会话变异具有决定性影响。因此,探究 IRC 会话变异,除了要考虑相关的外部物质条件外,还要重点考察交际主体在 IRC 会话变异过程中所发挥的重要作用。而事实上,计算机和网络等外部物质条件本身已经成为了 IRC 会话变异得以产生的外部语境要素。交际主体和交际环境的变化是 IRC 会话变异产生的根本原因,相关问题可以纳入到认知语用学视阈中加以考察探究。如上所述,语用学就是研究语言符号和符号使用者之间关系的学科,重点研究意义在语境中的表达与变化,以及符号在交际意图、语境、推理等因素干预下的解释问题。符号使用者和语境是认知语用学理论关注的焦点问题,因此,认知语用学理论与 IRC 会话变异研究具有很强的兼容性和适配性,可以有效解决 IRC 会话发生变异的认知理据和深层动因等问题。

(一)合作原则与 IRC 会话变异

"合作原则"(Cooperative Principle,简称 CP)最初是由美国著名语言哲学家格赖斯(H. P. Grice)于 1967 年在哈佛大学演讲时首先提出。格赖斯认为,在人们交际过程中,对话双方似乎都在有意无意地遵循着某一原则,以求有效配合并完成交际任务,这一原则就是会话中的"合作原则"。该原则于 1975 年在其所发表的《逻辑与会话》一文中得到了进一步阐释。效仿德国哲学家康德(Immanuel Kant)的《纯粹理性批判》中的数

量、质量、关系和模态四分法,格赖斯将日常会话中的"合作原则"也分为四个范畴,每一范畴又包括一条准则和一些次准则。具体内容为:

A. 数量准则(Quantity Maxim):
a) 所说的话应该满足交际所需的信息量;
b) 所说的话不应超出交际所需的信息量。
B. 质量准则(Quality Maxim):努力使说的话真实。
a) 不要说自知是虚假的话;
b) 不要说缺乏足够证据的话。
C. 关系准则(Relation Maxim):说话要有关联。
D. 方式准则(Manner Maxim):说话要清楚、明了。
a) 避免晦涩;
b) 避免歧义;
c) 要简练;
d) 要有次序。[①]

不过,在实际言语交际过程中,人们并非总是遵守"合作原则",出于需要,有时会故意违反合作原则。格赖斯把这种通过表面上故意违反"合作原则"而产生的言外之意称为"特殊会话含义"。"特殊会话含义"解释了听话人是如何透过说话人话语的表面含义而理解其言外之意的。由此可见,格赖斯将人类言语交际分为遵守合作原则和违背合作原则两种情形,前者由"合作原则"统管,后者则交给"会话含义"去处理,以期能够兼顾常态交际和非常态交际的诸多情形。其理论核心是,交际参与者在其他条件相同的情况下一般都会遵守如下原则,那就是使你的话语,在其所发生的阶段,符合你参与的谈话所公认的目标或方向。

---

① H. P. Grice. Logic and Conversation. P. Cole, J. L. Mprgan(eds.). 1975. Syntax and Semantics 3:Speech Acts:45-46. Academic Press.

格赖斯在合作原则的基础上建构起了会话含意理论体系,强调研究说话人话语中的含意,"指出要理解说话人在话语中有意的暗示,听话人所依靠的不是语言解码,而是语用推理,即根据他提出的合作原则及其四准则进行推理"①。这种研究取向具有一定的理论先进性。不过,格赖斯理论体系是在考察分析现实语言交际的基础上建立起来的,其适用范围主要局限于现实言语交际层面,而新兴电质媒介中的 IRC 会话在遵守相关准则的基础上已经呈现出一定的变异性。这些变异性主要表现为对格赖斯相关准则的违背与偏离,因此,可以通过与格赖斯相关理论的比照来考察探究发生在 IRC 会话中的诸多变异情形。

1. 数量准则与 IRC 会话变异

依据格赖斯的数量准则,言语交际过程中的话语信息量不能多于也不能少于交际需求,应该以满足需要为准。但是,IRC 会话过程中违反数量准则现象时有发生。例如:

夜魅 说:寻人聊天……(10:01:37)

夜魅 说:有打字快的没?(10:01:58)

夜魅 说:有话题多的没?(10:02:01)

夜魅 说:有谈恋爱的没?(10:02:04)

夜魅 说:有不掉线的没?(10:02:07)

夜魅 说:有比我卡的没?(10:02:07)

夜魅 说:有不扯淡的没?(10:02:16)

夜魅 说:有相敬如宾的没?(10:02:19)

夜魅 说:有两小无猜的没?(10:02:22)

夜魅 说:有比翼齐飞的没?(10:03:04)

---

① 转引自:何自然主编.2007.语用三论:关联论·顺应论·模因论:17.上海教育出版社.

<u>夜魅</u> 说：有相濡以沫的没？（10：03：16）
……

——截取自"迷你聊天"中的"一生陪你走"
（http://chat.miniessay.com/index.php）

聊天用户"夜魅"出场之后的一连串问话属于超量信息轰炸，这是交际主体的一种策略选择，意在引起其他用户关注。通过"刷屏"式的过量信息发布，连珠炮似的问话充斥在不断卷帘翻页的聊天窗口中，可以提高聊天关注度。这种变异语言现象一般只发生在 IRC 会话过程中，因为，IRC 会话是只见其文，不见其人，不闻其声（语音会话和视频会话除外），可视化的文字信息成为交际双方关注的唯一信息，因此，要想在群言式的公聊区中不被其他信息所淹没，发话人必须要在表达技巧上做文章，以求出奇制胜。上述"夜魅"的连续发问就是一种出奇制胜的招数，表面上违反了合作原则中的数量准则，而实际上却是交际主体有意而为的一种策略选择。

上述探究的是独白式的超量信息发布情况，而数量准则的违反更多的则是体现在言语交际互动过程中。例如：

<u>荒野贝尔</u> 对 <u>朱莉</u> 说：你好（10：21：26）
<u>荒野贝尔</u> 对 <u>朱莉</u> 说：在哪啊（10：21：32）
<u>荒野贝尔</u> 对 <u>朱莉</u> 说：可以聊聊吗（10：21：40）
<u>朱莉</u> 对 <u>荒野贝尔</u> 说：嗯（10：22：38）
<u>荒野贝尔</u> 对 <u>朱莉</u> 说：有 QQ 吗？（10：22：56）
<u>荒野贝尔</u> 对 <u>朱莉</u> 说：咋不说话了？（10：24：42）
<u>荒野贝尔</u> 对 <u>朱莉</u> 说：忙吗？（10：24：55）
<u>朱莉</u> 对 <u>荒野贝尔</u> 说：没有（10：25：14）
<u>荒野贝尔</u> 对 <u>朱莉</u> 说：不想聊吗（10：25：39）
<u>朱莉</u> 对 <u>荒野贝尔</u> 说：不知道（10：26：11）

——抽取自"搜狐小纸条"中的"情感世界"聊天室

上述聊天用户"荒野贝尔"与"朱莉"的对话违反了数量准则,分别出现了信息量不足和信息量多余两种情况。对于开头"荒野贝尔"的"在哪啊"和"可以聊聊吗"两次发问,"朱莉"只用一个"嗯"作为应答语。而接下来"荒野贝尔"的"有 QQ 吗"、"咋不说话了"、"忙吗"三次发问,"朱莉"只用了"没有"简单应付,二者的对话出现了不平衡状况。从"朱莉"的应答语可以看出,其对"荒野贝尔"的交际请求采取了不合作的态度,数量准则的违反正是这种态度的表征。FTF 交际过程中可以通过察言观色来判断对方的交际兴趣和交际意图,而 IRC 会话只能诉诸可视化文字。因此,IRC 会话对相关准则的违反,既是一种策略选择,也是一种态度标记。

2. 质量准则与 IRC 会话变异

依据格赖斯的质量准则,言语交际过程中交际双方应该努力使所说的话真实,既不要说自知是虚假的话,也不要说缺乏足够证据的话。FTF 交际对这种准则的实施具有一定的强制性和约束性,因为,FTF 交际的主客观语境使交际双方处于一种公开透明的交际情境之中,在场交际要求交际双方必须恪守质量准则,一旦违反,也很容易结合相关情境要素加以推断。IRC 交际则不然,背景隐匿使交际双方共处于一种虚幻空灵的交际情境之中,"在网上,没人知道你是条狗",隐藏了现实身份的网民摆脱了现实各种科条律令的束缚,可以随意处置质量准则。例如:

新 对 紫筱 说:在么,(15:53:12)
紫筱 对 新 说:恩(15:53:30)
新 对 紫筱 说:在哪啊?(15:53:54)
紫筱 对 新 说:地球的(15:54:21)
新 对 紫筱 说:谁不知道啊,,哪么大,,以后这么找你啊,,(15:55:03)
紫筱 对 新 说:啊哦 你哪儿的(15:55:27)
新 对 紫筱 说:比你小点的地球(15:55:59)
——抽取自"迷你聊天"中的"一生陪你走"
(http://chat.miniessay.com/index.php)

上述聊天用户"新"和"紫筱"的对话明显违反了质量准则。对于"新"的"在哪啊"发问,"紫筱"以"地球的"回答;而对于"紫筱"的"你哪儿的"问话,"新"则以"比你小点的地球"回敬,二者都没有遵守会话合作原则中的质量准则。这种违反是以极其笼统泛化的概念名称代替了明确具体的概念名称,实质上也是一种说假话,体现出交际双方的不合作态度。此外,IRC 会话过程中还可以通过直接造假来制造一种幽默。例如:

美美竹叶青 对 挂听中。。。。。。 说:孔子曰,哥哥就是用来出卖滴。
挂听中。。。。。。 对 美美竹叶青 说:怎么说的(18:04:09)
美美竹叶青 对 挂听中。。。。。。 说:不出卖你,出卖谁啊,你是我哥呀。(18:04:37)
挂听中。。。。。。 对 美美竹叶青 说:孔子这样子说过(18:05:00)
美美竹叶青 对 挂听中。。。。。。 说:难道没说?那是孟子说的?(18:05:30)
挂听中。。。。。。 对 美美竹叶青 说:一会会不会又出来庄子(18:05:51)
——抽取自"迷你聊天"中的"一生陪你走"
(http://chat.miniessay.com/index.php)

聊天用户"美美竹叶青"所引用的"孔子曰,哥哥就是用来出卖滴"以及后面所言的"不出卖你,出卖谁啊,你是我哥呀"都属于说自知是虚假的话,违反了质量准则。这种违反是为特殊交际意图服务的,即交际主体通过故意言语造假以取得 IRC 交际过程中幽默诙谐的交际效果。

3. 关系准则与 IRC 会话变异

依据格赖斯的关系准则,言语交际过程中所说的话语要有关联。所谓关联,是指交际过程中的话语组织要有一定的连贯性和内在逻辑性。IRC 交际是发生在特殊环境的一种交际方式,"写话"和"读话"在一定程度上破坏了 FTF 交际中的连贯性和逻辑性,违反关系准则现象时有发

生。上述所分析的话题跳跃转换都属于该类变异。类似用例还有:

海涯对顺逆流说:我不太会聊天,我应该擅长些吧(16:23:03)
海涯对顺逆流说:你……(16:23:09)
顺逆流对海涯说:为什么你会这么认为(16:23:31)
海涯对顺逆流说:交流而已呀(16:24:03)
顺逆流对海涯说:恩(16:24:11)
顺逆流对海涯说:怎么你的聊友走了吗(16:24:52)
海涯对顺逆流说:其实,感觉你的网名很特别的。(16:24:53)
海涯对顺逆流说:能否说说出处呀(16:25:04)
海涯对顺逆流说:还在,首聊。我笨,人家感觉困了。(16:25:49)
顺逆流对海涯说:哦 (16:26:00)
顺逆流对海涯说:我没觉得啥特别(16:26:32)
海涯对顺逆流说:就是别致呀(16:26:56)

——抽取自"新浪SHOW"中的"三十而立"文字聊天室

上述"海涯"和"顺逆流"之间的对话采用的是多话题交叉推进模式。其中"海涯"在询问对方擅长聊天之后,突然转移话题,去评论"顺逆流"的网名特点,而"顺逆流"的询问"怎么你的聊友走了吗"也未能得到及时回复,致使其后的话轮转换出现纠结,连贯性和逻辑性受到一定影响,违反了关系准则。究其因,是由于在非情境、零背景 IRC 交际中,交际主体对话题的选择和控制具有一定的自由度,话题转换具有一定的或然性和随机性,可以不受关系准则束缚。

4. 方式准则与 IRC 会话变异

格赖斯的方式准则要求交际过程中所说的话语要清楚明了。具体来说,就是要避免晦涩、歧义,要简练、有序。FTF 交际属于在场口语交际,简洁、粗放和省略是其重要特点,晦涩歧义句式很少出现,即便出现违反方式准则的情况,现场情境也可以进行有效补偿,以化解交际障碍。而 IRC 交际是以一种特殊的"键谈"方式进行的,屏幕所显示的文字符号是其交际互动的唯一依凭。"写话"和"读话"在一定程度上增加了交际互动的复杂性,电质媒介也为交际方式的选择增加了一定的变数,而本质上则源于交际主体的一种主观认知选择,与交际意图密切相关。IRC 会话过程中对方式准则的违反绝大多数属于交际主体有意为之。或者出于特殊表达效果的需要,或者为了故意制造接受障碍,或者是特定表达风格的体现,IRC 会话过程中对方式准则的违反呈现出多样性特征。上述 IRC 会话语言分析中所列出的两种类型:IRC 会话中常规语言符号变异和 IRC 会话中的非语言交际都属于对交际方式准则的违反。数字、字母、别字、繁体字、方言字、英文、日文、韩文、标点符号以及其他特殊符号的介入,严重影响了交际言语的清楚明了;病句、省略句、生造句式以及其他超常规句式的使用致使言语表达出现晦涩歧义;各种非语言符号的随意使用,为交际信息的准确接受增添了难度。

(二) 顺应论与 IRC 会话变异

"顺应论"是由比利时语用学家耶夫·维索尔伦(Jef Verschueren)首先提出。该理论发端于其 1987 年国际语用学协会创立后内部出版的第一期《IprA 工作文集》中发表的题为"作为顺应论的语用学"的文章,并在 1999 年出版的专著《语用学新解》(Understanding Pragmatics)中进行了系统的阐述,标志着该理论逐渐走向成熟。作为其"语用综观"思想的重要组成部分,维索尔伦将"顺应论"纳入语言选择层面加以探究,认为语言使用作为一种社会行为和人类生活中的认知、社会和文化等因素密切相关。人们使用语言的过程就是交际者为达到交际目的而在不同的意识程度下不断做出语言选择的过程。这种选择之所以有可能,是因为语言具有变异性、协商性和顺应性。其中顺应性具体表现为语境关系的顺应、语言结构的顺应、顺应的动态性和顺应过程的意识程度等四个方面。这四者成为"对任一给定的语言现象所投射的语用学综观所必不可少的要素"。维索尔伦将四者的关系示意为图6-5。

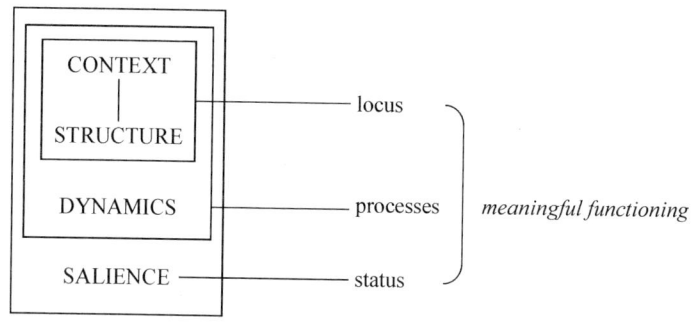

图6-5 语用理论结构示意图(维索尔伦,1998)①

其中,语境成分(context)和结构对象(structure)界定了适应对象的所在位置(locus),即反映了语言性和超语言性并列成分在言语事件交际空间中的组合。而动态性(dynamics)所涉及的是语境和结构之间关系的本质及其历时发展,是两者互动所涉及的全部过程(processes)的一个特点。最后,语境和结构之间的动态性相互适应在语言使用者的心理中便具有或高或低的意识突显性(salience),这种突显性有助于弄清这些过程在人的相关意识领域中的状态(status)。四者的有机结合,彰显出了人类运用语言表达意义的过程是一个动态工程,这一过程因人们顺应语言的意识程度的不同而影响着语境和语言结构关系的变化。

顺应论贯彻了"语用综观"思想,将人类生活中的认知、社会和文化等因素纳入考察研究视阈,重点关注语境和语言结构的关系在不同意识程度影响下的动态变化过程。这种研究思路与IRC会话变异研究具有很强的兼容性和适配性,因为,IRC会话是发生在特殊交际平台中的一种言语行为,其变异性是多种因素共同作用的结果,与宏观语境密切相关,本质上吻合了"语用综观"思想。维索尔伦认为语用学关心的主要问题是"了解在不同意识突显性的层面上作用于语境—结构关系上的动态过程

---

① [比]耶夫·维索尔伦.1998.语用学诠释:79.钱冠连,霍永寿,译.2003.清华大学出版社.

的语言表意功能过程"①,这正是 IRC 会话变异研究所要考察探究的重点问题。因此,本部分拟以维索尔伦提出的顺应性四要素为纲,系统探究 IRC 会话变异情况。

1. IRC 会话变异中的语境顺应

依据维索尔伦的观点,顺应中的语境相关成分包括交际语境中必须和语言选择相互适应的全部要素。从物理语境到社会关系,乃至交际心态,都会对顺应性产生影响。并且认为,"语言使用者从一个广阔的可用的'现实'中做出选择,并将其选择转变为相关的关联成分。而且,一旦被选定,这样的关联成分本身服从于变异和协商,变异与协商与正在展开之中的言语事件的诸方面发生互动,这些与正在展开的言语事件相涉的关联成分,可看作是有功能作用的。"②维索尔伦所考察的语境顺应主要是针对现实言语交际的,而发生在 IRC 中的语境顺应却是另一番景象,具有一定的特殊性,这种特殊的语境顺应直接导致了 IRC 会话变异。如前所述,IRC 会话是一种"写话"和"读话",交际双方是通过不断地"敲键"与"读屏"完成对话的,除了音频视频聊天外,所有的会话信息都必须诉诸可视化的文字。从本质上来讲,这种交际属于一种不在场交际,且大多发生在陌生人之间,交际双方的所有背景信息都被归零,现实常规交际情境无法进入交际渠道,交际双方是在虚幻空灵的情境中从事会话活动的。由顺应论视角观之,IRC 会话过程中的这种主体背景归零和交际情境隐匿也构成了一种特殊语境。交际双方面对的是有别于 FTF 交际的特殊交际平台,现实物理空间与情境为虚拟电子环境所取代,人类生存方式和交际方式空前自由,"在互联网上,没人知道你是条狗",匿名所带来的身份虚拟、游移和多变把每个人都变成了孙悟空:我想是谁就是谁,个性得到

---

① [比]耶夫·维索尔伦.1998.语用学诠释:81.钱冠连,霍永寿,译.2003.清华大学出版社.

② [比]耶夫·维索尔伦.1998.语用学诠释:78.钱冠连,霍永寿,译.2003.清华大学出版社.

极度张扬。与交际有关的 IRC 会话情境也最为宽松自由,隐藏在网络空间中的交际主体可以自由参与聊天活动:可以与熟悉者倾心深聊,也可以与陌生人逢场作戏;可以专心致志,也可以三心二意;可以私下密谈,也可以集体狂侃。网络交际的匿名性赋予了 IRC 会话交际以最大的自由度,自由的交际环境、自由的主体身份和自由的交际心态构成了网络极其自由的交际语境。顺应这种语境的变化,IRC 会话交际也出现了相应的变化。

  首先,会话语篇结构出现变异。FTF 会话交际语篇通常由三部分组成,即开启对话→进行对话→结束对话,开启与结束都有相应的提示性话语标记,所进行的对话内容必须具有一定的逻辑关联,话轮转换要顺畅自然。而 IRC 会话则不受这种模式与特点的限制,对话的开启与结束具有一定的随意性,开启对话时,可以随机征聊,也可以向某位在线用户主动发出聊天请求;结束对话时,可以选用相应的提示性标记,也可以不辞而别,溜之大吉。这同时也使 IRC 会话的逻辑性和连贯性严重受损,对话内容杂乱,话轮跳转频繁,语篇结构松散。其次,新奇交际符号层出不穷。为了顺应 IRC 会话"键谈"的特点,交际过程中,诸如口头语、书面语、流行语、行话、错话、古字、别字、数字、字母、图像、动漫以及其他各种符号可以综合运用,具有语符狂欢化色彩。而这种表达风格正是对 IRC 特殊交际语境的一种顺应,因为,"网络聊天的环境造成了这样一种情势,表述的不规范不仅不会被挑剔,还可能被认为是'大虾'(网络高手),相反,用语的逻辑性、规范性和拘谨则会被认为是'菜鸟'(网络新手)。"[①]因此,通行于 IRC 中的潜规则促使交际参与者必须在符号创新求变上下功夫,以求在不断翻屏卷页的聊天空间中出奇制胜,可以顺利进入网络交际主流话语圈。

---

① 骆欣.2009.网聊情境下网络聊天语言的特点.红河学院学报,(3).

2. IRC 会话变异中的结构顺应

考察探究 IRC 会话变异中的顺应过程,必须要参照不同的适应性结构对象进行定位。"由于交际选择总是在所有涉及变异的语言结构层面上展开的,因而,语用现象可以和任何一个结构层面发生联系:从语音特征和音位,到语篇内外,或者到层面间的任何一种关系。"[①]也就是说,经过变异与协商的顺应过程必定要在语言形式层面反映出来。对于 IRC 会话来说,这种结构顺应性变异体现得尤为明显,因为网络传媒的技术优势和特殊的"键谈"会话方式强化了这种变异发生的可能性与不确定性。较之 FTF 交际,发生在 IRC 会话过程中的顺应性变异显得更为复杂,这种复杂性在表达形式层面上得到了充分体现。

首先,基本符号出现顺应性变异。如前所述,IRC 会话是在零背景和非现实情境中进行的,这种必要交际因素的缺失会在其交际方式中得到一定的补偿,突出表现就是"键谈"过程中情境化符号的创设与使用。目前,许多聊天网站都在系统中预置了表情表意图库,以供用户自由选用,此外,用户还可以根据需要自创表情表意符号或图示。除了情境性要素不断增强外,为了满足口语化交际的高效性和经济性需求,"键谈"符号也出现了相应的经济性变异,数字、字母、别字、标点符号以及其他符号的使用都是为了顺应口语化交际及时互动的特点。其次,句法结构出现顺应性变异。与上述基本符号经济性变异同理,IRC 会话中的句法结构变异也是为了满足口语化交际的经济性需求。因为,从本质上讲,IRC 会话是一种口语化交际,多用短小、松散和省略性句法形式,IRC 会话顺应了这一交际特色,聊天空间中出现了诸多破碎残缺句法形式,诸如倒装、省略、奇异组合、标点成句、模糊应答词和语气词独用等句法现象比比皆是。再次,话轮转换出现顺应性变异。与 FTF 交际不同,IRC 开放式聊天室是

---

① [比]耶夫·维索尔伦.1998.语用学诠释:78.钱冠连,霍永寿,译.2003.清华大学出版社.

一个自由式"键谈"市场,完成用户注册(有些聊天室还可以自由登录)便可以成为合法参与者,可以自由发言,不受现实常规约束。忙碌在聊天室中的用户萍水相逢,都是网络语言游戏中的匆匆过客,无需承担任何道义与责任。因此,话轮转换就可以摆脱FTF交际规则束缚,什么时候说、说什么和怎么说都没有定数,完全由交际参与者自己做主,率性而为,致使话轮纠结和残缺现象时有发生。最后,作为集大成者的会话语篇必然会出现顺应性变异,从结构残缺到内容紊乱都呈现出发生在IRC特殊交际语境中的变异性特征。

3. IRC会话变异中的动态顺应

IRC会话变异中的动态顺应可以从两个维度考察,一是顺应的双向互动,二是顺应的动态发展。关于顺应的双向互动,维索尔伦认为,"适应性不应该解释成是单向的","选择的环境也会被所做的选择改变,或者说,选择的环境也会适应于所做的选择"①。与此同理,蕴涵在IRC会话变异中的语境顺应也非单向顺应,IRC会话变异与其依存语境具有双向顺应的特点。人们在利用网络的同时,也在接受网络所施加的影响。活动在IRC聊天室中的用户在创造诸多变异表达形式的同时,也在作茧自缚,反过来又为这些变异表达形式所困,需要顺应与遵循IRC所赋予的一套话语体系与交际风格。IRC会话语境虽然具有电质媒介的技术性特点,但本质上仍是一种人造物,是所有交际参与者集体智慧的结晶。其开放性与包容性允许全员参与,自由发挥。所有成员均可以自由调度意趣、灵感和创意共同营造虚拟心灵寓所和精神家园,在追求个性化与多元化的过程中又不自觉地达成共谋,成为IRC交际空间忠诚的守望者和捍卫者。进入IRC交际空间的用户一般都会"入乡随俗",自觉服从某些潜规则,其所参与的会话既是奉献,也是索取,不断与IRC交际空间进行能量

---

① [比]耶夫·维索尔伦.1998.语用学诠释:73.钱冠连,霍永寿,译.2003.清华大学出版社.

交换，而每一次交换的完成都会进一步巩固其所赖以存在的活动空间，即IRC交际语境。于是，IRC聊天系统就在这种不断双向互动顺应中展开其会话交际活动。IRC交际语境是网络聊天用户集体选择与营造的产物，是对相关活动的一种顺应；反之，发生在IRC交际语境中的所有活动也是网络聊天用户的主观选择，也是对其赖以存在语境的一种顺应。

除了顺应的双向互动外，我们还要关注顺应自身的动态发展过程，这种过程与变异和协商密切相关。其所要探究的重点是适应过程中的实际运作特点，即"交际原则和策略，在产生和解释选择的做出和协商过程中是按何种方式使用的"①。IRC会话变异本质上是交际主体动态协商的结果，目的是顺应特殊的交际语境，以顺利完成交际任务。不过，这种完成有别于常规交际，即并非都是为了达到相互理解与接受的目的，有时可能是故意制造理解障碍。但即便是刻意设置理解障碍，本质上也是对IRC特殊交际情境的一种顺应，即通过相关变异使交际受阻，从而增强网络人际交往的趣味性和娱乐性。较之FTF交际，IRC中的这种动态协商与顺应具有一定的隐匿性、偶发性和不确定性。其基本发展过程是：相关变异表达形式最初一般是由网络个体用户即兴而为，当然也有部分表达形式是专门从事各种奇异代码编写工作的"极客"（geek）所为，目的是为了获取特殊表达效果。随后，这些变异表达形式发布于网络聊天空间中，依凭网络媒介特有的强互动性和高辐射性得以广泛流布，不断扩大影响，最终成为网络聊天群体可以使用的表达工具和必须遵守的潜在规约。这种顺应的动态发展过程呈现出典型的由点到面蔓延渗透的特征，诸如"稀饭"、"木油"、"鸭梨"等谐音语词，起初绝非集体共谋，而是某一网络用户随意而为，但沿用至今，其作为"喜欢"、"没有"、"压力"的特殊能指符号已经成为集体共约。相关变异表达形式的运行界域由个体到集体的不断扩大包含着一种动态发展顺应过程。

---

① ［比］耶夫·维索尔伦.1998.语用学诠释：78.钱冠连，霍永寿，译.2003.清华大学出版社.

4. IRC 会话变异中的顺应意识

维索尔伦认为,"并非所有的选择,包括产出性选择和解释性选择,都具有同样的意识性和目的性","有些选择的做出几乎是自动的,而其他一些选择则具有很高程度的理据性。选择涉及到人类的'社会心智'(mind in society)这一适应性媒介中的不同处理方式"①。因此,在考察相关顺应过程时必须要关注其中的意识突显性。这一研究视角体现出"语用综观"的认知特质,将语言符号选择过程中的意识性和目的性纳入研究视阈,意在考察探究言语交际互动过程中的心理状态和交际意图,而这些因素对语言符号的选择顺应又具有极其重要的影响。IRC 会话变异具有"惟人参之"的特点,其交际过程中的顺应意识也有程度之别。这种顺应意识在不同阶段和不同交际状态中表现出不同的特点。就顺应过程来说,一般变异发生的起始阶段具有一定的随意性,相关变异形式往往是交际个体的即兴所为,当变异形式流布到集体层面并形成规约时,就具有了强意识性,需要交际参与者集体遵守。当然,这种集体遵守如果能够上升到集体无意识层面,相应的意识突显又会趋于弱化,选择会成为一种自动行为。就交际状态来说,IRC 会话过程中的顺应性选择与交际主体的心理状态和交际意图密切相关,而心理状态和交际意图正是顺应过程中意识突显性的重要表征。通过注册虚拟网名进入聊天室的用户是在参加一场"假面聊天聚会",其心理状态和交际意图难以直接呈现,只有通过聊天语篇间接反映。从参与状态来看,躲藏在网络空间中的聊天用户的情状特征具有一定的复杂性和不确定性,可能心情很好,也可能情绪低落;可能是真情参与,也可能是虚伪敷衍;可能是专心聊天,也可能是随意漫游。这些不同参与状态都会对顺应过程中的意识突显产生影响。一般来说,在兴致高、真情付出与积极参与的状态下,会话顺应过程中的意识突显性

---

① [比]耶夫·维索尔伦.1998.语用学诠释:78.钱冠连,霍永寿,译.2003.清华大学出版社.

较强,反之,则较弱。当然,这种参与状态也会随着交际活动的展开而发生相应的改变,有可能开始时心情一般,但随着聊天活动的推进,低落的情绪会出现"柳暗花明"的转机;相反,有可能开始时兴致很高,但随着聊天活动的推进,话不投机,抵牾冲突,甚至谩骂攻击时有发生,最终导致不欢而散。这种交际过程中情绪状态的变化也会对顺应过程中的意识突显产生影响。而从交际意图来看,随意闲聊与特意深聊中的顺应意识具有明显的区别。没有明确交际意图的随意闲聊比较自由,有时交际主体在参与聊天的同时,还在玩游戏、看电影或者从事其他活动,一心多用导致顺应过程中的意识突显性大为降低。反之,有明确交际意图的特意深聊会呈现出明显的强意识状态,有时为了表达某种特殊会话含义,会在表达形式上大做文章,IRC会话过程中的特殊表达形式正是这种意识状态的反映。

综上所述,作为一种以文字表述为主的特殊言语行为,IRC会话的变异特点在会话结构、会话主题和会话语言等层面上都有所反映。在格莱斯会话合作原则与维索尔伦顺应论等语用理论观照下,笔者发现,格莱斯会话合作原则所包含的四准则在IRC会话过程中都出现了不同程度的偏离与违背;IRC会话过程中的所有变异体现的都是在特定语境和不同意识程度影响下的一种动态变化过程,是交际主体为了实现特定交际目的和交际意图而做出的主观选择,内蕴协商性、变异性与顺应性,具有"惟人参之"的特点。这种变异性顺应具有动态性和意识突显性,在交际语境与交际工具层面都得到了充分体现。

第七章 模因论与网络语言变异

当前,模因论已经发展成为语言学研究中的一种热点理论,受到前所未有的重视。国内现有研究已由最初注重理论的译介评述发展到理论引进与应用研究并重,将模因论广泛运用于语言变异、语言翻译、语言教学、广告语言、网络语言以及修辞艺术等方面的研究,取得了一批成果。相关研究为新时期语言研究开辟出一块新的领地,其中将模因论运用于网络语言研究也有一些成果问世。但是考察发现,现有研究大多偏重于模因形式的描写分析,解释性不足,对网络语言模因的生成动因缺乏必要的理据分析,且许多研究成果只限于小范畴研究,系统性不强。因此,笔者拟在现有研究的基础上进一步加强描写性研究与解释性研究,力争在兼顾描写系统性的前提下,加强相关语言现象的生成理据探究,以寻出网络语言变异模因的建构机制与生成动因。

一、模因论概说

(一) 模因与模因论

何自然(2005)认为,"模因论(memetics)是基于达尔文进化论的观点解释文化进化规律的一种新理论。[①]"该理论的核心术语"模因"(meme,亦称"谜米"、"觅母"或"幂姆")就是仿造进化论中的"基因"(gene)得以建构的。《牛津英语词典》的解释是,"谜米:文化的基本单位,通过非遗传的

[①] 何自然.2005.语言中的模因.语言科学,(6).

方式,特别是模仿而得到传递。"(meme:An element of culture that may be considered to be passed on by non-genetic means, esp. imitation.)英国著名动物学家道金斯(Richard Dawkins)在其1976年所著的《自私的基因》(The Selfish Gene)一书中首创了这一术语。道金斯认为,在文化领域也存在着类似基因在生物进化中所起作用的东西。为此他仿效"gene"创造了"meme"作为社会遗传的基本单位。并且指出,所谓"自私的基因"不是必然理解为DNA意义上的基因,它不过是进化过程的一个偶然的伴生产物。"自然选择的真实单位,乃是任何形式的复制因子,是任何形式的能够进行自我拷贝的单元"。在道金斯看来,除了DNA以外,已经产生了另外一种复制因子,这就是"谜米"(文化基因)。而"调子、概念、妙句、时装、制锅或建造拱廊的方式等都是觅母。正如基因通过精子或卵子从一个个体转到另一个个体,从而在基因库中进行繁殖一样,觅母通过从广义上说可以称为模仿的过程从一个脑子转到另一个脑子,从而在觅母库中进行繁殖"[1]。由此可见,所谓模因,就是一个个具有较强复制衍生能力的文化信息单元,它们如同病毒一样寄寓在宿主的头脑中,能够以不同的表现形式从一个宿主的头脑传播到另一个宿主的头脑。

关于成功模因的特性,道金斯(1976)认为,觅母通过模仿的方式得以进行自我复制,但是正如基因的自我复制能力具有差异性一样,觅母库里的觅母复制能力也不尽相同。觅母的生存价值和复制能力决定于三个要素:1)长寿性,即长久性。一般而言,复制因子存在愈久,其复制数量愈大。"萦绕于人们脑际或印在其他出版物上的同一曲调的拷贝就是再过几个世纪也不致湮灭。"[2]2)生殖力,即能产性,取决于模因的流行程度和复制速度。模因的受欢迎程度越高,复制速度越快,模因繁殖力越高,传播越广。觅母库中的觅母生殖力有短暂和持久之分,流行歌曲和高跟鞋

---

[1] [英]R.道金斯.1976.自私的基因:102.卢允中,张岱云,译.1998.吉林人民出版社.

[2] [英]R.道金斯.1976.自私的基因:103.卢允中,张岱云,译.1998.吉林人民出版社.

往往会在短期内昙花一现,而犹太人的宗教律法却能够依凭文字记载流传千古,经久不衰。3)复制保真度(copying fidelity),根据道金斯的解释,所谓复制保真度,并不是外在形式方面的东西,而是精神内涵,是"概念觅母"。因为,觅母在传播过程中难免会受到连续发生的突变以及相互混合的影响,但是从一个脑子传播到另一个脑子中的概念实体却具有一定的恒定性和精确性,可以成为模因复制的主要基础。而语言、宗教、传统风格等模因之所以能够代代相传,就是因为具有相当高的复制保真度。

从发展历程来看,Heylighen(1998)认为模因的复制和传播的过程需要经历同化、记忆、表达、传播四个阶段。这四个阶段周而复始形成一个闭环状的模因"生命周期"。1)同化(assimilation),即成功的模因必须能够感染新宿主,进入他们的记忆,并重组现存认知因子。主体通过积极思考,独立发现模因。而所呈现的模因必须能够引起受体的关注、理解和接受。2)记忆(retention),是宿主对模因进行选择和淘汰的过程,具有强烈的选择性。只有一小部分模因能够进入宿主记忆,在宿主大脑里停留,停留的时间越长,感化受体的机会越多,传播和影响受体的可能性越大。3)表达(expression),是指在交际过程中,模因从模因库中被提取出来,并用可以感知的物质形式进行包装。Heylighen 认为宿主总是倾向于表达自己认为有趣和重要的模因。4)传播(transmission),是指已经包装就绪的模因借助一定的媒介在不同宿主之间的流布与扩散。模因传播需要具有较强稳定性的有形载体或媒体,以防止信息流失或变形。其载体可以是书本、照片、人工制品、光碟等。[①]"自从大众媒体,特别是互联网出现以后,传播阶段显得尤为重要。……以上四个阶段,周而复始,形成一个复制环路,选择在每个阶段都有,一些模因在选择过程中被淘汰。"[②]与基因遗传同理,模因的复制传播也存在优胜劣汰,只有那些具有实用性、合理

[①] F. Heylighen. 1998. What Makes a Meme Successful?. Proceedings of 16th International Congress on Cybernetics (Association Internat. de Cybernetique, Namur):423-418.

[②] 尹丕安.2005.模因论与隐喻的认知理据.西安外国语学院学报,(2).

性、时尚性、权威性的有效模因才能被选择并保留下来。模因的生命周期中只要有一个阶段失败,复制就会随之终止,模因就会被淘汰。

(二) 模因论的认知机理

关于模因论的认知机理问题,已经引起了人们的关注。尹丕安(2005)曾探究了模因论与隐喻的认知理据关系问题,而最具代表性的当属黄缅(2007)的《语言模仿之谜——幂姆的认知研究》,文中系统地比较了幂姆和基因的本质区别。该文特别强调幂姆是人为性的社会建构物,其人为性表现为依据各人自己的意向性和价值观进行协商,并依据社会受欢迎至少是可接受的程度,以及依据事物自身的特点对有关事物进行建构或变革。因此,对幂姆的认识和研究的关键问题之一,就是其变化是如何按人为的目的性加以控制的。此外,作者还借用了徐盛桓的"自主—依存分析框架"探究了幂姆现象的认知机理。认为,语言使用者的意向性是对幂姆进行不同形式、不同手段和不同程度模仿的动因,通过体现相邻/相似性的拈连操作是实现幂姆模仿的机制,从一般是隐性的幂姆推衍出显性的仿体是幂姆模仿可能的路径,幂姆模仿的结果是形成与幂姆有不同程度的相邻/相似性或称亲代相似性的仿体。参照徐盛桓(2006)的框架,黄缅将幂姆的模仿机制图解如图7-1。

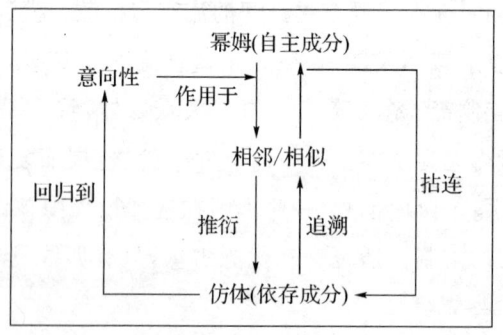

图7-1 幂姆模仿机制图 (黄缅,2007)[①]

---

① 黄缅.2007.语言模仿之谜——幂姆的认知研究.外语研究,(3).

由图解可以看出,幂姆与其仿体之间是一种自主—依存关系,二者之间包括了一系列认知思维运作程序。

此外,我们还可以从模因的性质及其生命周期等方面来考察其中蕴含的认知机理。从生物进化中获取灵感,道金斯将人类文化的进化视同于生物进化,生物体需要通过遗传与变异来延续其生命基因,生物体就是生命基因赖以存在的"宿主"(host),同样,人类文化也需要通过继承与发展来延续其文化基因,人的大脑就是文化基因赖以存在的"宿主"。生命基因通过遗传而繁衍,文化基因通过模仿而传播。作为文化基因的模因是一种思维"病毒",可以由一个宿主"传染"给另一个宿主,从而使这种"病毒"得以模仿、复制与传播。作为"宿主"的大脑是人类重要的认知器官,寄寓其中的模因是一种认知加工的产物,其之所以能由一个宿主"传染"给另一个宿主,体现的正是一种认知思维互动机制。而从模因的"同化—记忆—表达—传播"四个阶段来看,每一阶段都包含着认知选择和认知加工处理程序。作为模因发展演化的起点,"同化"过程就是模因感染新宿主并进入他们记忆的过程。这一过程包含接触模因、发现模因、理解模因、接受模因等环节,这些环节都必须依靠新宿主认知的积极参与方能完成。"记忆"是将同化的模因储存起来备用,新宿主必须将短时记忆变成长时记忆,才能成为可以随时调用的有效认知资源。"表达"是指在交际过程中将模因从模因库中提取出来,并用恰当的形式进行包装,即模因从原来的记忆模式转换成宿主能够感知的有形模式。提取模因是对认知资源的析取,包装模因涉及认知选择。"传播"是指已经装备就绪的模因在不同宿主之间的流布与扩散,即由一个宿主"传染"给另一个宿主,体现的是宿主之间的一种认知互动。

模因论的认知机理体现的是一种经验主义认知观。因为,认知语言学认为,人类认知结构来自于人体的经验,并以人的感知、动觉、物质和社会经验为基础,对直接概念和基本范畴以及意象图式进行组织和建构。而模因论中的幂姆与仿体之间的依存关联、模因发展的生命周期都蕴含了宿主的认知运作,是宿主对所经验的主客观世界的组织与建构。"皮亚杰认为,跟所有的生物的发展一样,在智力的成长过程中起作用的主要有两条原则:适应和组织。适应(adaptation)指我们的心理越来越有效地对环境的需要作出反应,它有同化和顺应两个双向建构的过程,其中起协调作用的机制是调节(accommodation)。同化指认知主体将客体纳入主体的图式之中,顺应指认知主体调整原有的图式并创立新的图式以适应新的客体。调节则指认知主体如何控制同化和顺应的双重建构以达到平衡,即图式之间的分化和协调问题。组织指我们的心理以越来越整合的方式来结构或组织,其中最简单的水平是图式,它是能作用于物质的某种行动(物质的或心理的)的心理表征(psychological representation)。"[①]而模因的生成、复制与传播体现的也是人类智力发展过程中的一种适应和组织。因为,包装就绪的模因都有定式,属于人类表达系统中的图式,且该图式还可以根据需要作出调整与变化,可以使人类对环境作出有效反应。模因的运作就是人类对自己所经验的主客观世界的一种规划与组织,一种具有能产性的范畴化。模因的产生、复制与传播都是一种有组织的认知行为,将认知成果范畴化为具有能产性的可感知形式,为不同宿主所吸纳、储存、借用或化用,目的在于利用模因形式系统的高度组织原则,节约认知资源,进而实现认知效益最大化。

(三)语言模因

Heylighen(1998)在阐述成功模因复制历程中的表达阶段时特别强调,表达指的是在与其他个体交流时,模因必须从记忆模因中出来,进入能被他人感知的物质外型这一过程。其中最突出的表达手段是话语,其他常见手段有文本、图片、行为等。由此可见,语言模因是人类可以利用的最重要的一种模因类型。尽管广义的模因可以是任何可感知的表现形式,诸如"音乐、思想观念、流行词汇、服装样式、搭屋建房、器皿制造"等。Blackmore(1999)也提出"任何一个信息,只要它能够通过广义上称为'模

---

① 袁毓林.1998.语言的认知研究和计算分析:5.北京大学出版社.

仿'的过程而被'复制'并得以传播的东西,就可以称为模因了"①。但是,这些模因与语言模因比较起来,都属于次生模因或者亚模因,而语言则是本源模因或者基础模因。人类文化的传承,在某种意义上来说,就是一种语言传承,也是一种语言模因的复制与传播过程。因为,模因是一种文化信息单位,其最常见的表现手段就是一种语言形式。作为人类最重要的思维工具和交际工具,语言模因已经渗透到人类社会生活的所有领域,人们注定要穷其一生被语言模因所织就的语言之网所包围,无法逃遁。从这种意义上来说,海德格尔的"语言乃存在之家"、伽达默尔的"能被理解的存在就是语言"、格奥尔格的"词语破碎处,无物复存"以及福柯的"不是我说话,而是话说我"都为人类语言模因的重要性提供了最精辟的注解。

从表现形态来看,语言模因可以分布于人类语言符号的各级层面上,小到一个字符,大到整个文本,只要有合适的条件,都可以发展成为可资重复利用的语言模因。关于语言模因的复制与传播途径,何自然(2005)将其概括为三条:教育和知识传授、语言本身的运用、信息的交流和交际②。实际上,这些途径在具体使用过程中并非相互独立,截然分开,总会呈现出交叉并用的综合性特征。新兴网络媒介的出现,使人类语言模因的复制与传播呈现出新的特点。比较而言,信息的传输与交流对语言模因的复制与传播所产生的影响更为突出。这种影响具体表现为,信息的流通周期大为缩短,信息的辐射范围无限扩大,信息的复制与传播呈现出自由性、能产性、互动性、爆发性等诸多特点。这种变化不仅催生出大量具有变异性质的语言模因,而且对相关模因的复制与传播也产生了重要影响。

二、网络语言变异模因的类型及特点

就 Heylighen(1998)所提出的成功模因发展历程的四阶段来看,网

---

① S. Blackmore. 1999. *The Meme Machine*:66. Oxford University Press.
② 何自然.2005.语言中的模因.语言科学,(6).

络新媒介的出现,大大改善了其传播阶段的硬件装备,使模因复制传播的效率大为提高,在一定程度上也缩短了四阶段复制环路的循环周期。这一条件的变化,使网络语言模因建构与运作呈现出复杂性、多变性、能产性、爆发性和广布性等特点,致使网络语境中出现了大量变异模因。所谓网络语言变异模因,是指相关模因为了满足交际者特定的表达需求,故意偏离了现实语言常规。这种变异既可以体现在模因建构创生阶段,即宿主别出心裁地创造出另类表达形式;也可以体现在模因的复制传播阶段,即模因在流通过程中时常会根据表达情境和表达需求作出变通,使仿体在形式上或者意义上呈现出变异性特征。

关于语言模因的表现形式及其复制传播方式,何自然(2005)认为,"语言本身就是模因,它可以在字、词、句乃至篇章层面上表现出来"。而语言模因的复制传播方式,大致可分为"模因基因型传播"和"模因表现型传播"两种类型。其中"基因型"又可以细分为"相同的信息直接传递"和"相同的信息以异形传播"两类;"模因型"可细分为"同音异义横向嫁接"、"同形联想嫁接"和"同构异义横向嫁接"三类[①]。何自然分析归纳的是一般语言模因的复制传播方式,而就网络语言的变异模因来看,其建构方式则更为复杂多变。因此,本书拟在何自然分类的基础上根据模因的音形义变异情况,重新确立分类标准,并作适当增补,以期更为全面地揭示出网络语言变异模因的建构类型及其运作机制。

(一)音变模因

所谓音变模因,是一种同音或近音变异模因,即相关模因的建构、复制与传播采用与原始信息的发音相同或相似的载体形式。因为,网络语言交际采取的是一种口语化的"键谈"交际模式,"我手敲吾口"导致网络语境中出现了大量音变模因。根据音变模因的表义特点,大致可以分为基因型音变模因和表现型音变模因两种类型。

---

① 何自然.2005.语言中的模因.语言科学,(6).

1. 基因型音变模因

所谓基因型音变模因,是一种以复制信息内容为主的模因,采取的是一种同音或近音仿制模式,以纵向递进的方式传播。复制前后的主体与仿体语音形式相同或相近,复制过程中有模因移植现象产生,出现形义信息变异,与原始信息迥异,但是这些变异并不影响原始信息的表达与接受,复制后的变异形式仍然表达原始信息内容。Blackmore(1999)称以传递信息内容为主的模因为基因型模因,那么,这种以音变形式来传递原始信息内容的模因可以称为基因型音变模因。网络语言中的基因型音变模因建构可以采用汉字、数字、字母和其他符号等多种表音形式。

(1)汉字类音变模因。根据音变前后的形式关联情况,汉字类音变模因可以分为完全音变模因和部分音变模因两种类型。所谓完全音变模因,是指音变之后的语词符号形式上完全不同于原有语词符号。如:斑竹(版主)、水饺(睡觉)、鸭梨(压力)、葱白(崇拜)、青筋(请进)、围脖(微博)、杯具(悲剧)、童鞋(同学)、欺实马(70码)等。而部分音变模因是指音变之后的语词符号在形式上部分保留了原有语词符号的构成要素。如:霉女(仿"美女",丑女)、菌男(仿"俊男",丑男)、衰哥(仿"帅哥",长相、身材、学识、技术、态度等方面比较差的男性)、驴友(仿"旅友",喜欢旅游的人)、猪你快乐(祝你快乐)、恐怖粪纸(恐怖分子)、神马都是浮云(什么都是浮云)等。合音音变模因是指"酱紫(这样子)、酿紫(那样子)、表(不要)、包(不好)、考(可好)"等变异类型。根据音变模因的建构情况与来源情况,还可以分为叠音音变模因、方言音变模因和外来语词音译音变模因等不同类型。其中叠音音变模因有:东东(东西)、饭饭(吃饭)、坏坏(坏蛋)、屁屁(屁股)、觉觉(睡觉)、好好漂漂(好漂亮)等;方言音变模因有:偶(我)、系(是)、米国(美国)、口耐(可爱)、口怜(可怜)、介果(这个)、母代(没得)、虾米(什么)等;外来语词音译音变模因有:晒(share,向他人展示、分享)、茶包(trouble,麻烦)、哈皮(happy,高兴)、甫士(pose,姿势)、稻糠亩(dot com,网络)、烘焙鸡(home page,个人网络主页)、爱老虎油(I love you,我爱你)、马屁山(MP3,MPEG Audio Layer 3 的缩写词)、乐活(LOHAS，lifestyles of health and sustainability 的缩写词,健康快乐地生活)等。

(2) 数字类音变模因。如:0457(你是我妻)、1314(一生一世)、25184(爱我一辈子)、356(上网啦)、42(是啊)、5201314(我爱你一生一世)、6868(溜吧溜吧)、7456(气死我了)、8384(不三不四)、9494(就是就是)等。

(3) 字母类音变模因。该类音变模因可以分为汉语拼音字母音变模因和英文字母音变模因两种类型。前者有:BD(笨蛋)、GG(哥哥)、FZ(发指)、JS(奸商)、RZ(弱智/人渣)、BS(鄙视)、PMP(拍马屁)、SJB(神经病)、GXGX(恭喜恭喜)等;后者有:BF(boy friend,男朋友)、GF(girl friend,女朋友)、BTW(by the way,顺便说一下)、DIY(do it yourself,自己动手做)、CU(see you,再见)、OIC(Oh, I see! 我明白了)、FT(faint,晕)、SP(support,支持)、WEL(welcome,欢迎)等。

(4) 混合音变模因。如:B4(before,之前)、3X(Thanks,谢谢)、K4(考试)、P9(啤酒)、哈 9(喝酒)、8 错(不错)、D 版(盗版)、P 服(佩服)、L 公(老公)、qu4(去死)、+U(加油)、1 切斗 4 幻 j(一切都是幻觉)、↓b 倒挖 d(吓不倒我的)、↓4O(吓死我)等。

2. 表现型音变模因

所谓表现型音变模因,是指采用同一表现形式,但可以根据需要表达不同信息内容的音变模因。具体来说,就是将一个现存的表达结构作为音变模因的效仿对象,音变后让你有似曾相识之感,很容易联想到其原始信息,但实际上音变模因已另有所指。何自然(2005)将其归为"同音异义横向嫁接"小类,即语言模因在保留原来结构的情况下,以同音异义的方式横向嫁接。如"鸭梨山大(亚历山大)、新蚊连啵(新闻联播)、笑熬糨糊(笑傲江湖)"等。还有一批网上流行的反映食品接连涨价的现状,进而导致群众无奈与抗议的表现型音变模因,如"蒜你狠(算你狠)、豆你玩(逗你玩)、糖高宗(唐高宗)、姜你军(将你军)、油你涨(由你涨)、苹什么(凭什么)、鸽你肉(割你肉)"等。上述用例都属于表现型音变模因,括号中所附的是其音仿对象,也是其沿用的原始信息结构,音变后模因的语义所指与其原始信息关联不一。有些只是借用了原始信息的语音结构框架,语义上并无联系。如"鸭梨山大",其音变模因模仿的原始信息为"亚历山大",是古代马其顿国王的名号,而音变模因的真正所指却是"压力如山一般大",二者之间只有语音相似性,没有语义关联性。"新蚊连啵"采用的也是相同音变机制。有些除借用了原始信息的语音结构框架外,还借用或化用了原始信息的语义内涵。如"笑熬糨糊",其仿制对象是"笑傲江湖",《济南时报》(2009年12月11日)的"文化星期五"栏目刊发的文章题名就叫"笑傲江湖,不如笑熬糨糊"。通过比较,可以发现,"笑傲江湖"崇武,"笑熬糨糊"尚文,二者折射出截然不同的人生态度和处世哲学。音变模因"笑熬糨糊"的反义建构灵感显然来源于其模仿的原始信息"笑傲江湖",二者之间具有对立性语义关联。而反映与讽刺物价上涨的"蒜你狠"系列音变模因,也都属于同类建构。"蒜你狠"音变模因的建构机制为,表层仿体"蒜你狠"意在突出大蒜价格上涨的社会现象,而潜层的模仿对象"算你狠"又能反映出消费者面对物价猛涨时的郁闷与无奈,属于一体两面关联。"豆你玩、姜你军、鸽你肉"等音变模因都有同样建构机制。其中"糖高宗"似乎只是借用了唐代皇帝"唐高宗"(李治)的名号,但是,其语素构件"高"仍与物价上涨有关联。

(二)形变模因

所谓形变模因,是一种同形或同构异变模因,即相关模因的建构、复制与传播采用与原始信息的形式相同或相似的载体形式。其变异性突出表现在模因建构、复制与传播过程中的反常规性。其中,同形变异模因是网络交际平台新创模因,以构造奇特、表义乖戾见长,求新求异的目的在于吸引网民眼球,以提高关注度。这种同形变异模因与同构变异模因具有一定的关联性,有相当一部分的同形变异模因最终会发展成为同构变异模因。也可以说,一些同形变异模因是其同构变异模因得以产生的前奏与序曲。辛仪烨(2010)在研究流行语的扩散问题时,曾提出"直接使用——语义泛化——格式框填"①的演化路径。这一演化路径也代表了同形变异模因进化到同构变异模因的发展轨迹。即很多形变模因在刚产生时是以一种直接使用的方式在界内扩散,然后发展到以语义泛化形式进行跨界扩散,最终升格为格式框填形式,以变与不变的灵活运行机制来满足流行语义的多向扩散需求。

1. 基因型同形变异模因

网络语境中的同形变异模因,采取的是相同信息直接传递的方式,其变异性主要表现在建构形式及其语义表达方面。名之曰"变异",是参照了现实常规语言相关标准。究其变异原因,一方面是为了满足不断发展变化的主客观表达需求,另一方面也是为了满足网络特殊交际情境的语用功能表达需求。该类模因无法发展成为格式框填模因,其模因信息始终以相同的形式直接复制与传播。其变异性主要表现在建构材料与建构方式的复杂多样,具有创新求变特点。其中既有汉字类同形变异模因,如"发飙、抓狂、亮骚、闷骚、给力、拉风、裸体做官"等。此外还有一大批日语来源汉字词也属于同类变异模因,如"宅男、宅女、达人、苦手、残念、怨念、库索、素敌、姐贵、兄贵、萝莉、正太、死死团、颜文字、干物女、御宅族"等。又有拟像图谱、表情符号、象形符号以及字符画等同形变异模因。这些模因属于非字符形变模因,具有直观性、临摹性特点,所传递的信息与其图谱符号具有相似性关联。其中拟像图谱同形变异模因以 QQ 聊天工具系统中自带的图谱最为典型。如:😷(撇嘴)、😀(呲牙)、😮(再见)、😊(微笑)、👍(OK)、✌(胜利)、🤝(握手)、👆(勾引)等。由于 QQ 聊天工具已经成为网民们日常生活中经常使用的交际工具,具有很高的使用频率,

---

① 辛仪烨.2010.流行语的扩散:从泛化到框填——评本刊2009年的流行语研究,兼论一个流行语研究框架的建构.修辞学习,(2).

因此,QQ聊天拟像图谱也成为信息传播过程中高频使用的非字符同形变异模因,频繁出现于网络聊天语境中,不断得到复制与传播。

表情符号同形变异模因由最初的单个笑脸符号发展到今天的庞大表情符号库,不但数量上有了大幅度的增加,而且建构方式也更为复杂多样,已经发展成为一种强势非字符模因。现列举如表7-1(左边一列是竖式表情符号,需顺时针转90度才能看明白,右边一列是横式表情符号,无需旋转)。

表7-1　竖式与横式网络表情符号分析表

符号	表情	符号	表情
:-D	开心	<@_@>	醉了
:-P	吐舌头	*^_^*	脸红
:-x	闭嘴	*^o^*	傻笑
:-(	生气	{{{(>_<)}}}	发抖
:-O	惊讶	T_T	哭泣

在此基础上,后来又发展出一套象形符号同形变异模因,用以表达不同的事物现象,诸如"＜。♯)))≤烤鱼、(??)nnn毛毛虫、\(0ˆ◇ˆ0)/麻雀、8＜小剪刀、＜*)>> ＞=＜ 鱼骨头、(=ˆˆ=)猫、≡[。。]≡ 螃蟹、○●○—烤丸子、＜□:≡ 乌贼、@/"蜗牛、@ >>->--:玫瑰花、ε==3骨头、■D"咖啡杯、(●-●)太阳镜"等。

字符画同形变异模因是一种由字母、标点、汉字或其他字符组成的图画模因。根据制作程序和手段的不同,可以分为两种类型:一种是简单字符画,利用字符的形状代替图画的线条来构成简单的人物、事物等形象,它一般由人工制作而成;另一种是复杂的字符画,通常利用占用不同数量像素的字符代替图画上不同明暗的点,它一般由程序制作而成。该类变异模因是网络时代的产物,属于技术型变异模因。目前,已有网友发明出字符画转换软件程序,如"小燕子"字符画软件,可以按照操作程序将合适的图片转换成字符画。这种技术的出现,使字符画同形变异模因的建构、复制与传播的效率大为提

高,目前,已在网络即时聊天中得到广泛应用。(见图7-2)

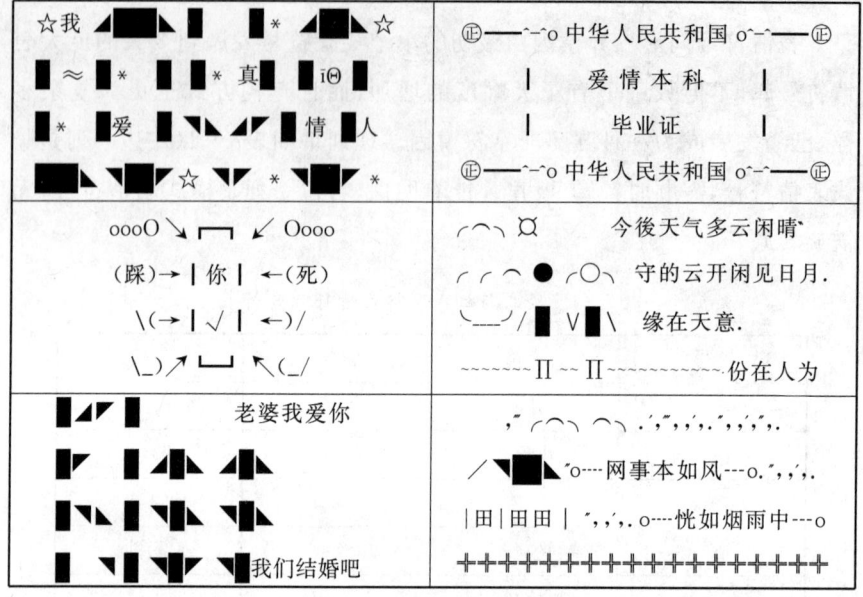

图7-2 网络字符画建构例图

2. 表现型同构变异模因

所谓表现型同构变异模因,就是何自然(2005)所说的"同构异义横向嫁接"类型。该类模因在复制传播过程中结构形式不变,但信息内容有变,表现为有其他语言成分的替换介入。辛仪烨(2010)名之曰"格式框填",是流行语扩散的最高形态。通过比较,辛仪烨认为,流行语扩散过程中的直接使用和语义泛化都有局限,都属于整体介入,无法将扩散到的新对象显示在自己的语义构成中。而格式框填则有效地解决了这一问题,可以自由地将新的目标对象明示在流行语的结构形式中。不变的是模框,可变的是框填结果,进而形成多向辐射的泛化格局,因此,该扩散模式已经发展成为网络流行语最火爆的扩散形式。其实,这种扩散模式的流行,与人类语言符号的运作机制不无关联。普通语言学曾将人类语言符号的运作机制归结为是组合关系和聚合关系的运作。其中,组合关系是一种横向水平关系,是不同语言要素在言语链条上的横向排列关系。聚合关系是一种纵向联想关系,是在链条的某一环节上能够相互替换的符号具有某种相同的作用,它们自然聚集成群。结构框填式流行语体现的正是这种运作机制,而且进一步强化了这种机制,并以可感知的形式将其显性化。这种语言现象已经引起了人们的极大关注,相关研究成果除了何自然的"模因说"和辛仪烨的"格式框填"外,李宇明(1999)早就提出"词语模"概念,认为词语模的框架是由"模标"和"模槽"两部分组成,"模标"是词语模中不变的词语,"模槽"是指词语模中的空位①。尹世超(2005)在研究书面语标题格式时称之为"标题套子"②。苏向红(2010)对词语模问题进行了系统的考察分析③。相关研究显示,格式框填流行语词已经成为当代语言生活中的一种极富特色的语言现象,呈现出批量生产和广为流布的发展衍生态势。尤其是网络媒介的出现,进一步助推了这一发展进程。使相关语言现象不仅有量的激增,而且有质的变化,呈现出变异性特征。根据框架的建构情况,该类变异模因大致可以分为保留成素和提取框架两种类型。

(1)保留成素。所谓保留成素,是指模因在复制传播过程中保留了部分关键成分,形成模标,去掉次要成分,形成模槽,以接纳待嵌新项目。对于这种建构机制,辛仪烨(2010)认为,"保留了敏感于流行语义的成分而替换掉指向具体表达情景的不敏感成分,流行语就能获得更为宽广的扩散范围。"④其中的"敏感于流行语义的成分"就是模标构成材料,是格式语义的主要体现者。这种格式语义是从其始源模因中演绎而来,具有泛化和类指化特点,有些还保留其中部分概念语义,有些只沿用了其中的

---

① 李宇明.词语模.邢福义主编.1999.汉语语法特点面面观:146-157.北京语言文化大学出版社.
② 尹世超.2005.标题用词与格式的动态考察.语言文字应用,(1).
③ 苏向红.2010.当代汉语词语模研究.浙江大学出版社.
④ 辛仪烨.2010.流行语的扩散:从泛化到框填——评本刊2009年的流行语研究,兼论一个流行语研究框架的建构.修辞学习,(2).

表义功能,有些已完全语用化。相关构式已成为一种类义载体,具有较高的情境适应性,可以将具有类似情态性状特征的不同客体纳入结构模框。这种高普适度赋予相关构式以极高的能产性,致使格式框填流行语词已经发展成为当前语言生活中最具活力的模因形态,网络语言中许多具有变异性的新颖表达式的建构都得益于这一模态动因的影响与驱动。现选取近几年网络流行度较高的一些表现型同构变异模因分析如下。

A."被自杀"衍生系列

一般认为,"被 X"同构变异模因的生成肇始于"被自杀"建构。从 2008 年阜阳"白宫"举报人事件到瓮安事件再到石首事件,伴随这些所谓自杀事件逐一被曝光,"被自杀"一度成为网络流行语。"被 X"也逐渐蜕化成一个能产性话语模,具有向社会其他领域拓展延伸的态势。"今天你被 X 了吗"大有发展成为日常网络问候语之势。有网民甚至声称中国已经进入了"被时代",《南都周刊》还将"被时代"评为 2009 年度十大新词之首,足见其影响之大和流行之广。通过相关资料搜索,笔者发现"被 X"变异话语模已经成为影射当今国内诸多不合理社会现象的代表性能指结构,且有格式化和泛用化趋势,呈现出一定的复杂性与能产性。其典型样态为:"X"通常是获利性或褒扬性双音节模槽,纳入"被……"模标,意指相关受事主体被强加或被赋予的非自愿非自为而得到的所谓荣誉、好处等,而所强加的一切实际上是对主体权益的一种变相侵害。例如:

1) 民企"被光荣"颠覆税收正当性

(三农在线 中国农业新闻网 2009-10-20)

2) 税制让落后地区"被雷锋"

(新快报 2009-09-16)

3) 统计局数据遭疑 网友戏称工资"被增长"

(东方网 2009-07-30)

4) 大学生"被就业"引起网络轰动

(中国网 2009-11-17)

5）别让民众"被幸福"

（经济导报 2009-11-11）

此外，还有些"X"属于受损性和中立性义域模槽，表达的仍是受摆布的不自由状态。例如：

6）江苏海安县：人大副主任"被跳楼"，网民质疑多多多！

（凤凰网 2009-12-25）

7）冯志鑫：相信足协官员一定是"被失踪"

（央视网 新闻社区 2010-01-22）

8）我们进入"被意外"时代

（大河网 2010-03-20）

9）新教师"被自愿"捐款缘于公权太蛮横

（新浪网 新闻中心 2009-10-29）

10）郭晶晶"被结婚"满足了谁？

（新民晚报 2010-03-31）

上述一系列"被 X"模标变体只是例举式，并非穷举式，但"被时代"的种种荒谬现象于此已略见一斑。每一例"被 X"模标变体背后系连的都是某一热点社会事件，折射出的正是一种畸变的社会现实。且这一变异话语模具有超强同化功能和可衍生性，大凡具有类似事理情形的相关事件与现象，都可将核心成分提取出来，纳入该结构框架。其变异性主要表现在"被"字所系连的"X"通常都是自为自主性成分，与"被"字句的成句条件形成冲突，生成悖逆结构，出现非范畴化变异，有讽刺性和批判性语义功能产生。现将其分析为表 7-2。

表 7-2 "被 X"建构类型及其模标变体

"被 X"类型	相关模标变体
被＋vi./vt.	被结婚 被增长 被就业 被捐款 被培训 被赞成
被＋adj.	被和谐 被幸福 被繁荣 被寂寞 被健康 被慈善
被＋n.	被小贝 被中考 被雷锋 被民意 被会员 被高薪

总之,受模态动因的驱使以及网络传媒的催化,网络"被 X"变异建构已经成为反映当今中国社会诸多不合理社会现象的代表性同构变异模因,呈现出不断扩容和广泛流行之势。

B."很黄很暴力"衍生系列

同构变异模因"很 X 很 XX"起源于 2007 年 12 月 27 日 CCTV 播出的一段关于净化网络视听的新闻采访。当时,一个名叫张殊凡的北京市小学生在接受央视记者采访时说道:"上次我上网查资料,突然弹出来一个网页,很黄很暴力,我赶紧把它给关了。"这句出自小学生之口的"很黄很暴力"很快发展成为网络热门用语,在互联网上广为流传。伴随"很黄很暴力"的广泛流行,"很 X 很 XX"变异话语模应运而生。其中前后模槽"X"和"XX"通常为单音节构件和双音节构件,构件性质以形容词性为主,但由于该同构变异模因具有高流通度和强同化性,可以将具有一定联系的相关对象纳入结构框体,致使前后模槽有异质性成分介入,且模因结构形式也有一定程度的变化,呈现出变异性特征。例如:

11)"潜规则"逼死空姐 社会很痛很受伤

（网易新闻中心 2011-03-03）

12) 很靓很忽悠! 乱弹光环之下的尼康 D90

（网易数码 2011-02-03）

13) 被雷到! 很恒很源祥的广告

（资讯中心—中证信息网 2011-02-23）

14)"艳照门"成中学生谈资 学生称我们很乐很 OPEN

（中国经济网 2011-03-05）

15) 楼市回暖<u>很刚很需求</u>

（百度贴吧 藁城吧 2008-07-04）

16) 深套的股民:沪指<u>很绿很暴跌</u> 分析师<u>很傻很天真</u>

（北方新闻网 2011-02-17）

17) "豪华版"打火机<u>很酷很炫很危险</u>

（荆楚网 2011-03-10）

相关用例无法穷举,而"很X很XX"同构变异模因的强大复制衍生能力于此已可管窥。现将其常见模标变体的建构情况分析为表7-3。

表7-3 "很X很XX"建构类型及其模标变体

模标类型及其变式	相关模标变体
形容词+形容词	很傻很天真　很土很亲切　很囧很有趣
形容词+名词	很炫很魅力　很美很杨朔　很强很中国
形容词+动词	很靓很忽悠　很绿很暴跌　很爽很摇滚
动词+动词	很赞很喜欢　很盼很等待
名词+名词	很牛很奥运　很灾很难民
形容词+动词短语	很帅很有型　很囧很雷人
数词+名词/动词短语	很二很弱智　很三很有缘
字符拆分建构	很女子很弓虽大
专名拆分建构	很恒很源祥　很张很艺谋　很陈很冠希
中西合璧建构	很乐很OPEN　很闪很Bling
模槽扩展结构	很男人很绅士风度　很阿Q很想得开
模标扩展结构	很酷很炫很危险　很烦很累很纠结很郁闷

C. "哥吃的不是面,是寂寞"衍生系列

据百度百科介绍,网络流行语"哥吃的不是面,是寂寞"最初来自于2009年7月初某论坛中的一篇帖子。内容是一张吃面少年的图片,图片上有标注性文字"哥吃的不是面,是寂寞"。于是,在回帖中网友们纷纷效仿了这一句式,"我回的不是帖,是寂寞"、"我看的不是楼主,是寂寞"等。后来,一篇题为"哥玩的不是劲舞团,是寂寞"的连载帖进一步促成了"哥X的不是Y,是寂寞"同构变异模因的广泛流行。从当年7月份开始,这样的句式便开始攻占国内各大论坛,掌握了论坛的主流话语权,而钟爱以此句式回帖的人也被网友戏称为"寂寞党"。这种看似无厘头的表达形式正代表了当今网络恶搞的流行趋势,满足了年轻网民颠覆精英传统,追求新奇刺激的精神需求。于是,这一同构变异模因在网络平台上不断被复制传播,一种群体性撒娇如同病毒一样很快在网上传染蔓延开来,且有许多变异建构随之产生。

最初是以"哥X的不是Y,是寂寞"框架结构进行复制传播,诸如"哥唱的不是歌,是寂寞"、"哥敲的不是键盘,是寂寞"、"哥拍的不是照片,是寂寞"、"哥玩的不是游戏,是寂寞"、"哥播的不是新闻,是寂寞"、"哥开的不是车,是寂寞"、"哥灌的不是水,是寂寞"、"哥喝的不是茶,是寂寞"、"哥爬的不是山,是寂寞"、"哥睡的不是觉,是寂寞"、"哥做的不是梦,是寂寞"、"哥洗的不是澡,是寂寞"、"哥熬的不是夜,是寂寞"、"哥答得不是案,是寂寞"、"哥飙的不是车,是寂寞"(讽刺2009年杭州飙车杀人案)、"哥跨的不是栏,是寂寞"(刘翔在"十一运"三连冠后答记者问时如是说)等等。该类模标变体因为直接脱胎于始源模标"哥吃的不是面,是寂寞",因而具有很强的复制衍生能力,在网络流行的模标变体中所占比重较高。

由"哥吃的不是面,是寂寞"所衍生的变异模因,其能产性不仅表现在"哥X的不是Y,是寂寞"模标变体的批量生产,而且还表现在一些变异模标形态的不断产生。首先,模标中的"哥"、"吃"、"面"和"寂寞"等模槽构件可以根据需要进行自由替换,例如"我呼吸的不是空气,是寂寞"、"我用的不是手机,是寂寞"、"君鹏吃的不是饭,是寂寞"、"姐看的不是书,是寂寞"、"姐淘的不是宝,是寂寞"、"哥开的不是车,是心跳"等。其次,模标中的构件还可以轮转移位,例如"哥发的不是寂寞,是软件"、"姐擦的不是寂寞,是灯泡"、"哥砸的不是寂寞,而是笔记本"等。此外,模标中否定性构件还可以换成肯定性构件,如"哥抽的是烟,吐出来的是寂寞"、"姐喝的是酒,吐的是寂寞"等。该类模标变体与鲁迅的名言"我吃的是草,挤出来的是牛奶"有一定关联性,也可以说,鲁迅的名言是这些模标变体得以建构的衍生母体。只是网络建构已具有削平崇高、反对神圣的解构色彩,相关表达已沦为消极颓废与恶搞低俗。

"哥吃的不是面,是寂寞"衍生系列的变异性主要表现在前后小句之间的语义乖互性。为了弄清这一模因的变异特质,我们不妨以始源模因"哥吃的不是面,是寂寞"为例进行比较剖析。(见表7-4)

表7-4 概念性建构与修辞性建构比较表

句法示例	构式性质	成句条件	语义表达	解码方式
(A)哥吃的不是面,是米饭	概念性	真值	恒常	直接
(B)哥吃的不是面,是寂寞	修辞性	非真值	溢出	间接

从认知角度考察,表7-4中的(A)、(B)两种构式的编码和解码性质具有较大差异。(A)中的模槽填充物"面"和"米饭"语义关联度强,相关概念共处于同一语义范畴,前后小句的配置具有真值条件,语义表达处于恒常状态,可以直接解码。其认知理据正如沈家煊(1996)所言,"空间上相邻近的成分,如果在神经结构上有相似的邻接性,那么神经元的激活就可协同发生,从而缩短处理时间。"[①]而(B)中的模槽填充物"面"和"寂寞"语义关联度弱,无法形成有效认知对接,前后小句之间有语义断堑,违背了常规认知预期,整个构式属于不具有真值条件的修辞性认知表达结构。由前模槽"面"无法直接激活后模槽"寂寞",其中有语义溢出现象产生,这种语义溢出正是修辞性认知表达的必然结果。"空间上相邻近的成分在神经结构上不具有相似的邻接性,神经元的激活受阻,从而会延长处理时间。这种受阻和延迟正是修辞性认知的必然过程,通过设置语义断堑,触

---

① 沈家煊.1996.句法的相似性问题.外语教学与研究,(3).

发认知联想。"①于是,(B)构式就成为能触发认知联想的修辞性建构。后模槽"寂寞"表达的是一种精神状态,一种当下青少年流行亚文化的主导情调。作为一种消极情绪,这种感觉普遍存在于当代社会,尤其是青少年的精神生活中。以"寂寞"之心观物,万物皆寂寞。于是,惯于标新立异的互联网交际平台上就出现了呈几何级数增长的"寂寞"类无限量语模变体。

D. "贾君鹏,你妈妈喊你回家吃饭"衍生系列

该流行语起源于 2009 年 7 月 16 日网友在百度贴吧魔兽世界吧发表的一个名为"贾君鹏,你妈妈喊你回家吃饭"的帖子。据百度百科介绍,在随后短短五六个小时内就被 390 617 名网友浏览,引来超过 1.7 万条回复,被网友称为"网络奇迹"。有许多网友抢注新马甲,纷纷装扮成"贾君鹏的妈妈"、"贾君鹏的姥爷"、"贾君鹏的二姨妈"、"贾君鹏的姑妈"等,形成异常庞大的"贾君鹏家族"。还有人将这句话 PS 成恶搞图片,调侃百家讲坛、超女、变形金刚。还有人在回帖中将这句话翻译为全国各地方言。而更多的"围观"网友则只是毫无意义地拷贝某些语句,几乎进入了癫狂状态。截至 2011 年 1 月 28 日 20 点 47 分已达到 912 563 楼,共有 432 720 篇帖子。"贾君鹏,你妈妈喊你回家吃饭"也迅速成为 2009 年度网络热门流行语之一。

贾君鹏事件可以理解为一次互联网行为艺术,一次贴吧文化狂欢。有网友认为集中爆发的"贾君鹏",实际上是一种群体无聊的副产品,是无聊者遇到更多的无聊者,从而联手制作了一个空前庞大的网络泡沫。这种语言现象折射出的正是当代青少年流行亚文化的一些特征:反智,不愿意关注事物的本来意义和价值,"脑残"现象与此有关;迷茫,不愿意独立思考而特别乐于从众,"粉丝"现象与此有关;颓废,不思进取,且有不愿意长大的"孩童化"倾向,动漫走红与此有关。也有网友认为,在这场网络大狂欢的背后难掩亿万网民内心深处的寂寞,反映的正是当代网民内心生

---

① 吉益民. 2008. "中国乔丹"相关建构的认知阐释. 吉林师范大学学报(人社版),(1).

活的空虚状态。总之,不管出于何种精神状态,何种心理需求,由"贾君鹏,你妈妈喊你回家吃饭"所衍生的同构变异模因"XX,XX喊你回家吃饭"已经发展成为一种网络语言强势模因。例如:

18) 易中天,校长喊你回家吃饭(野猪乐园2010-05-04)

19) 皇后,朕喊你回家吃饭(书包网2011-01-11)

20) 二套房,你妈妈喊你回家吃饭(搜房网2009-09-07)

21) 情妹妹,雪娘喊你回家吃饭(晋江原创网2011-03-10)

22) 高达,日本人民喊你回家吃饭(煎蛋2009-07-22)

23) 同舟物业,你妈妈喊你回家吃饭(家和网2009-08-20)

24) 曹操,周正龙喊你回家吃饭(天涯杂谈2011-03-09)

25) 中国足球,你妈妈喊你回家吃饭(悠悠鸟影视论坛2009-07-28)

由上述引例可以看出,该网络流行模因的变异之处突出表现在模标组件"喊你回家吃饭"语义的多向泛化,且有些模标变体的语义已难以求解。其始源模因"贾君鹏,你妈妈喊你回家吃饭"的真实意蕴也难有定论,有人认为是母亲在呼唤自己沉迷网络游戏的孩子,也有人认为是游戏玩家在期盼魔兽世界早日开服。也许,正是因为难有定论,才为该模因的多向复制衍生打开了方便之门。网络传媒的一大特点就在于能够对繁芜杂乱的海量网络语言进行淘洗、筛选、提纯,去其糟粕,取其精华,借其形而用其神。经过大浪淘沙般的加工处理,最后留存的是一个个最具活力的意向性表达格套。显然,"XX,XX喊你回家吃饭"就是其中之一。网络世界中的语义进化速度远远超过了现实世界,"喊你回家吃饭"在网络世界中已经被转换成为一种开放式的心愿诉求,虽然诉求对象复杂多样,但生活里总有一些东西是人们想要回来而又要不回来的,人们对此无能为力。这种有所追求的期盼和难遂人愿的无奈相互纠结,正是同构变异模因"XX,XX喊你回家吃饭"得以不断复制衍生的灵魂所在。

E."临时性强奸"衍生系列

同构变异模因"临时性XX"脱胎于"临时性强奸"。该网络流行语起源于2009年10月19日浙江湖州南浔区人民法院对一起强奸案件的判决。声称考虑到犯罪嫌疑人属"临时性"的即意犯罪,事前并无商谋,事后能主动自首,应给予酌情从轻处罚。随后,"临时性即意犯罪"便被网民加工成为"临时性强奸"走俏网络。10月30日,网友"辽河鱼"在四川新闻网麻辣论坛等处发帖《"临时性强奸",祝贺又一新名词诞生了》,一时间,点击数十万,网站论坛争相转载,网友积极跟帖。网友们更是在人民网等论坛社区展开激烈讨论,"临时性强奸"遂成为网络热门流行语。后来,在网友们的精心策划下,始源模因"临时性强奸"又不断衍生出诸多匪夷所思的"临时性XX"变异性模标变体。有网友甚至戏称是南浔法院的法官们为我国的司法界又填补了一项创造性的空白,并把人们带进了"临时性XX"时代。网络中常见的模标变体有:

临时性留个言	临时性上厕所	临时性灌下水
临时性冒个泡	临时性行贿受贿	临时性顶一下
临时性回个帖	临时性打酱油	临时性打死人
临时性被自杀	临时性醉驾	临时性路过
临时性围观	临时性非礼	临时性抢劫

还有网友甚至创造出"临时性违停,请勿贴单"、"临时性闯红灯,谢绝拍照"、"临时性结婚,谢绝负责"、"临时性恋爱,谢绝长相厮守"、"临时性离婚,谢绝分割财产"等雷人用法,相关用例无法穷举。模标"临时性XX"中的模槽始终处于开放性的待嵌状态,一旦有相似情境触发,就可将关键成分提取出来嵌入模槽,组构成一个个极富创造性的"临时性XX"模标变体。该模因的变异性主要表现在模标构件"临时性"与模槽"XX"之间的语义冲突。诸多无"临时性"属性特征的模槽填充物都被贴上"临时性"标签,呈现出语言游戏的变异风格。就始源模因"临时性强奸"来说,"临时

性"与"强奸"显然无法兼容,"临时性"是指一种非正式的短期行为状态,而"强奸"则是指男子使用暴力手段强行与女子发生性关系,属于违背当事人意愿的犯罪行为,并无正式与非正式、短期与长期之分。无法兼容的模因构件强行组合,乖互的语言表达形式折射出的正是南浔法院案件判决的荒谬与怪诞,讽刺批判之意不言而喻。

(2)提取框架。所谓提取框架,是指模因在复制传播过程中卸下了始源模因的具体构件,只保留了其结构框架,形成格套模标,整体模标呈现出全模槽状态,以接纳待嵌新项目。在网络语境中,该类同构变异模因以脱胎于"范跑跑"的"ABB"构式最为典型。网络流行语"范跑跑"诞生于2008年5·12汶川大地震,地震发生时,四川都江堰光亚学校语文教师范美忠丢下学生,先行逃命,事后还在天涯论坛发帖为自己的行为辩解。相关言行曝光后,一石激起千层浪,引来了网民们铺天盖地的批评与谩骂。网友"五岳散人"在自己的博客上发表了《自由与道德——从"范跑跑"事件说起》的文章,从此,"范跑跑"一词不胫而走,很快发展成为网络热门流行语。

由"范跑跑"所演化的同构变异模因"ABB"主要在负面人物域、劣质工程域和死亡事件域等三个领域里复制传播。

首先是负面人物域。该衍生路径与负面新闻人物"范跑跑"有直接关联。解析网络流行语"范跑跑"发现,其建构可以分为两部分:"范"和"跑跑"。"范"是行为主体"范美忠"姓氏的保留,"跑跑"则是对其行为特征关键要素的提取并重构。运用重叠形式意在凸显并强调其行为的负面特征,蕴含讽刺批判功能。整个建构具有重新命名特点,王宜广(2010)称之为"讽喻性绰号"[①]。较之本名,后起的绰号更具针对性,通常是根据人物的外表和内在特征命名。作为当事人的另一个身份标识,这一命名大都具有戏谑、嘲弄、憎恶、批判等意味。作为大难当中人性丑的典型代表,

---

① 王宜广.2010."范跑跑"式新称呼语构成的认知机制.语言与翻译(汉文),(4).

"范跑跑"绰号的建构,显然是为了获取讽刺批判的表达效果。

"范跑跑"变异模因的复制传播方式基本上沿袭了辛仪烨(2010)的"直接使用——语义泛化——格式框填"发展模式,但出现顺序未必一致。其中"直接使用"应是其他两种模式出现的前奏,因为,截至2011年3月22日,通过百度搜索出来的有关"范跑跑"的条目大约有2 600 000个,其中绝大多数都属于相同信息的直接传递,是有关"范跑跑"(范美忠)的个人信息及相关评论。从百度网页数量来看,"范跑跑"已经成为一种强势模因。随着时间的推移,有关大地震的痛苦记忆已经逐渐淡化平息,但是伴随大地震而生的"范跑跑"却没有退出历史舞台,一直处于社会舆论的风口浪尖,为人们所广泛热议与抨击。这一高关注度是其发展成为强势模因的主要动因。而高频率的直接使用又使其"语义泛化"和"格式框填"有了可能,但两者出现的时间先后难有定数,并不一定严格按照先"泛化"后"框填"的顺序,两者时有交叉。考察语料发现,"直接使用"之后,"格式框填"便接踵而至,而"语义泛化"至今仍在大行其道。例如:

26)玉树地震又现"范跑跑",见死不救师德何在?(人民网 2010 - 04 - 18)

27)死亡之组:"范跑跑"跑得最快(网易体育 欧洲杯专题 2011 - 03 - 06)

28)司马南:日本也有一群范跑跑(乌有之乡 2011 - 03 - 19)

上述三例中的"范跑跑"都是类指用法,是语义泛化的结果。在频繁使用过程中,"范跑跑"一词的概念义发生了变化,内涵收缩,外延扩大,属于人物专名"范跑跑"的个性特征逐渐退隐,只保留了寄寓道德批判的"逃跑"等关键语义特征,这样它就能扩大外延,可以将一切具有类似特征的对象收纳进来。上述例句中的玉树"范跑跑"和日本"范跑跑"都蕴含了这一语义演化机制。在语义泛化过程中,例(27)中的"范跑跑"已经"跑"得更远。上述两例中的地震灾难背景信息已不复存在,"逃跑"已经被"善跑"置换。其新闻内容对这一用法的真正含义进行了诠释:"橙衣军团绝对无愧'范跑跑'的称号,除了能跑,范尼、范佩西、范德法特、范布隆克霍斯特和范德萨等范氏家族的成员统领荷兰的三线……"此"范跑跑"非彼"范跑跑",网络变异模因的强辐射扩散功能于此又一次发挥了同化威力。

尽管语义泛化也是一种扩散模式,但是最具创造性和能产性的扩散模式当首推格式框填。如前所述,格式框填的最大优点在于可以自由地将新的目标对象明示在流行语的结构形式中,从而有效地降低了语义泛化的解码难度。这一变化使格式框填模式备受青睐,网络语境中的变异模因大多采取这一扩散模式。就脱胎于"范跑跑"的"ABB"变异模因来说,全模槽属性使其构件"A"与"BB"都处于待嵌状态,这就为其批量复制建构预留了足够的可选择空间。一旦有合适情境对象触发,该模因便可以被提取出来建构新的模标变体。例如:

郭跳跳(原名郭松民,在凤凰卫视《一虎一席谈》节目中与范美忠辩论,恶语出口,激动异常,愤怒离场。)

姚抄抄(指陷入"抄袭门"的高二学生姚牧云。)

朱抢抢(原名朱光兵,因抢注"5·12"域名被批"发国难财"。)

洪溜溜(温州鹿城原区委书记杨湘洪国庆滞留法国不归,被网友改编成官场小说《区委书记》,改编网友自称:"我不是洪溜溜。")

张撞撞(原名张明宝,2009年6月30日晚,酒后驾车连撞9人,导致6人死亡。)

周逃逃(原名周杰,2009年6月2日驾驶一辆无牌照奔驰在北京朝阳区高碑店北路撞翻出租车,导致3人受伤。车祸发生后12小时,才到北京市朝阳区交通支队处理事故。)

吕传传(指2009年5月山东省首例被确诊为甲型H1N1流感病例的吕姓患者,网络与社会表达了对该患者传播疾病的不道德行为的蔑视和愤怒。)

李染染(指正值2009年举国休闲的端午节回广州结婚的一名28岁美籍华人李某,在甲型H1N1流感发病前后未做任何有效保护,使得甲型

H1N1 流感在我国广州四处扩散,闹得人心惶惶。)

赵光光(原名赵坤明,因拒绝受聘学校组织的为汶川灾区捐款而得名。)

王舔舔(原名王兆山,山东省作协副主席,值汶川大地震一月之际,不思悼念数万遇难同胞,发歪诗,献谀辞,弄巧成拙,引举国上下痛骂如潮。)

其次是劣质工程域。在负面人物类"ABB"变异模因的基础上,又进一步衍生出劣质工程类"ABB"变异模因。其基本建构模式是:"建筑物名+质量问题类语素重叠"。例如:

楼脆脆(2009年6月27日,上海的一栋竣工未交付使用的高楼整体倒覆,官方以两次堆土施工为原由,遭网友抨击,故得此称号。)

楼歪歪(2010年4月,广西南宁市白沙大道四季花都小区的一栋楼房在爆破拆除时倾而未倒,随即"楼歪歪"的照片在网上大量流传。)

坝溃溃(2008年9月8日,山西省临汾市襄汾县新塔矿业有限公司尾矿库发生特别重大溃坝事故,造成277人死亡、4人失踪、33人受伤,直接经济损失9 619万。)

桥糊糊(2009年12月,耗资5 000万元的南京市汉中门桥30根桥栏底部开裂。被媒体曝光后的第二天裂缝被抹上了白色胶水,由此得名。)

桥裂裂(2010年4月,位于浙江省衢州市常山县境内耗资1 000多万元的长风大桥,投入使用不到10年就开裂并被迫重修。)

此外,还有一类"ABB"变异模因是起源于发生在司法部门的离奇死亡事件,可称之为"死亡事件域"。其始源模因为"躲猫猫",具体情况是:2009年2月8日,因盗伐林木被关押的李乔明在看守所内受伤,被送进医院后于2月12日死亡,警方称其受伤死亡为放风时和狱友玩躲猫猫撞墙所致。于是"躲猫猫"一词便一炮走红,很快发展成为网络热词,且在某种程度上已经成为"不明真相死亡"或"有不可告人死因"的代名词,频现于各大媒体之上。在不断复制传播过程中,"躲猫猫"又进一步发展成为"ABB"变异模标,成为专门反映发生在司法部门中的离奇死亡事件的固定架构。例如:

做梦梦(2009年3月30日,江西九江看守所内,50岁的李文彦刑拘期间突然猝死,来自看守所的解释是:李文彦半夜做噩梦后突然死亡。)

喝水水(2010年2月18日,因涉嫌盗窃,河南鲁山县一名叫王亚辉的男青年被公安机关带走,3天后死在看守所,当地警方解释,犯罪嫌疑人是在提审时喝开水突然发病死亡的。)

发烧烧(2009年8月8日凌晨,43岁农民王树坤在昆明官渡区看守所拘押了19天后死亡。警方通报称,8月6日晚,王树坤突然出现发烧,被送往医院救治后出现异常死亡。)

洗澡澡(2009年3月2日,海南儋州看守所关押的一位57岁男子罗静波(音),因不同意其他几名同房关押犯要求其脱光衣服洗澡,遭遇殴打致使颈椎断裂,后经抢救无效死亡。)

综上所述,该类提取框架式变异模因有一个共同特征,即复制扩散的对象皆为负面人物、现象或事件,且在社会上造成了一定的消极影响。变异模标"ABB"内蕴社会批判性,具有强烈贬否性感情色彩。这种强烈的讽刺批判功能正是"ABB"能够成为强势模因的根本动因。

(三)义变模因

所谓义变模因,是一种同形异义变异模因,即模因在复制传播过程中形式不变,内容有变,也可以称之为"旧瓶装新酒"式变异模因。其建构机制通常是:从现实语境中选取"旧瓶"(常规语词符号),来装网络语境中所要输出的"新酒"(特殊语义功能)。从"旧瓶装新酒"的建构方式来看,大致可以分为以下几种类型。

(1)修辞派生。修辞派生是义变模因的主要建构方式之一,也是其复制传播的一种主要运作模式。其派生路径主要有两种类型:一是隐喻派生,二是转喻派生。隐喻派生是利用相似性关联将现实语境中的相关语词符号转移嫁接到网络语境中所要表达的目标对象上。这种转移嫁接既可以是单向对接,也可以是多向对接,前者生成的是个体义变模因,后者生成的是系列义变模因。个体义变模因有:"青蛙(丑男)、孔雀(自作多情)、包子(某人长得难看或者笨)、油条(很花的男生)、烧饼(很轻浮的女生)、工分(总发帖数)、八卦(喜欢打听与己无关的事情)等"。系列义变模因有:"恐龙"系列——"恐龙(丑女)、食肉性恐龙(长相丑陋的泼妇)、食草性恐龙(长相丑陋但稍温和的女人)、侏罗纪公园(某圈子里丑女多)"等;"灌水"系列——"灌水(发帖)、潜水(看帖不回帖)、冒泡(潜水人偶尔发帖)、水牛(极能发帖的人)、水手(在论坛活动的人)、水鬼(大量发帖的人)、水母(疯狂发帖的女性网民)、纯净水(没有质量的帖子)等"。

转喻派生是利用表达对象的相关性,将现实语境中的相关语词符号转移嫁接到网络语境中所要表达的目标对象上。这种转移嫁接也有单向对接和多向对接之分,相应的义变模因也分个体和系列两种。转喻性个体义变模因有:"倒(惊异过度)、吐血(难以承受或出乎意外)、流口水(十分渴望)、喷鼻血(心情异常激动)"等。转喻性系列义变模因有:"汗、暴汗、大汗、汗死、瀑布汗、暴雨梨花汗"等"汗"系列衍生词,意指"非常惭愧、无可奈何、无言以对"。其来源与"汗颜"(因羞惭而出汗)有一定关联。转喻派生义变模因都以结果代原因,用外貌神情的变化转指其内心状态的变化。

(2)别解转移。所谓别解转移,是相对于现实语境中语言符号的语义表达而言的,是故意将网络语境中所要表达的特殊语义功能寄寓在与其具有一定语音语形相似性的现实语言符号基础上的一种表达方式。池昌海和钟舟海(2004)称之为"托形格",认为是"故意将一组词语或者一个短语用缩略的形式谐近现实生活中某个既有的、有一定熟知度的词语形式"[①]。赵燕华(2007)名之为"解构式缩略语","指的是对汉语原有的缩

[①] 池昌海,钟舟海.2004."白骨精"与"无知少女":托形格略析.修辞学习,(5).

略语或非缩略词语进行形式或意义上的解构,从而形成新的缩略语"①。笔者认为,"托形"也好,"解构"也好,都是网络语言模因的一种义变模式,相关语言形式是利用网络缩略语与现实语言符号之间的音形义关联建立起来的一种变异模因。经过压缩加工的网络缩略语恰好与具有一定熟知度的现实语词同音或同形,但是解压缩之后的网络语词意义与现实语词意义迥异,二者之间形成强烈反差,别解转移的戏谑幽默表达效果由此而生。例如:

可爱——可怜没人爱　　　天生丽质——天生没有利用价值
善良——善变又没天良　　神童——神经病儿童
贤惠——闲在家里什么都不会　校花——校门口卖豆腐花的
健美——健忘而臭美　　　耐看——要耐着性子看
偶像——呕吐的对象　　　天才——天生蠢材
忠厚——脸皮像钟一样厚　天使——天上掉下来的狗屎

上述引例都属于"褒义→贬义"别解转移义变模因类型。考察网络义变模因发现,该类模因因为满足了网络交际过程中反常规、反传统的解构性表达需求,因而成为强势模因,在别解转移类义变模因中占有较大比重。此外,还有一些其他类型的别解转移义变模因。例如:

早恋——早晨锻炼　　　　冒号——冒充病号
特困生——特别犯困的学生　老板——老板着脸
强暴——强有力的拥抱　　讨厌——讨人喜欢百看不厌
蛋白质——笨蛋+白痴+神经质　白骨精——白领+骨干+精英
无知少女——无党派+知识分子+少数民族+女性

上述用例的概念义和色彩义都有了较大幅度的变化,其中以"贬义→

---

① 赵燕华.2007.当代汉语解构式缩略语分析.语言文字应用,(2).

褒义"别解转移为主。形式上还出现了"蛋白质"、"白骨精"之类的分裂式变异类型。

（3）旧词新用。除了修辞派生和别解转移外，旧词新用也是义变模因经常采用的一种复制传播模式。所谓旧词新用，是指将现实语言中的语词符号借用到网络交际语境中，并赋予特殊含义。根据旧词来历，可以将旧词新用义变模因分为两种类型：一是今词新用，二是古词新用。

第一，今词新用。今词新用就是将现代汉语中的一些语词符号移植到网络语境中，并赋予特殊含义。这种特殊含义的赋予一般与社会热点新闻事件有关，是网民们根据自己对现实社会的观察与思考，对相关社会热点事件进行提炼加工，以极其简洁凝练的语言形式表达自己的观点和态度，并能履行社会舆论监督和批判功能。网络中常见的今词新用变异模因有："打酱油"、"做俯卧撑"、"躲猫猫"、"叉腰肌"等。现就"打酱油"和"做俯卧撑"变异模因的运作情况作一分析。

打酱油（2008年度十大网络流行语之一。有关"打酱油"的来历，说法不一。较为流行的一种是：广州电视台在采访一位市民时，问他对于艳照门很黄很暴力的看法，这位市民回答说："关我鸟事，我出来打酱油的。"这句话也因此流传开来，各种PS和改编风靡一时，甚至派生出了酱油族等网络用语。）

现实语境中的"打酱油"是指一种购买行为，因为以前酱油销售大都是零卖零买，自己拿着瓶子到商店，你要多少，人家就给你称多少，这就叫"打酱油"。但是网络语境中的"打酱油"却因为社会新闻事件而成为一种网络流行语，被赋予了特殊含义，意指网络上不谈政治，不谈敏感话题。网络上凡是与己无关，自己不知道或不想谈的事情，就经常用此话回帖，相当于"路过"、"飘过"，并进一步发展出"不作为、热情不高、思想松懈"等语义类型。高关注度和高流行度使其很快发展成为强势模因，频现于网络交际语境中，且有向纸质媒介蔓延渗透的趋势。例如：

29) 明星们也曾"打酱油"(21CN.COM 新闻中心 2011-03-22)
30) 小沈阳央视春晚"打酱油"地方春晚出风头(钱江晚报 2010-02-18)
31) 请不要把哥"打酱油"的心情都弄没了(西部网 2010-10-23)
32) 路飞系列-LOL 打酱油的艺术(eNet 游戏资讯 2011-03-10)
33) 李剑南:"打酱油"的刘翔(深圳商报 2010-10-10)
34) 瓦伦西亚:三叉戟已瓦解 来年欧冠"打酱油"(腾讯体育 2010-06-09)

相关用例表明,"打酱油"已经成为一种强势模因,在网络语境和传统纸质媒介中不断得到复制传播。至于其复制传播动因,百度百科的相关阐释可谓一语中的:"一种在'天涯'十分流行的对现实无奈的术语,道义上强烈关注某事,行为上明哲保身,受压抑的轻微呼喊,朝野都能接受的行为,属于'非暴力不合作'幼稚阶段的行为。"[1]严格地讲,这只是其始源模因的衍生状况,但在复制传播过程中,该模因的语义内涵已经有所泛化,或者是一种得过且过的生活态度,或者是一种被边缘化的人生遭遇,或者是一种实力不济的无所作为,等等。一以贯之的都是一种消极状态和颓废情绪,而这恰好反映出当代备受无奈无助情绪折磨的广大网民的精神状态。

做俯卧撑(2008年度十大网络流行语之一。2008年6月28日,贵州瓮安县出现严重打砸抢烧突发性事件。关于事情起因和经过,网上一度有各种传言。7月1日晚,贵州召开新闻发布会,新华网做了在线直播。发布会上贵州省公安厅发言人王兴正在介绍调查情况时说,在李树芬溺水之前,与其同玩的刘某曾制止过其跳河行为,见李心情平静下来,刘"便开始在桥上做俯卧撑,当刘做到第三个俯卧撑的时候,听到李树芬大声说'我走了',便跳下河中"。)

---

[1] 参见:打酱油.百度百科,http://baike.baidu.com/view/1601934.htm.[2012-03-20].

"做俯卧撑"是继打酱油之后网络上出现的又一新兴流行语。2008年7月1日首先在天涯社区上呈井喷式爆发,后来蔓延至各大网站,很快发展为强势变异模因。网络语境中的"做俯卧撑"并不是增强臂力的一种辅助性体育运动,而是指对某事不便或不愿发表意见,代表了网民的一种人生哲学和处事态度。其语义功能类似于"打酱油"。基于"做俯卧撑"的强大模因影响力,网上一度曾流行名人名言版"做俯卧撑"模标变体。例如:

35) 给我做三下俯卧撑,我也能推动地球。

——阿基米德

36) 如果我曾经看得远一点,是因为我比别人多做了三下俯卧撑。

——牛顿

37) 做俯卧撑时运动速度大小,取决于你选取的参照物。

——爱因斯坦

38) 天才就是百分之九十九的汗水加上三个俯卧撑。

——爱迪生

39) 俯卧撑即合理。

——黑格尔

40) 做俯卧撑还是立卧撑,这是个问题。

——哈姆雷特

41) 俯卧撑尚未完成,同志们仍需努力。

——孙中山

42) 我撑故我在。

——笛卡尔

43) 俯卧撑已经做三下了,胜利还会远吗?

——雪莱

44) 世界上本来是没有路的,做俯卧撑的人多了,也就成了路。

——鲁迅

45）做自己的俯卧撑，让别人说去吧！

——但丁

46）俯，我所欲也；撑，亦我所欲也！

——孟子

47）轻轻的我撑起来了，正如我轻轻地俯下，我挥一挥衣袖，不带走一丝尘土！

——徐志摩

第二，古词新用。古词新用就是将古代汉语中的一些冷僻语词符号移植到当代网络语境中，并根据字形构造特点赋予其新的含义。也可以说，是网络语境激活了这些古旧、沉寂的弱势模因，使其重获新生，在网络语境中得到了广泛的复制与传播。当前网络语境中较为活跃的古词新用变异模因有"囧、槑、烎、兲、炏、砳、曼、嫑、翾、圐圙，玊、孖、砼"等。在网络语境中，这些变异模因通过望文生义式的约定俗成，被赋予了新的含义，以满足网络交际的创新性表达需求。其中影响最大的当属"囧、槑、烎"三个变异模因，以下逐一分述。

"囧"（jiǒng），被誉为"21世纪最牛的一个汉字"，目前已发展成为一个最强势的语言模因。究其来源，甲骨文中已有"囧"字，也有认为是"冏"的衍生字，意为"明亮、光明"。关于"囧"的形义，说法不一，其中以"窗户说"最为典型。许慎《说文·囧部》："囧，窗牖丽廔，闿明也"，"象形"。该字符被借用到网络语境中进行了重新设计处理，"囧"字中的"八"像眉眼，"口"像一张嘴，组合起来像一张郁郁寡欢的脸，于是，网友们便据形立意，赋予"囧"以郁闷、尴尬、悲伤、无奈、困惑、无语等意思。随着使用的频繁，"囧"字又衍生出一些新的形体和用法，逐渐组构成一个庞大的"囧"字家族。例如：

囧 rz——失意体前曲的　　崮 rz——囧国国王
商 rz——囧国皇后　　　　商 rz——戴斗笠的

裔 rz —— 披大衣的　　　　　　囧兴 —— 乌龟

囧尻 —— 龟仙人　　　　　　囧 r2＝3 —— 放了个屁的

囧 Ω —— 背部隆起的　　　　圙 rz —— 老人家的脸

卤 rz —— 轰炸超人　　　　　曾 rz —— 假面超人

圐 rz —— 没眼睛的　　　　　囹 rz —— 囧国国民

冏 rz —— 囧到下巴都掉了　　囶 rz —— 没有眼和口的

圀 rz —— 歪嘴的　　　　　　囝 rz —— 无话可说的

苊 rz —— 女的　　　　　　　益 r2 —— 闭起眼睛,很痛苦且咬牙切齿的

  该字符当初从故纸堆中被掏捡出来时,只作为一个表情符号在网络社群间传播流行,但发展至今,已经成为一种奇特的网络"囧"文化,由网络亚文化逐步蔓延渗透到主流文化圈。在网络平台中,"囧"已经成为网络聊天、论坛、博客中使用最频繁的汉字之一,截至 2011 年 3 月 24 日,百度"囧"网页已达 100 000 000 个,网上还专门开辟了"囧吧"、"囧视频"、"囧论坛"等栏目。而走下网络的"囧"已经成为当今中国最具活力的文化元素之一,被广泛运用于新闻报道、影视娱乐、商业广告等诸多社会生活领域。《人在囧途》、《囧探佳人》、《囧探查过界》、《午门囧事》等影视和著作名称应运而生,"囧"T 恤、李宁"囧"字鞋、"囧"字奶茶店等商品和店铺名称渐趋流行。综上所述,变异模因"囧"的复制与传播路径可分析为图 7-3。

运行环境	复制传播路径
古汉语语境 ↓ 网络语境 ↓ 现实生活	古词:窗户,明亮、光明 ↓ 新用:郁闷、无奈、无语等 ↓ 文化元素:《人在囧途》、"囧"T 恤等

图 7-3 变异模因"囧"的复制与传播路径

  "槑"(méi),考其词源,乃是"梅"的异体字。《康熙字典》中《类篇》注为:"呆,同槑省,或作某,通作梅。《本草》:呆,梅、杏类。"《辞源》注为:

"'梅',本作'某',亦作'楳、槑'①果木名;②节候名;③姓。"《说文解字》注为:"某,酸果也,从木从甘阙(莫厚切),槑,古文某从口。"《现代汉语词典》(第5版)在"梅"字词条中也特别注出有两个异体字"楳"和"槑"。由此可见,"槑"字古已有之,属于古汉语中的冷僻字,为"梅"取代后,已弃置不用。但是,当代网络传媒却将其从汉字冷宫中救出,并扶上正位,使其在当今网络交际乃至现实语言生活中大放异彩。对于"槑"字,当代网络传媒舍其古义而用其形义,以求望文生义和见形知义,将"槑"的新义直接解构为两个"呆"的相加,用来形容人很呆、很傻、很脑残。这种"望文生义"式的直观表义方法能够很好地满足当今网络交际创新性和娱乐性表达需求,于是,"槑"字很快发展成为强势变异模因,广泛运用于当代话语建构之中。百度音乐掌门人取名为"恋槑の殇",上海一家铁板烧餐馆取名为"囧槑鏣板涃",格子左左和闻婕创作的小说题名分别为《槑男槑女》和《槑女囧事》。各种传媒语言中也随处可见"槑"的身影。例如:

49)盘点广州车展:最槑最雷人 最囧最囍庆(金羊网—新快报2008-11-26)

50)看到某卖家的千纤草丝瓜水配置方法,我华丽丽地槑了(闺蜜网2011-3-10)

51)雷到你发槑 09年深圳最山寨数码大扫描(网易数码2011-3-9)

52)囧言槑语一起上《龙之霸业》玩家乐歪歪(考试吧2009-12-8)

53)2008年体坛槑语录 一条横幅让中国球迷无语(济南时报2008-12-28)

54)春雷夏烎秋囧冬槑蜗居在三国风云的日子(网页游戏2009-12-1)

55)酒井法子槑小沈阳烎2009年终盘点说文解义(国际在线论坛2009-12-29)

"烎"(yín),是继"囧"与"槑"之后当前网络中最为流行的汉字之一,也是一个强势变异模因。考其来源,《康熙字典》里收录了一个与之相似的字,但上面的"开"是分开的两个"干",读音为"yín(银)"。《现代汉语词典》(第 5 版)中没有"烎"字,但微软拼音输入法可以输出该字,全拼为"yin(银)"。网络中的"烎"起源于游戏玩家,是游戏玩家们创造出来的一种全新的文化符号。最初出现在 2009 联想 IEST 某场 DOTA 对决的赛事中,在 IEST 大师赛预选赛中,出现一支自称"烎之队"的比赛队伍,向知名 DOTA 战队发起了"开火"的宣战宣言,进而演变成流行的"烎文化"。网络游戏中的"烎"本来是形容自己充沛的竞技或游戏状态,后来多用来形容一个人的斗志昂扬、热血沸腾,也可以用来表示"霸气"、"彪悍"、"制霸"等诸多意思,是一种男子汉的勇武精神与豪气的体现。这些衍生词义与"烎"的汉字造型有关,"烎"是"开火"的合体字,而"开火"是一种战斗状态,需要勇气与力量,参与者必须具有尚武精神,要有霸气和杀气,由此自然引申出彪悍强壮、孔武有力、勇猛豪迈等语义内涵。目前,这一特殊符号连带其被赋予的精神内涵已经成为一种强势模态复制因子,派生出了一系列流行语词。例如:"烎你就像碾一只蚂蚁"、"烎你没商量"、"不是跟你得瑟,寂寞已经过时了,咱玩的是烎"、"男人,重要的不是帅,是烎"、"中国人从此烎起来了"、"囧字一边站,抗战游戏吹起了烎字台风"等等。有网友认为,"烎文化"的流行,不仅仅是游戏人群的情绪宣泄,在很大程度上,更是电子竞技的精神凝结。因此,网络变异模因"烎"的复制与传播,实质上也是一种自强不息精神的传承与散播。

三、网络语言变异模因的认知阐释

(一)运作程序的认知阐释

认知语言学信奉经验主义认知观,认为人类经验包括个人或社会集团所有构成事实上或潜在的经验的感知、动觉,以及人与物质环境和社会环境相互作用的方式等等。经验有助于人类更好地认识世界,而认知对经验又有能动的组织作用。"语言是人类一般认知活动的结果,其结构与功能是人类经验的产物,与客观世界之间并没有直接的对应关系,语言的中介是人类经验所促动的人类概念。所以,语言能力不是独立于其他认知能力和知识的一个自主的形式系统,而是认知机制的一部分","认知语言观承认客观世界的现实性及对语言形成的本源作用,但更强调人的认知的参与作用,认为语言不能直接反映客观世界,而是由人对客观世界的认知介于其间,"心生而言立",其模式是:客观世界→认知加工→概念→语言符号。"①作为一种语言符号,网络语境中的变异模因也是人类对客观世界进行认知加工的产物。这种认知加工不仅表现在各种变异模因的创生阶段,而且还表现在其复制传播阶段。上述 Heylighen(1998)曾将模因的复制传播过程分为"同化—记忆—表达—传播"四个阶段,但就此处探究的网络语言变异模因来说,还应该加上一个创生阶段,即完整的模因运作程序应该包括"创生—同化—记忆—表达—传播"五个阶段。其中每一阶段都包含着认知选择和认知加工处理程序,五个阶段必须依靠人的认知参与才能确保正常运转。

1. 创生阶段

所谓创生阶段,是指复制传播中的模因所由出的始源模因的产生过程。尽管随着复制传播过程的不断推进,有些始源模因可能难以求索,但笔者认为,无论始源模因显豁还是潜藏,后续的复制传播模因都是建构于始源模因之上的。因此,要想探究网络语言变异模因的复制传播过程,必须从其源头谈起。纵观林林总总的网络语言变异模因,其始源模因的建构方式大致可分为创新式和翻新式两种类型。

(1)创新式始源模因。随着社会的发展和科技的进步,现实社会生活中又出现了许多新的事物和现象有待认识,滋生出许多新的思想和观念需要表达,而现有的语言符号系统已无法满足这些需求,于是,创制新符就成为解决这一矛盾的有效手段之一。而语言符号与现实世界并非直接对应关系,二者之间有一个认知中介环节,正是认知中介的参与使得二

---

① 赵艳芳.2001.认知语言学概论:33-35.上海外语教育出版社.

者之间的关系复杂化了,其运作结果便是大量变异语言符号的产生。就网络语言变异性创新符号来说,其产生的理据既有主客观世界的现实基础,又有"惟人参之"的认知参与,二者共同作用于网络变异符号的生成。

　　首先,网络交际情境实际上是现实社会的一种镜像,现实社会所发生的一切都会在其中得到反映。因此,网络语言符号的变异性折射出的正是现实社会诸多现象的不合常理。如果没有阜阳"白宫"举报人事件、瓮安事件、石首事件等一系列所谓"自杀"事件被曝光,就不会产生"被自杀"这一变异建构;如果没有汶川大地震中范美忠的自私逃跑,就不会有"范跑跑"的广泛流行;如果没有浙江湖州南浔区人民法院的荒谬判决,就不会有"临时性强奸"走俏网络;如果没有国内贪官采用"分步出逃法"将家属移居海外,自己在国内继续腐败的做法,就不会出现"裸体做官"这一说。因此,相关语言变异系连的都是相应的社会生活现象。因为,根据语言符号的认知加工模式可知,作为认知产物的语言符号所反映的对象是客观世界,客观世界中的变化必然会在语言符号层面有所反映。而新兴网络媒介的自由开放,则使这种反映更为大胆直接,人的认知参与也更为积极主动,于是,诸多发人深思的变异表达形式便应运而生。

　　其次,网络交际情境实际上也是网民心理的一种镜像,当代网民的精神状态和心理需求于其中都能得到充分体现。这种精神世界反映在网络语言交际中便是大量搞怪的"无厘头"变异语言形式的产生,诸如"哥吃的不是面,是寂寞"、"不要迷恋哥,哥只是个传说"、"贾君鹏,你妈妈喊你回家吃饭"等,都是一种情绪的排遣和宣泄。因为,网络语境是一种特殊的认知情境,各种信息充斥其中,良莠不齐,鱼龙混杂。而随着信息技术的发展,人类对网络的依赖性又在不断增强,逐渐疏离了现实认知环境,而被技术性网络认知情境所包围。李普曼的"拟态环境论"认为,现代社会越来越巨大化和复杂化,人们由于实际活动的范围、精力和注意力有限,不可能对与他们有关的整个外部环境和众多的事情都保持经验性接触,对超越出自己亲身感知以外的事物,人们只能通过各种"新闻供给机构"去了解认知。而网络技术的出现,则使这种认知特点变得更为复杂。李普曼所说的"新闻供给机构"还局限于传统由主管部门所把持的新闻媒体,属于单向传播类型,信息传播有"把关人"过滤,流向大众的信息都经过了人为加工,并不能反映现实社会真实图景,但正是这种"纯净"的信息传播构筑了我们一元化的思想蓝图。网络传媒的出现彻底打破了这一格局,开放性信息传播使人人都可以成为信息传播的主体,一种多向互动型传播格局已经形成,被传统媒介变形和遮蔽的东西在网络媒介上得以还原与曝光,社会真实图景在一定程度上得以展现,正是这种"庞杂"的信息传播构筑了我们多元化的思想格局。网络传媒对信息传播的巨大影响主要有二:一是海量信息在网络平台上泛滥杂陈;二是被传统媒介"过滤掉"的东西在网络平台上得以复现。而信息泛滥成灾则使人类步入了"浅阅读"时代,理性思辨日渐式微,感性盲从带来的是迷茫困惑,无所适从。而被"过滤掉"的负面东西复现于网络,又使人们看到社会诸多阴暗面,不满情绪在所难免。于是,诸多寄寓着网民负面情绪的无厘头表达形式便由此而生。

此外,网络语境中还有一部分创新式始源模因与网络"键谈"式特殊交际方式有关,具有直观临摹性特点。其中一部分属于音变始源模因,是利用字母、数字以及其他各种符号建构起来的,语音象似性是其得以建构的认知基础,相关符号是语音隐喻的产物。王安琛(2008)认为,网络语境下,一个语音变异的形式如能令人直觉地感受到是在彼类事物的参照下感知、体验、想象、理解和谈论此类事物时,它就是语音的一种隐喻。在语音隐喻的认知中,人们必须依赖于知觉、记忆、想象、思考和推理等认知手段。同时,语音隐喻的认知很大程度上依赖语境,只有在更为宽泛的语境中,才能确定语音的隐喻性,这就强调了语境的重要性,也强调了交际主体间要达成某种"共识"。显然,语音隐喻具有较强的语境依赖性,需要具体语境的支撑与激活。而交际主体间的"共识"强调的是基于社会生活经验之上的认知合作。网络交际是一种无声的口语交际,"以文字为主要载体,人们使用最原始最基本的视觉,符号传输过来后,通过认知语境进行意义的转化。在语音变异形式的使用过程中,变异的各种形式的本身仅起着激活交际双方知识结构和知识草案的作用,激活后的结构和草案先按网络交际的场景形成心理图式,然后再根据不同的文化知识在社会心理表征层次上进行交际准则的排列得出不同的推理结果,顺利完成交际活动。"①即网络环境下人们处理信息的方式由原来的从声音到意义再到隐喻转换的方式,已经变为从视觉到内化的语音变异形式再到隐喻的转换。这就是网络音变始源模因产生的认知机制。具有直观临摹性的另一部分创新式始源模因是拟像图谱、表情符号、象形符号以及字符画等同形变异模因,也称网络象形文,或颜文字。该类始源模因具有强烈的拟像摹形特征,与汉民族偏重于直觉体悟的认知思维方式密切相关。也可以说,相关拟像摹形符号是民族认知思维方式与当代传媒技术相结合的产物。

(2)翻新式始源模因。与创新式始源模因不同,翻新式始源模因采取的是一种"旧瓶装新酒"建构策略。比较而言,这种策略更为经济适用,已成为当前网络语言变异模因建构的主要方法。因为,如上所述,根据Heine,Claudi & Hünnemeyer(1991)的研究,人类为了弥补概念系统与表达系统之间的空缺,最常用的方法是:1)从现有的词汇和语法形式中构成或衍生新的表达式,2)扩展原有表达形式的用途以表达新的概念,常见的方法有类比转移、转喻、隐喻等。其中,从现有的词汇和语法形式中构成或衍生新的表达式,充分反映在"被自杀"、"范跑跑"、"很黄很暴力"、"临时性强奸"等变异始源模因中。而扩展原有表达形式的用途以表达新的概念,主要体现在翻新式始源模因的建构过程中,大都通过类比转移、转喻、隐喻等认知手段进行建构。不过,网络语境中转喻隐喻等认知手段的运用并非完全出于解决概念系统与表达系统之间的空缺问题,有相当一部分是出于求新求异表达风格的需求。例如:BBS论坛用语中的"盖楼"和"灌水"系列隐喻,一般聊天用语中的"水饺"(睡觉)、"稀饭"(喜欢)、"油饼"(有病)等谐音隐喻,都可以还原成常规表达形式,并不存在表达空缺问题。这些语言现象本质上是一种重新词汇化,具有反语言特征。李

---

① 王安珺.2008.网络语境下语音变异的认知浅解.安徽文学(下半月),(8).

战子和庞超伟(2010)认为,"反语言的显著特征之一是重新词汇化。所谓词汇化,即为意义寻找语言表达式的过程(Talmy,2000)。重新词汇化就是赋予既有现象新的范畴,换句话说,就是利用新词来表达原有意义的过程。'重新词汇化'是作为现有词汇的替代物或对立物而存在的。Halliday指出,反语言的重新词汇化并非全部而只是部分,即并非所有词汇在反语言中都有新的表达方式。新词主要集中于与亚文化主要活动密切相关的领域或者与正常社会区别最大的领域,所使用的语法形式相同","重新词汇化的结果导致了部分表达方式的过度词汇化。过度词汇化本指使用大量的同义词或近义词来描述或表达特定的经验"[①]。网络语言中的过度词汇化主要表现在能指符号数量的不断增加,例如"版主"的同义表达形式就有"斑竹"、"斑猪"、"版猪"等。Halliday(2007)提出,"反语言实质上是语言的一种隐喻变体,其隐喻性贯穿整个语言系统,包括了语音、词汇语法、语义各层面"[②]。网络语言变异中的翻新式始源模因与现实常规表达密切相关,是基于现实常规表达的一种变异,表现为"同样的所指,不同的能指"。反语言的重新词汇化就是利用隐喻以多种方式构建不同"能指"的过程。网络语言中翻新式始源模因的不同"能指"并非新创表达形式,而是常规语言符号的一种借用与化用,这种借用与化用基于二者之间的语音、语义和语形之间的象似性认知关联。翻新式音变始源模因都是基于语音象似性得以建构,上述"水饺"等食物系列就属于这一类型;翻新式义变始源模因是基于语义象似性得以建构,"盖楼"和"灌水"与网络论坛发帖具有概念象似性,二者之间可以形成有效跨域映射。翻新式形变始源模因是基于语词符号形式方面的曲折关联得以建立,具有望文生义和见形知义的特点。古词新用中的"囧"与"槑",别解转移中的"偶像"(呕吐的对象)与"神童"(神经病儿童)等都是对构词形式的一种有意曲解与别解,进而赋予新意,以满足网络交际娱乐性和解构性表

---

① 李战子,庞超伟.2010.反语言、词汇语法与网络语言.中国外语,(3).
② M. A. K. Halliday. 1976. Anti-languages. Jonathan J. Webster (eds). 2007. *Language and Society*. Peking University Press.

达需求。从言语交际的认知角度看,是表达者有意拆解现成语词符号能指与所指的既定关联,将陈旧所指置换为新创所指,而能指保持不变,通过能指与所指的错位设置悬念,进而达到激趣目的。相关变异模因寄寓着表达者特定的认知表达意趣和语用功能动因。

2. 同化与记忆阶段

所谓同化阶段,就是模因感染新宿主并进入他们记忆的过程。所谓感染新宿主,就是相关模因必须足够凸显,以引起新宿主的注意,进而理解并接受,成为短时记忆的一部分。而记忆阶段则是将同化的模因储存起来备用,新宿主必须将短时记忆变成长时记忆,才能成为可以随时调用的有效认知资源。Blackmore(1999)认为,"在模因进化的过程中存在着巨大的选择压力。所以在数量极大的潜在的模因中,能够生存下来的模因为数并不是很多,只有很少一部分模因能成功地从一个人的头脑被拷贝到另一个人的头脑,从人的头脑拷贝到印刷品,或是从人的声音拷贝到光盘上。"[1]陈琳霞和何自然(2006)也认为,"模因具有选择性,是因为模因的传播能力是不同的,某些信息更易于引起人们的注意,更易于被人们记住,更易于被传递给别人,成为模因;而另一些则从来得不到传播,成不了模因。"[2]以上论述强调了潜在模因具有不同的生命等级,反映在语表层面就是有强势模因和弱势模因之分,而有些潜在模因则永远无法成为显性模因。这种等级划分说明模因具有选择性,本质上决定于人类的认知选择,只有那些能够引起人们的极大关注和兴趣,满足了人们特定的认知需求和表达需求的模因,才有可能发展成为显性模因,乃至强势模因。

就网络语言变异模因来说,宿主的认知选择对其复制与传播具有决定性意义。从上述模因类型及其特点分析来看,网络语境中变异模因要想感染新宿主,并成为他们记忆的一部分,必须要具有认知实用性和认知

---

[1] S. Blackmore. 1999. *The Meme Machine*:38. Oxford University Press.
[2] 陈琳霞,何自然.2006.语言模因现象探析.外语教学与研究,(2).

时尚性两个特征。

第一,认知实用性。人类认知资源的分配遵循最大效益原则和经济性原则,他们总是想方设法将认知资源分配到最需要的地方去,且讲究节约化支出,以确保认知资源使用效率最大化。其中存在一个认知选择问题。人类语言运用本质上就是一种选择过程,语言系统内外的各种因素都会对这一选择过程施加影响。网络语境中的变异模因能够被新宿主所同化和记忆,也蕴含了这一认知选择机制。信息技术的迅猛发展与普及,使信息传播方式和信息量的供给出现了巨大变化。置身于新兴电质媒介所带来的信息大潮中,可供选择的信息急剧增多,人类认知资源的合理分配较之以往显得更为重要。网络语言变异模因之所以能够从新宿主有限的认知资源中分得一杯羹,正是因为其满足了新宿主实用性认知和表达需求。较之现实语境,网络语境中的实用性认知和表达需求具有多样化特质:或者是一种社会批判功能需求,如"被自杀"、"范跑跑"、"欺实马"、"裸体做官"、"钓鱼执法"、"临时性强奸"等一系列变异模因及其模标变体;或者是一种消极的人生态度或负面情绪的表达需求,如"打酱油"、"做俯卧撑"、"哥吃的不是面,是寂寞"、"贾君鹏,你妈妈喊你回家吃饭"等;或者是纯粹为了满足新宿主求新求异表达风格的需求,如"稀饭"(喜欢)、"恐龙"(丑女)、"蛋白质"(笨蛋+白痴+神经质)等。陈琳霞和何自然(2006)认为,"语言信息有用,人们才乐于模仿、复制、传播,从而形成语言模因。"[①]对于网络语言变异模因来说,其实用性主要表现为新宿主的各种认知和表达需求。

第二,认知时尚性。在人类认知过程中,"熟视无睹"、"视而不见"、"司空见惯"、"审美疲劳"等说法表达的都是一种消极的认知状态。而对于网络信息传播来说,这种认知状态必须要尽力克服与避免,因为,在眼球经济时代,传媒主要任务已由传播信息量的多少让位于如何吸引更多受众关注的思考。陈腐老套的表达形式难以刺激受众的感知神经,已成

---

① 陈琳霞,何自然.2006.语言模因现象探析.外语教学与研究,(2).

为 e 时代信息传播之大忌,表达创新和认知艰涩才是网言网语的应有特征。于是,反常规的陌生化表达形式便成为当代网络语言的主要样态,网络语言变异模因正是来源于网民反常规的陌生化表达需求。从认知角度看,这种陌生化表达形式使常规交际受阻,必然会激发新宿主去寻求创新变异能指背后的真正所指,在曲径通幽的解码过程中需要消耗新宿主一定的认知资源。认知资源的付出和认知强度的增大,可以使相关表达对象的关注度得到提升,易成为焦点记忆,相关模因就会发展成为强势模因。对于网络语言交际来说,这种反常规的陌生化表达已经成为一种时尚,而时尚从来都是和模仿紧密结合在一起的,人们倾向于复制那些最为时尚、最为流行的语言信息。例如"东东"较之"东西",就是一种时尚表达;"斑竹"显然比"版主"更富有情趣;"杯具"能使"悲剧"带上戏谑色彩;"被自杀"能折射出深层次的社会问题。相关变异模因不胜枚举,但都有因变异而生的时尚特质,新鲜奇特,别具风味,能够及时反映社会时尚潮流,满足了新宿主求新求异的认知需求,于是,就有了被新宿主同化的可能。

同化是记忆的前提条件,记忆是同化的后续发展,是新宿主将同化的模因储存起来备用的过程,同化阶段的短时记忆也相应地发展成为长时记忆。记忆是人类一种重要的认知方式,其结果是生成记忆资源库,成为进一步开展认知活动的基础。但是,人的记忆资源库(也就是大脑)的容量是有限的,无法存放所有信息资源,进入记忆资源库的信息需要接受新宿主的认知加工。这种认知加工包括两项工作:一是选择性加工。对感知到的信息进行筛选,去粗取精,将重要信息提炼出来,并储存起来,将次要信息搁置一旁,将不重要信息淘汰掉。二是整理性加工。整理性加工是选择性加工的后续工程,涉及如何更为有效地储存重要信息资源的问题。选择性加工阶段所提炼出来的重要信息资源并不是杂乱地堆放在记忆库中的,而总是以一种经济高效的模式进行存放,目的既是为了减少记忆库的占有量,也是为了便于信息的快速提取。关于信息加工系统问题,D. W. 卡罗尔(1986)总结出一个加工模型。(见图 7-4)

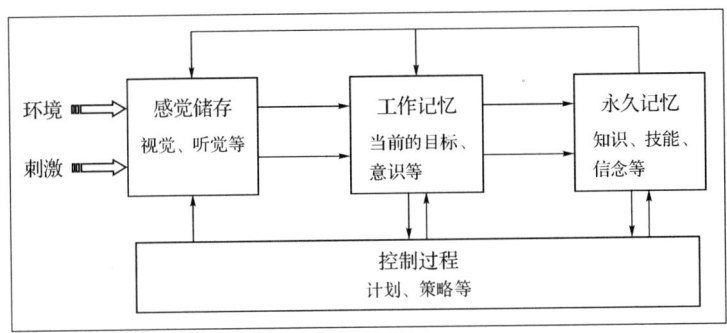

图 7-4　信息加工的一般模型（D.W.卡罗尔，1986）①

由图 7-4 所展示的模型可以看出，感觉储存、工作记忆和永久记忆的相关认知工作并不是在一种无目的性状态下随意进行的，而是需要接受包含一定计划性和策略性的控制过程的统领。就工作记忆（亦称短时记忆，卡罗尔此称"工作记忆"，是为了突出其动态性）发展为永久记忆来说，这种控制过程的计划性和策略性典型地表现为一系列旨在追求经济高效信息储存的认知加工程序。将语言形式简易化和模块化就是一种行之有效的储存策略，网络语言变异模因的同化和记忆与此有关。将语言形式简易化与模块化，可以减轻记忆负担，便于形成长时记忆。因为，根据心理学研究，短时记忆中信息保持的时间一般在 0.5 至 18 秒钟，不超过 1 分钟，一般人的短时记忆的广度平均值为 7±2 个。考察网络流行的变异语言模因，笔者发现能够进入流通渠道的变异模因一般都具有简易化特点，诸如"被自杀"、"范跑跑"、"躲猫猫"、"打酱油"、"裸体做官"、"正龙拍虎"、"临时性强奸"等都具有高度浓缩性特征。提取核心成分，舍弃细枝末节，采取以点带面策略进行建构，正是为了实现变异模因的简易性。

而将变异语言模块化，则是为了形成类推认知机制，可以有效减少语符数量，节约认知成本。因为根据心理学研究，虽然一般人的短时记忆的广度平均值为 7±2 个，但这种记忆广度不是一成不变的，会随着记忆材

---

① [美]D.W.卡罗尔.1986.语言心理学（第 4 版）:45.缪小春,等,译.2007.华东师范大学出版社.

料的性质不同而发生变化。如果呈现的材料是有意义、有联系的并为人所熟悉的材料,记忆广度则可增加。此外,还可以通过对信息的编码和再编码,以及适当扩大"块"(chunk)的信息来增加记忆的广度。网络语言变异模因的运作就是一种模块操作,这种模块化操作既可以采用直接转用形式,也可以采用结构框填式。前者如"发飙、抓狂、亮骚、闷骚、给力、萝莉、正太、死死团、颜文字、干物女、御宅族、打酱油、做俯卧撑"等流行语词,后者如"被自杀"、"范跑跑"、"临时性强奸"、"很黄很暴力"、"哥吃的不是面,是寂寞"、"不要迷恋哥,哥只是个传说"、"贾君鹏,你妈妈喊你回家吃饭"等网络流行语所衍生的结构模标。其中,尤以结构框填模标能产性最强,辐射范围最广。究其因,显然是因为人们在理解这些模块时,不需要再去分析它们的结构来获取意义,解码时可以直接调取它们内置的构式义,从而加速解码进程,节约认知成本。

3. 表达与传播阶段

表达与传播属于网络语言变异模因的复制与扩散阶段,具有一定的认知情境依赖性。其中,表达阶段是指在交际过程中提取模因并进行语言包装,也就是将模因从原来的记忆模式转换成宿主能够感知的有形模式。传播阶段是指装备就绪的模因借助网络媒介在不同宿主之间的流布与扩散,即由一个宿主"传染"给另一个宿主。经过同化与记忆储存的模因只是潜藏的备用材料,必须通过表达与传播阶段方能将其转化为现实可感知的形式,才能真正发挥其模因复制与类推效应。这种转化通常是由特定的认知情境促发,需要宿主积极的认知参与方能完成。"当人们视某种客观或主观存在的'模因'为有价值,并欲以其作为一种复制因子时,就产生一种本能的反映、创新的思维、选择性的行为,通过综合、推理、记忆、解释、对比、判断、翻译等心理活动模仿、复制或传播。"[①]由此可见,转化之中包含着一系列认知运作程序。

---

① 崔学新.2007.选择与建构:从 meme 到"模因".外语研究,(6).

将模因从记忆库中提取出来进行语言包装,这是将始源模因转化为复制模因的关键环节。从上述模因类型特点分析可知,这种转化可以是始源模因的直接转用,无需重新包装,其中有一部分只是借形表义,属于语义泛化。例如"明星们也曾'打酱油'"、"路飞系列-LOL打酱油的艺术"中的"打酱油"就属于始源模因的直接转用。经过宿主的认知运作,此类模因语义功能已经有固化和泛化趋势,已成为特定语义功能的能指符号,只要有类似情境及对象的表达需求,该类模因就会从记忆库中提取出来进入表达层面。而始源模因的间接转用则是复制模因建构的主要方式。所谓间接转用,是指始源模因从记忆库中提取出来进行语言包装时,需要根据具体认知情境和表达对象进行适当改造,需要接受认知再加工。该类转化一般采取格式框填模式,即记忆库中的始源模因总是以一种框架模标形式存在,其中的模槽属于待嵌空位,可以接纳新的客体。构成要素的恒定与可变使其具有一定的能产性和创造性,在网络语言交际中具有较高的使用频率,可以满足不同信息与功能的表达需求。例如:由始源模因"被自杀"演化而成的"被XX"框架模标,就是以一个整体模块储存在记忆库中的。其中所蕴含的在特殊社会形态下弱势一方被强权操控和摆布的郁闷无奈以及讽刺批判功能,成为该变异模因复制与传播的复制因子。于是,现实生活中强权干预下的种种荒谬现象都可以利用这一模标来表达,诸如"被就业"、"被幸福"、"被小康"、"被中考"、被捐款"、"被失踪"等频现于网络,乃至纸质媒介。类似表达都具有一定的现实生活经验基础,悖逆乖互的表达形式折射出的正是现实社会现象的荒谬怪诞,相关变异形式也是宿主认知加工的产物。就格式框填模因的储存与提取来说,宿主记忆库中储存的不只是一个个静态的模标框架,还储存着模标框架所包孕的活性复制因子,这些活性复制因子是模因复制传播的真正源泉。库存中的模标框架是特定语义功能的载体,现实生活中一旦出现相匹配的复制因子,宿主的模态化认知就会被激活,进而将记忆库中的模标框架提取出来,以接纳具有相似复制因子的模槽填充物。

互联网被称为是继报纸、广播、电视三大传统媒体之后的"第四媒体"。基于先进数字化技术的网络媒体集三大传统媒体优势于一身,是跨媒体的数字化媒体,亦称全媒体。较之传统媒体,网络媒体具有即时性、海量性、互动性、全媒体性等传播特征,这些特征对网络变异模因的复制传播具有重要影响。如前所述,模因的复制传播实际上是将装备就绪的模因由一个宿主"传染"给另一个宿主,这种"传染"需要借助一定的媒介,网络媒介的出现使这种"传染"方式与效果大为改观。宿主接触与认识模因的环境有了巨大变化,认知范畴得到了无限拓展。即时性可以确保许多新生模因能够及时推向大众,进入流通渠道;海量性表明网络媒体已经成为一个浩瀚的信息资源数据库,具有强大的信息检索、复制和存储功能;互动性可以形成交互性传播模式,网络论坛、讨论区、留言板、聊天室、电子邮件、ICQ及MSN等即时通讯工具成为开展网络交际活动的重要平台,大众传播和人际传播相结合的互动性与多向性传播格局已经形成;全媒体性打破了传统三大传媒"三分天下"的格局,将文本、声音、图像等传播形式融为一体,采取文字、图片、音频、视频、FLASH动画等多种形式,增强了新闻的现场感和冲击力,使受众的多种感官受到了全面的刺激。网络传媒所营造的特殊认知情境,使模因的复制传播出现了新的特征。一是模因的循环周期缩短,更新速度加快。有许多模因只是昙花一现,只有少量模因可以留存下来。二是潜在模因数量急剧增加,备选对象无限扩大,致使模因的认知选择环节显得特别重要。能够进入流通渠道的模因必须具有实用性与时尚性,能够满足网络话语消费者的务实与求新需求,尤其是创新求变需求。这种需求对网络语境中的模因运作具有重要影响,变异性正是为了迎合这一需求。

(二)运作机制的认知阐释

网络语境中变异模因的运作机制可以纳入自主—依存分析框架中进行考察探究。自主—依存分析框架由国内学者徐盛桓(2007)首先提出,该分析框架的主要内容是:"交际过程要运用显性表述,而显性表述是体现隐性表述的,因而显性表述的生成既是以隐性表述为出发点,又以隐性表述为依归的",

"隐性表述体现为自主成分,自主成分以交际的意向性为导向,以相邻/相似关系的认定为主要手段,推衍出依存成分;自主成分主导依存成分,并对依存成分发生'拈连'作用,依存成分的存在和运作是以自主成分的意向性为其导向的,依存成分的运用要体现自主成分的意向性;依存成分在需要时原则上可以反溯出自主成分。"①其基本运作机制见图7-5。

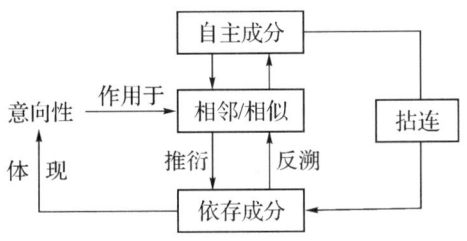

图7-5 "自主—依存分析框架"运作机制(徐盛桓,2007)

由图7-5中的运作机制分析可以看出,人类语言系统的运作具有层级性,是显层与潜层的加合,双层之间有比较复杂的认知程式关联。潜层是大脑中要表述的相对完备的意思,属于自主成分;显层是从大脑中要表述的相对完备的意思推衍出来的,是不完备的话语表达,属于依存成分。双层之间通过相邻/相似、推衍/反溯、拈连/体现等认知要素和程序连接在一起,其中需要接受意向性统管与引导。以此理论来观照网络语境中变异模因的运作机制,笔者发现幂姆与仿体之间也蕴含着自主—依存关系,幂姆及其所蕴含的语义功能是大脑中要表述的相对完备的意思,是自主成分;而仿体是由大脑中储存的幂姆推衍出来的,是不完备的话语表达,属于依存成分。二者之间通过推衍、反溯、拈连等认知程序系连在一起。不过,徐盛桓的自主—依存理论框架是在探究普通语言运作机制基础上建立起来的,其适用对象是一般语言运用状况。而此处探究的网络语言变异模因已具有一定的特殊性,幂姆与仿体之间的自主—依存关系

---

① 徐盛桓.2007.自主和依存——语言表达形式生成机理的一种分析框架.外语学刊,(2).

更为复杂,需要专门探究。

1. 意向性

意向性是"自主—依存分析框架"中的一个重要理论组件。对于意向性,徐盛桓(2007)认为,"自主成分向依存成分推衍,以自主成分原来的意向性为依归,从意向性来,回到意向性去。意向性限制使从自主成分推衍而来的依存成分内在地受到自主成分的'意向弧'(梅洛—庞蒂,2001:181)的支撑和规定。意向性限制主要包括命题内容意向和命题态度意向。"[1]网络语境中变异模因的运作也需要接受意向性的干预和制约,只是由于其建构情况有别,相应的意向性导向也呈现出一定的复杂性和差异性。对于音变模因来说,其幂姆与仿体之间的意向性关联主要表现为谐音增趣与谐音讽刺,前者如"稀饭"(喜欢),后者如"豆你玩"(逗你玩)。"喜欢"和"逗你玩"作为自主成分而存在,目的在于和依存成分"稀饭"和"豆你玩"形成比照,从而产生戏谑和批判效果。因此,较之普通"自主—依存分析框架"中的意向性,网络语境中音变模因运作的意向性并非专属于自主成分,而是幂姆与仿体之间的一种比照意趣和比照效果,受特殊表达目的和表达风格的支配与控制。对于形变模因来说,其中的基因型变异与上述音变模因类似,而表现型变异中的保留成素和提取框架更多是倚重于构式整体语义功能的传承与再用,前者如"被自杀"所衍生的"被X"变异模标,后者如"范跑跑"所演化的"ABB"格式模框。该类仿体对其所由出的幂姆具有一定的依附性,其中的意向性主要表现为网络用户"实施幂姆仿制时所确定的不同目的,因而成为选择有特定传播意义的信息片断时的动因和他希望仿体出现同幂姆有什么亲代相似性的基本取向"[2]。就上例来说,就是通过对幂姆"被自杀"和"范跑跑"表达形式的提炼加工,从中分别提取出弱势群体被操控的不自由生存状态和具有负面

---

[1] 徐盛桓.2007.自主和依存——语言表达形式生成机理的一种分析框架.外语学刊,(2).

[2] 黄缅.2007.语言模仿之谜——幂姆的认知研究.外语研究,(3).

影响的人物事件,并将其作为仿制再生的主要目的和基本手段。这就是表现型同构变异模因的意向性。对于义变模因来说,修辞派生、别解转移和旧词新用三种类型中的意向性关联具有一定的复杂性。修辞派生中意向性限制主要表现为一种对形象性和趣味性表达风格与表达效果的极力追求。如用"青蛙"喻指"丑男","丑男"是"青蛙"表达形式的最终依归,但"青蛙"本身所具有的特点及其与"丑男"之间的相似性关联也是表达意向性的重要组成部分。别解转移中的意向性限制具有一定的特殊性,以依存成分对自主成分的反叛与颠覆为主导意向,如"偶像"所指已从"崇拜的对象"沦为"呕吐的对象",其中蕴含的解构意趣是相关变异模因生成的主要动因。旧词新用的意向性限制在于旧词与新用之间的差异及其表达效果,如"槑"字由古异体字"梅"转用为"很呆很傻很脑残"的能指符号,就是网民们对古汉字进行解构性再加工的结果,所生成的现代会意字"槑"被赋予了特殊的表达情趣。这就是网络旧词新用变异模因运作的内在意向性。

2. 相似性

在徐盛桓的"自主—依存分析框架"中,"相似/相邻"关系是自主成分与依存成分之间推衍与回溯的重要基础。自主成分推衍出依存成分,依靠的就是自主成分同依存成分的相邻/相似关系。本书认为,网络语境中变异模因的建构与运作更多的是基于仿体与幂姆之间的相似性关联。这种相似性关联在网络语言变异模因建构中可以分布于语言符号的不同等级层面上,呈现出多样性特征。对于音变模因来说,幂姆能够推衍出仿体,依靠的乃是自主成分同依存成分之间的语音相似关联。原语与网语构成了自主—依存关系,语音相似是联系二者的纽带,其中自主成分是原语及其所要表达的现实常规语义,而依存成分在网络语境中则呈现出一定的复杂性与变异性,诸如"鸭梨"(压力)、"1314"(一生一世)、"BT"(变态)、"酱紫"(这样子)、"哈9"(喝酒)、"＝＝"(等等)等,充分体现出音变材料的多样性。对于形变模因来说,幂姆能够推衍出仿体,依靠的则是自主成分同依存成分之间结构与功能方面的相似关联。尤其是在表现型变异模因中,统一结构是作为整体功能语义的载体而被反复启用的,仿体沿袭的是幂姆的格式语义与功能,以维持其中的亲代相似性与传承性。而对于义变模因来说,幂姆能够推衍出仿体,依靠的则是自主成分同依存成分之间语义方面的相似关联,不过,网络语境中的这种语义相似关系具有一定的复杂性,分别表现为修辞语义相似性、解构语义相似性和翻新语义相似性。

3. 拈连性

拈连本是修辞术语,徐盛桓将其移植到"自主—依存分析框架"中,以阐明语言符号系统双层运作过程中的深层理据。关于"拈连性",徐盛桓(2007)认为,"当在一定的条件下自主成分的地位确立以后,自主成分就表现出强烈的主导性,主导着依存成分的形成和运作,可以达到对依存成分实施'拈连'的地步,即自主成分有可能把本来只是属于自主成分的某些特点、规则、意向、性质或用法等,趁势拈连到依存成分上来,在一定程度上也成为依存成分的特点、规则、意向、性质或用法,而使依存成分可能达到'"袭"非成是'的地步。"[①]以此理论观照网络语境中大量变异模因的建构概况,笔者发现,其中的拈连更多表现为一种积极主动的认知操作行为。将幂姆的某些特点、规则、意向、性质或用法拈连到仿体上,是网络语言模因建构的常用策略之一。非但如此,网络语境还进一步改进了拈连的手法,使仿体与幂姆之间具有语音、语形、语义和功能等多维关联,也可以说,幂姆是通过语言符号的音形义以及功能中介将自身的某些特点、规则、意向、性质或用法拈连到仿体上的。这种拈连性与上述探究的意向性和相似性密切相关,幂姆对仿体发生拈连作用,是以意向性为指导,以相似关系的认定为主要手段。仿体的形成与运作必须要以幂姆的意向性为导向,又要以幂姆的意向性为旨归,原则上可以追溯出幂姆。不过,在网络语境中,由于模因建构的复杂性和变异性,发生于其中的"拈连"程序也具有了其自身的一些特点,除了拈连的方法有了改进外,拈连的性质也出

---

① 徐盛桓.2007.自主和依存——语言表达形式生成机理的一种分析框架.外语学刊,(2).

现了一定程度的变化。其中表现型同构变异模因的建构遵循的是一般拈连原则,而音变模因、义变模因以及基因型同形变异模因的建构情况较为复杂,发生于其中的认知拈连程序并不是将幂姆的特点、规则、意向、性质或用法直接转移到仿体身上,幂姆往往只是作为一个潜在的参照对象而存在,意在与仿体形成比照,进而产生特殊表达效果。拈连的动机并不是要直接返回幂姆的一般意向性,而是要在幂姆和仿体的比照中产生出新的东西。如上述分析的"偶像",能够拈连出"呕吐的对象",绝不是要回到"偶像"的一般表达意向上;"囧"能够拈连出"郁闷、尴尬、悲伤、无奈、困惑、无语"等多项新意,其始源语义"窗户与明亮"也绝非拈连程序的最终旨归。相关分析表明,网络语言变异模因建构中的拈连程序具有一定的复杂性,作为自主成分的幂姆活动在认知潜层,可以对显层仿体的建构产生影响,或者将其自身的特点、规则、意向、性质或用法直接转移到仿体身上,或者发挥参照体的作用,使显层仿体具有特殊表达效果。

综上所述,模因论对于网络语言变异研究具有一定的理论价值,二者之间具有很强的适配性。笔者经考察发现,网络语言中的诸多变异都内蕴着模因运作程序和"自主—依存"认知机理。新兴网络传媒的出现,使相关模因的建构、复制与传播呈现出一些新的特点,不仅催生出大量具有变异特质的语言模因,而且对相关模因的复制与传播也产生了重要影响。网络变异语言模因广泛分布于符号载体的音、形、义层面,呈现出复杂多变的建构与运行状况。其运作程序可分为"创生—同化—记忆—表达—传播"五个阶段,每一阶段都有宿主的积极参与,包含着一定的认知选择和处理程序。就运行机制来说,由于诸多变异模因运行于特殊网络媒介,幂姆与仿体之间的关系也呈现出一定的变异性特征。作为自主成分的幂姆对依存成分的仿体所施加的影响,既表现在将其自身的特点、规则、意向、性质或用法直接转移到仿体身上,也表现在能够发挥参照体的作用,比照衬托,使显层仿体具有特殊表达效果。网络语言模因的变异性正是来源于这种复杂的双层互动机制。

第八章 后现代主义与网络语言变异

网络传媒与后现代主义具有很强的兼容性和适配性,二者在颠覆传统与对抗主流的道路上携手并进,志趣相投。"从特定意义上讲,电脑——互联网是后现代主义文化的典范,后现代社会就是一个由电子、电脑宰制的社会。"①一方面,互联网的全媒体、超媒体和自媒体技术可以为网络语言运用的重置、拼贴、杂糅、戏仿和嫁接等多元消解工作提供技术支撑;另一方面,后现代主义所崇尚的多元差异、反理性主义、反逻各斯中心,乃至反一切封闭僵硬的思想体系,对网络语言符号的解构性变异又具有一定的导向作用与推动作用。二者联袂合作,催生出大批具有变异特质的网络语言符号,"漂浮"的能指和"滑动"的所指,充分体现出后现代解构主义所宣扬的主体消散、意指自由,赋予了当代网络人际交流以语言狂欢的游戏化色彩。鉴于网络传媒与后现代主义思维模式有如此关联,本章着重探究网络语言符号后现代性变异的类型及特征,并对该类变异的认知思维动因作出阐释。

一、后现代主义及其语言观

(一)后现代主义理论概说

后现代主义是一个模糊概念。一般认为是 20 世纪 60 年代发生于西

---

① 秦志希,葛丰,吴洪霞.2002.网络传播的"后现代"特性.武汉大学学报(人文科学版),(6).

方发达国家的具有批判性质的泛文化思潮,是对自启蒙运动以来西方以"理性"为内核的现代性的批判与发展,也是一种全新的思维范式。发展至今,该文化思潮已经波及人类社会生活的各个角落,对人类的生存方式、思维方式以及价值观念产生了重大而深远的影响。目前,人们对后现代主义的认识还存在较大分歧,相关概念的界定和理论评述更是众态纷呈。这是由后现代主义特殊性质所引发的,因为后现代主义本身就具有某种不可言说和不可表达的特征,但是,后现代主义相关研究却又无法超脱传统语言中介去认识和评述具有不可言说的"后现代主义"。实际情况正如乔纳森·卡勒(1983)所言,"直接观照思想无从谈起,语言符号反倒攫住读者视线,诱使他们介入其物质形式,而影响或感染到思想。"① 这种悖论注定了相关言说与评述无法达成绝对共识,抵牾分歧在所难免。不过,在分歧之中,人们仍然尝试要为其寻出理论端倪,因为所有的理论体系最终都必须诉诸语言符号,归结为一定的理论条款。于是,哈桑不厌其烦地将"后现代主义"理论特征概括为十一条;杰姆逊从文艺审美角度将其简化为四条:主体消失、深度消失、历史感消失和距离消失。于繁杂之中撷其要,后现代主义文化形态总体表现为:休闲和消费优先于生产,娱乐和游戏取代规则化和组织化的活动,生活形式日益多元化。在批判策略上采取的"是一种专事摧毁的否定性思维"②。其共有理论特征主要包括以下五方面。

1. 不确定性

哈桑认为,"不确定性"是后现代的根本特征之一。这一范畴具有多重综合所指,如含混、间断性、异端、多元论、随意性、反叛性、反常、变形等。在所有这些界定中,贯穿着后现代的一个基本精神,那就是对一切秩

---

① [美]乔纳森·卡勒.1983.论解构:77.陆扬,译.1998.中国社会科学出版社.
② 王治河.2006.后现代哲学思潮研究:2.北京大学出版社.

序和结构的消解①。所谓不确定性,就是指人类思维模式的含糊性。"后现代所追求的'模糊'思考模式,是经历了长期文化发展曲折,而又最终返回原始自然文化形态的人类思考模式"②,是对传统文化所倡导的同一性、整体性、中心性和确定性的反叛和决裂。这种不确定性对人类的思想运作具有重要意义,因为正是思想及其表达方式的不确定性赋予人类在更为广阔的时空维度内进行创造的无限可能与精神自由。

2. 不可表达性

后现代主义本身就是一种极其含糊不清的文化,蕴含着不可言说和不可表达的特征。强调不可表达旨在突显其与传统文化的决裂和对抗,因为,传统文化认为,人们可以通过语言以及其他表达形式对所要论述的对象予以适当的说明。后现代主义对此持否定态度,认为除了可以依据传统逻辑和表达方式加以说明的一小部分外,还存在大量含糊不清、无法说明的不稳定性、边缘性和多变性的复杂对象。同时,"后现代性中还包含着正常感知和认识方式所无法把握和表达的因素。传统正常逻辑的因果关系分析法和普通语言论述的表达法,都无法准确概括和表达后现代性中那些超出传统文化的因素",这些因素"只能诉诸于隐喻(metaphor)、换喻(metonymy)、借喻和各种象征(symbol)的方式。这就是为什么后现代主义者非常重视并不断发明各种符号、信号和象征",他们"不仅运用他们自己所创造的词语和概念,而且也使用语言以外的象征、信号、图形及各种时空结构,以达到象征性地表达那些'不可表达性'的目的"。③ 维特根斯坦也认为,"所有有意义的东西都有不可表达性",这一哲学命题强调了在现实世界中还存在着大量不可认识、无法表达的对象。解构的后现

---

① 参见:中国人民大学哲学院国家精品课程"西方哲学智慧"中的"后现代主义"教学内容, http://philosophyol.com/dept/ sophia/course/content/postmodern/200410/391.html. [2012-03-22].

② 高宣扬.2005.后现代论:64-65.中国人民大学出版社.

③ 高宣扬.2005.后现代论:3-4.中国人民大学出版社.

代主义则拒斥一切"超验意指",提出了再现的不可能性——即无法超越"已经存在"的东西。而后现代主义提出"不可表达性",意在敦促人们去关注不可表达的对象与可认识、可表达对象之间的关系,并要清醒地认识到不可表达性其实一直贯穿在人们的思想观念、表达方式和表达过程之中。

3. 无深度性

所谓无深度性,就是反对理性,漠视真理,有意轻视甚至拒绝传统注重逻辑思维和严谨反思的理性思维活动,只注重现时立即可以获得愉悦和享受的感性活动。这一特征反映在文化上就是要"削平深度模式"。所谓削平深度模式,就是取消对终极价值和深层内涵的追求,消除现象/本质、表层/深层、真实/非真实、能指/所指之间的二元对立,将一切平面化,否定文本有所谓的深层含义或意义,而只有能指的无限滑动,"在各类浅薄的作品中传播自己,拒绝、回避阐释"①。总之,后现代社会和文化的"复制"性和机遇性,尤其是进入与西方后工业化社会相伴而生的数字化传媒时代,人的理性逻辑思维已经被边缘化,感性思维成为主流思维模式。伴随数字化传媒而生的"新新人类"普遍崇尚"不再思考"模式,漠视和抗拒传统的理性逻辑思维,代之以最适应社会文化高度变化的非确定性思考方式。理性思考已经过时,追求感官享受成为一种时尚潮流,眼睛、耳朵和触觉等感觉器官成为他们认识外界现实的主要工具,而数字化传媒的高复制性和强辐射性又进一步强化了他们"光看不想"的认识倾向。

4. 多元性

后现代主义倡导多元性,意在向传统文化所极力宣扬的"共有理性"、"普遍规律"、"二元对立"、"统一性"和"整体性"等理论宣战。现代主义追

---

① [美]伊哈布·哈桑.何谓后现代主义.王岳川,译.1990.文艺研究,(2).

捧精英文化和主流文化,压制和贬低非主流文化;而后现代主义质疑既存的思想格局、等级秩序和话语体系,批评宏大理论,强调地方知识,追求大众文化(或称消费文化),提倡多元观念,尊重多样化的个人情感与选择。"持续性与间断性,高层文化与底层文化交汇了,不是模仿而是在现在中拓展过去。在那个多元的现在,所有文体辩证地出现在一种现在与非现在、同与异的交织中。"①反中心性、反二元论、反同一性、反总体性,主张差异性、异质性、多样性和离散性已经成为后现代主义理论范式的本质特征。

5. 游戏化

后现代主义的游戏化具有巴赫金"狂欢化"理论特征。巴赫金"狂欢化"理论源自西方狂欢节庆典。庆典期间,现实等级秩序被摧毁,各种科条律令被颠覆,全员参与,人人平等,嬉笑怒骂,插科打诨,尽情宣泄,彰显出迥异于现实制度性社会的另一种生活样态。其典型特征可以概括为:1)平等性。在此特定环境中,人与人之间的身份差异被消弭,都是庆典仪式的平等参与者。2)宣泄性。挣脱现实枷锁,卸下心灵负荷,尽情释放被压抑的情绪与欲望。3)颠覆性。人人平等颠覆了等级秩序,尽情宣泄颠覆了现实规范。4)大众性。全员参与,集体狂欢,以草根文化对抗主流文化。它充分体现出对自由平等价值的热爱和尊重,以及敢于挑战权威、否定教条、渴望变化革新的叛逆精神。

(二)后现代主义语言观

后现代主义的理论建树渗透着有关语言的认识与评价,这种研究取向与当代人文社会科学研究领域中的语言学转向不无关联,语言问题已经成为当代哲学研究所要关注的首要问题。后现代主义也充分认识到语言问题在其理论建树中的重要意义,尤其是以德里达为代表的解构主义大师们,通过历史检阅式的解构策略深刻地剖析了传统形而上学的思维根基。其中,德里达

---

① [美]伊哈布·哈桑. 何谓后现代主义. 王岳川,译. 1990. 文艺研究,(2).

在继承海德格尔反形而上学和逻各斯主义理论的基础上,"另辟蹊径,大胆从语言学、符号学的角度出发,提出了针对逻各斯中心论的一整套消蚀瓦解策略。"①20 世纪 60 年代发表的《文字语言学》、《声音与现象》和《书写与差异》三部著作是其重要理论标志。之所以将语言问题作为解构主义的理论切入点,是因为语言是传统思想体系得以建立与传承的重要载体,也是"进入思想、进入人类概念体系的一把钥匙"②,于是,语言问题就成为解构主义向传统发难的最佳突破口,进而催生出反逻各斯中心主义(anti-logocentrism)、延异(différance)、播撒(dissemination)、替补(supplementarity)、踪迹(trace)、互文性(intertextuality)等一系列带有强烈解构色彩的理论支点。

在德里达看来,西方传统逻各斯中心主义的历史就是用口说的话即言语,来压制书写的话即文字的历史。这种重言语轻文字的历史由来已久,可以追溯到苏格拉底宁可授徒立说,不愿将活生生的经验削足适履,诉诸文字。柏拉图声称文字不过是小孩子的发明,难以同言语这大人的智慧抗衡。亚里士多德的《解释篇》断言口说的话是内心经验的表征,书写的话是口说的话的表征。而卢梭《论语言的起源》则称文字是一枚指针,专门指示人类的纯朴心态给文明毁坏的程度等。德里达解构主义思想缘起就是不满于西方几千年来贯穿至今的哲学思想,对那种传统的不容置疑的哲学信念发起挑战,对自柏拉图以来的西方形而上学传统大加责难。因此,上述重言轻文的传统观念自然就成为其解构的重要内容之一,大胆地提出文字先于并包容语言,文字是语言的基础,而不是后者的二手设计,它不是某些先已成型的思想或言语单元的载体,而是构成这类单元的生产模式。此外,基于索绪尔结构主义语言系统性理论的区别工作机制,德里达进一步推演了这一逻辑,以探寻意义的区分在何处停止,进而得出结论:意义与其说是固定的,不如说它是移动的,弥散的,它是无数文字互为参照的"痕迹"(trace),德里达名之曰"延异"(differance),即

---

① 王泉,朱岩岩.2004.解构主义.外国文学,(3).
② 李春华.2007.德里达解构主义语言哲学观评析.求索,(8).

意义无限延宕的过程。其内涵是：意义取决于差异（difference），意义必将向外扩散（differre），意义最终无法获得，处于无穷延宕（deferment）的状态。所有的所指都是能指无限区分的结果，没有一个是能指的终极所指，意义是一条无限延伸的能指链，语言是一张无边无际蔓延的网，没有任何纯粹的意义能够充分地存在于语言之内。对本体论的追问永远是无法到达的，能指的存在也不依赖于任何确定的所指，能指只是语言系统差异的产物，能指在到达所指以前，就已经被别的能指所截获，而陷入没有边际的延宕之中。①

综上所述，德里达的解构主义策略，就是回到历史深处，向西方传统形而上学思想开战，对所有既成的绝对理念和终极真理大加责难，并深刻揭示出种种形而上学信条的思维根基。这一策略运用的理据正如拉康（1978）所言，"整个语言文化系统早在我们出生之前即已存在，当我们学习语言时，这个潜在的语言文化系统逐渐将其整个结构与秩序强加给我们。或者说，我们无意识中进入一套事先存在的复杂网络之中。是这个网络教会我们说话，思考，行动，并对应于每个人的社会地位与职守，形成所谓的自我意识。"②

二、网络语言变异中的后现代性

网络文化是伴随西方社会的后工业化而发展起来的，因此，从形式到内容都不可避免地打上了后现代主义文化烙印。"网络的思维范式和话语模式犹如复调音乐中的'卡农变调'般响彻着后现代主义的思想旋律，

---

① 参见：解构主义. 百度百科, http://baike.baidu.com/view/2780.htm.
② Jacques Lacan. 1978. *The Four Fundamental Concepts of Psycho-Analysis*. Jacques-Alain Miller (ed.), Alan Sheridan (trans.). W. W. Norton & Company. 转引自：王泉，朱岩岩. 2004. 解构主义. 外国文学,（3）.

蕴藏着后现代文化的逻辑内涵。"①其中网络语言运用也耦合了后现代主义的特质,但但海剑和石义彬(2009)认为,对网络语言的讨论可以回归到后现代性的认识上。因为"后现代主义所蕴含的自由与解放的力量是网络语言发展的根本动因。处于开放状态的网络语言削弱了语言主体的强势地位,为使用者创造了参与发展文本意义的空间"。"从根本上而言,网络语言扩大了人的自由"②。这种联系后现代主义的研究取向具有一定的理论价值和现实意义,将纷纭复杂的网络变异语言现象纳入后现代主义理论视阈中进行审视和探究,可以为网络语言变异研究打开一个新的理论端口,可以为相关语言现象运作机制和生成理据的探究寻求到更为科学而合理的阐释。而"网络文化传播也许是后现代主义状态的最完美的说明书或展示录"③,网络语境为后现代主义的理论运作提供了一个新的实践平台,后现代主义所倡导的多元性、解构性、平面性、游戏性等理论节点在网络语言万花筒中可以一览无余。

（一）多元性:能指漂浮

在传统现实语境中,能指与所指已形成固定链接,能指被认定为是所指的直接呈现,主客观世界可以通过语言直接表达,二者关系已经模式化和固定化。但在后现代主义者看来,语言却是一种异己的客体力量。"语言并不能让人自由地表达自身的思想和感情。这是因为,人们所使用的每个词语的含意,每条语法规则都是别人早已定好的。一方面,每个人的思想、情感都具有独特性,但另一方面,人们借以表达这种独特性的语言却是模式化的、规范化的。这种模式化、规范化的语言根本不足以表达出每个人的独特性,于是人们只有把自身的独特性压抑到潜意识的深层世

---

① 欧阳友权.2003.网络文学的后现代文化情结.文艺理论与批评,(2).
② 但海剑,石义彬.2009.后现代语境下的网络语言研究.湖北大学学报(哲学社会科学版),(3).
③ 张品良.2007.网络文化传播:一种后现代的状况:50.江西人民出版社.

界中去。"①于是,后现代主义多元性主张以"众声喧哗"打破传统"主旋协奏"模式,尽情释放被压抑的潜意识,以全力对抗传统逻各斯中心主义、绝对真理、普遍规律以及统一性和整体性理论体系。这一解构实践表现在网络语境中就是大批混合杂糅型语言符号的产生与流行,呈现出能指漂浮的多元化特色。

网络语言的多元化特色主要表现为异质性和多样性变异符号的建构与流行。在网络语境中,数字传媒的技术优势,年轻网民的创新思维,后现代文化的浸染渗透,三者形成合力,共同催生出多元化变异语言符号。其多元化主要体现在两个方面:一是建构材料多元化。在网络语境中,汉字、数字、字母、图像以及其他特殊符号都可以成为构建网络语言符号的备用材料,使网络语境的能指符呈现出飘忽不定和变化莫测的特点。二是建构方式多元化。这些可以利用的各种符号在网络语境中的建构方式也呈现出多样化特点。

1. 汉字类网络变异符号的建构类型

(1) 旧词义变。如"恐龙"(丑女)、"青蛙"(丑男)、"灌水"(发帖)等。

(2) 旧词音变。如"油饼"(有病)、"斑竹"(版主)、"鸭梨"(压力)等。

(3) 外语借词。如"哈皮"(高兴,英文 happy)、"甫士"(姿势,英文 pose)、"茶包"(麻烦,英文 trouble)、"姐贵"(肌肉强健的大姐,来源于日语)、"库索"(恶搞,来源于日语)、"萝莉"(心理早熟的小女孩,来源于日语)等。

(4) 合音缩略。如"酱紫"(这样子)、"表"(不要)、"考"(可好)等。

(5) 童言重叠。如"东东"(东西)、"饭饭"(吃饭)、"片片"(照片)等。

(6) 字形拆解。如"弓虽"(强)、"丁页"(顶)、"彦页刀巴"(颜色)、"亻壬亻可"(任何)、"女子木奉口牙"(好棒呀)等。

(7) 古字新用。如"槑"(很呆很傻,古同"梅")、"兲"(王八,詈语,古

---

① 周卫红.2006.论网络语言的后现代文化内涵.晋阳学刊,(5).

同"天")、"氺"(火化,古同"光")等。

(8) 方音临摹。如"偶"(我)、"介个"(这个)、"口耐"(可爱)等。

2. 数字类网络变异符号的建构类型

(1) 谐音类。如"456"(是我啦)、"1920"(依旧爱你)、"0837"(你别生气)、"53770"(我想亲亲你)、"596"(我走了)、"555"(呜呜呜,模拟哭声)、"3166"(再见,日语"撒优那拉"谐音)等。

(2) 会意类。如"286"(反应慢,落伍,老式电脑处理器型号)、"1775"(我要造反,美国独立战争爆发之年)、"007"(我有秘密,谍战电影名,也是主人公特工詹姆斯·邦德的代号)、"911"(恐怖,2001 年 9 月 11 日,美国遭恐怖袭击事件)、"13579"(此事真奇怪,5 个奇数相连,英语中"奇数"和"奇怪"同词,皆为 odd)、"0001000"(很孤独,"1"表示一个人,"0"表示空乏)等。

3. 字母类网络变异符号的建构类型

(1) 汉语字母类。如"BT"(变态)、"SG"(帅哥)、"LP"(老婆)、"BS"(鄙视)、"RY"(人妖)、"SJB"(神经病)、"XDJM"(兄弟姐妹)等。

(2) 英文字母类。如"BF"(boy friend,男朋友)、"CU"(see you,再见)、"SP"(support,支持)、"BRB"(be right back,马上回来)、"AFAIK"(as far as I know,就我所知)等。

4. 拟像类网络变异符号的建构类型

(1) 绘形类。如":- x"(闭嘴)、"< @ _ @ >"(醉了)、"@>>->--:"(玫瑰花)、"{{}}"(拥抱)、"(^_^)∠※"(送你一束花)等。

(2) 摹像类。如系统自带图库中的"😀"(笑脸)、"🐧"(发抖)、"🐍"(勾引)等。

5. 综合类网络变异符号的建构类型

综合类网络变异符号是由汉字、数字、字母以及其他符号混合杂糅而成。例如"囧 rz(失意体前屈)、至 high(特别兴奋)、4 人民(为人民)、8 错(不错)、qu4(去死)、+U(加油)、1 切斗 4 幻 j(一切都是幻觉)、↓b 倒挖 d(吓不倒我的)、3Q 得 Orz(感谢得五体投地)"等。其中尤以集符号、方言、英文、日文、韩文、注音文、繁体字、冷僻字、错别字、异体字、拆分字等非正规化文字符号于一身的火星文最为典型。例如：

1) 偶ㄉ电脑坏掉ㄌ害偶一整天都粉 sad¯// 苊莇电脑坏扌卓叻,嗜碇⑴整忝嘟彳艮伤吣¯(我的电脑坏掉了,害我一整天都很伤心)

2) 苺天想埝祢巳宬僞 1.种溜慣(每天想念你已成为一种习惯)

3) 陎了伱/。〝五谁都/想 yAo! ⋯⋯(除了你我谁都想要⋯⋯)

4) 乄__壹颗心〝罒.全寫满.oo伱__de.名字 发誓 ai 伱一辈子 咏薳のしovè o 伱 为瞭伱 wǒ 宁愿放弃整片(り森林(一颗心全写满你的名字,发誓爱你一辈子,永远地爱你,为了你我宁愿放弃整片森林)

(二) 解构性:所指滑动

网络语言符号的解构性变异主要表现为所指的异向滑动。传统符号学理论认为,所指是能指关涉的确定对象,二者之间维系着一一对应的透明关系,能指可以作为所指的全权代表参与话语表达和思想建构。后现代主义拆解了这一既定关联,认为意义与其说是固定的,不如说是移动的,弥散的,它是无数文字互为参照的"痕迹"(trace),是一种"延异"(differance),即意义无限延宕的过程。在德里达看来,语言不是一个一成不变的稳态结构,而是一个差异系统。口语还是书面语的差异只体现在其表现的媒介上,而不是意义,因为意义本身是散布在一连串的能指的转换过程中。意义具有多样性、无限性和开放性。后现代主义在德里达的"解构论"中将语言置于共时和历时的统一体中进行解读,因此,意义不是语言的意义,意义因人而生,语言是人化的语言。网络语言系统运作秉承并发扬了后现代主义的解构思维传统,充分挖掘出能指与所指之间无限延宕弥散的可能性,一些在传统语境中已经高度规约化的能指符号被拆解成新所指的表达形式。通过所指移位,形成新的符号联结,对传统语言系统的规约性进行颠覆与解构。其典型表现就是大批缩略符号和非缩略符号在网络语境中被赋予了新的所指内涵。网络语言充分利用了符号的模糊性、多义性和概括性等特点,将蕴含于能指符中的潜在的多义模糊所指释放出来,使创新所指和常规所指形成强烈反差,进而在受众解码过程中造成心理落差,以获取符码解构的新奇和快感。就能指符的性质来看,该类变异大致可分为汉字词解构和字母词解构两种类型。

1. 汉字词解构

关于汉字词解构用法问题,已有一批研究成果问世。沈娉(2004)视其为"语义别解",认为该类语言现象已经历了"二度符号化"[①]。池昌海和钟舟海(2004)称之为"托形格",并通过对"白骨精"和"无知少女"建构机制的分析探究了相关问题[②]。赵燕华(2007)名之曰"解构式缩略语",探究了该类语言现象的表现形式、建构本质以及生成机制等问题[③]。尽管说法不一,但该类语言现象的变异性特点已经得到较为充分的阐释。比较而言,赵燕华的"解构式缩略语"具有一定的理论深度,本书拟在其基础上进行拓展延伸,以期更为系统地揭示出当代网络语言符号解构性变异的类型及特点。

所谓解构式缩略语,就是"对汉语原有的缩略语或非缩略词语进行形

---

① 沈娉.2004.网络词语语义别解类型初探.修辞学习,(2).
② 池昌海,钟舟海.2004."白骨精"与"无知少女":托形格略析.修辞学习,(5).
③ 赵燕华.2007.当代汉语解构式缩略语分析.语言文字应用,(2).

式或意义上的解构,从而形成新的缩略语"①。这种解构基于原有结构构成语素的形式关联,以字形或字音的相同或相似为解构基点。解构前后的语言成分可以作双向观察,解构之前的语言成分是有其特定所指的符号形式,形义之间已有固定关联;而解构之后的语言形式已成为另类所指的能指符号,对于新所指来说,其所依凭的原有能指符号仅作为缩略语形式而存在,这种新造缩略语恰好与传统常规语言系统中的某个有特定所指内涵的语词符号同形同体。网络语言交际通过这种设计,有意打破语言符号所谓的确定性、规范性和系统性,让语言符号的能指与所指处于漂浮延宕状态。而对于网络交际接受者来说,这种所指滑动势必会造成其常规解码工作受阻,常规接受预期落空,"让接受者在按照原来所指理解新的对象过程中出现常规心理转换链中断,继而领会托形成分被赋予的新义"②。从解构式缩略语的建构特点来看,可以分为语形解构、语音解构和混合解构三种类型。

(1) 语形解构。所谓语形解构,是指将原有语词符号拆解成单个语素,让这些语素分别代表与原有所指不相关的其他所指,致使符号能指与所指既定关联中断,进而产生解码过程的突兀和乖谬。例如:

可爱→可怜没人爱　　　　老板→老板着脸
铁丝→铁杆粉丝　　　　　清华→清一色华人
善良→善变又没天良　　　神童→神经病儿童
冒号→冒充病号　　　　　校花→校门口卖豆腐花的
网格→网民上网体现的人格　变态→改变态度
健美→健忘而臭美　　　　不错→长成这样不是你的错
爱心→爱钱没良心　　　　处女→处级女干部
特色→特别好色　　　　　耐看→要耐着性子看

---

① 赵燕华.2007.当代汉语解构式缩略语分析.语言文字应用,(2).
② 池昌海,钟舟海.2004."白骨精"与"无知少女":托形格略析.修辞学习,(5).

小美人→小时候是美人　　内在美→内人在美国
总经理→总是经常被人修理　　非凡→非常平凡

以上用例属于整体扩展式语形解构,就是将原有固定语词拆解成一个完整的表述结构,而原有语素在其中已经被扩展成大于语素的语言单位。如"可爱"本是一个褒义性的形容词,而在网络语境中却被拆解为贬义性句法结构"可怜没人爱",原词中的语素"可"扩展为词语"可怜",语素"爱"扩展为短语"没人爱"。也可以说,"可爱"是由"可怜没人爱"缩略而成,这种缩略恰好与固有语词"可爱"同形,是网络编码者有意为之。两相比较,语义结构变化,感情色彩逆转,意在颠覆传统,消解规约,彰显出语词符号所指的延异性和不确定性。

此外,还有一些用例属于单项加合式语形解构。例如:

白骨精＝白领＋骨干＋精英　　人类＝人渣＋败类
蛋白质＝笨蛋＋白痴＋神经质　　奔驰250＝笨＋痴＋二百五
气质＝孩子气＋神经质
无知少女＝无党派＋知识分子＋少数民族＋女性

所谓单项加合式语形解构,是指将原有固定语词拆解成单个语素分别赋予新的所指,然后将其加合成并列组合结构,致使解构前后语义所指迥异。如"白骨精",原本是《西游记》中的一妖精名称,属于专有名词,而在网络语境中却被分别拆解成并列语言单元"白领"、"骨干"和"精英",意指白领阶层中的顶尖人才,两相比照可以产生特殊戏谑效果。

(2)语音解构。与语形解构不同,语音解构是通过语音上的相同或相近进行别解转移。解构前后只有语音关联,语形和语义已有很大差异。对于解构之后的语言形式来说,原有语词符号只是一个有语音相关性的缩略语,通过借音托形寓义,"旧瓶装新酒",赋予原有语词符号以语义色彩迥异的新的内涵。例如:

偶像→呕吐的对象　　禽兽→勤奋的教授
贤惠→闲在家里什么都不会

就"偶像"来说,其与"呕吐的对象"只有语音上的联系,可称为谐音缩略语。语形上,"偶像"是词,而"呕吐的对象"是短语;语义色彩上,"偶像"是褒义词,而"呕吐的对象"是贬义短语。表达过程中,编码者利用语音关联,有意"暗自偷换掉其中谐音语素的实质含义,将这一义项指向与字面语素谐音的另一个语素意义,从而破解了原有词语的结构,发生了语义转换"①。

(3) 混合解构。以上分别探究了语形解构和语音解构,但在考察语料时发现,网络语境中还有一种混合解构类型,即兼顾音与形的别解转移类型。例如:

健谈→贱到什么都谈　　研究生→抽烟喝酒的学生
如花似玉→如花椒似芋头　天才→天生蠢材
情圣→情场剩下来的　　　驴友→一起旅游的朋友
天使→天上掉下来的狗屎　忠厚→脸皮像钟一样厚
强暴→强有力的拥抱　　　早恋→早晨锻炼
黄昏恋→黄昏锻炼　　　　天生丽质→天生没有利用价值

所谓混合解构,是指通过音形关联将原有语词的既定理据意义进行分化解构,对其原有语素意义进行重新设定,进而建构成全新的语义结构体。如"健谈"之所以能够解构为"贱到什么都谈",是因为二者之间有语音语形双面关联,"健"与"贱"同音,而语素"谈"保持语形不变,但解构前后语义褒贬色彩已有很大变化。上述其他各例都属于音形混合解构类

---

① 沈婷.2004.网络词语语义别解类型初探.修辞学习,(2).

型,这种表达差异正是网络语言解构性变异的终极追求,致力于破坏既定规约,以摧毁传统语义窠臼。

2. 字母词解构

在网络语境中,出于经济性表达需求,字母词已经成为一种重要的语言表达形式。但与普通字母词不同,解构式字母词的建构并非单纯追求经济性。其一般采用有特定所指的现存字母缩略形式,或根据汉语拼音,或依凭外文单词,赋予这些现存字母缩略形式以新的所指,致使解构前后的所指形成强烈反差,进而收到戏谑效果。相关解构形式见表8-1。

表8-1 字母词解构类型分析表

字母缩略词	原有所指	解构所指	变异方式
BMW	"宝马"汽车品牌 (Bayerische Motoren Werke)	别摸我(bie mo wo)	英文 ↓ 汉语拼音
TMD	弹道导弹防御系统 (Theater Missile Defense)	①他妈的(ta ma de) ②甜蜜的(tian mi de)	
NBA	美国篮球联盟 (National Basketball Association)	牛逼啊(niu bi a)	
UFO	飞碟(不明飞行物) (Unidentified Flying Object)	①丑陋、愚蠢、老朽 (Ugly, Foolish and Old) ②丑陋女人组织 (Ugly Female Organization)	英文→英文
BBS	电子公告板 (Bulletin Board System)	①被鄙视(bei bi shi) ②大胸女人 (big breast sister)	综合
JMS	Java信息服务 (Java Message Service)	①姐妹们(jie mei+s) ②佳木斯(jia mu si)	综合

由表8-1的分析不难看出,该类字母缩略词皆非出于一般经济性表达需求,其解构用法是一种"刻意曲解",即"语言使用者为了达到某种交际的目的,有意利用某种特殊的语境和对方话语中的含糊的、不确定的表达方式,歪曲对方的话语意图,以便达到某种交际效果"①。编码者有意采取与现有专名字母缩略语同形的解构符号,意在设置解码障碍,诱使接受者入彀,并在解码受阻后幡然醒悟,以获取一种新奇的语言游戏效果。

(三)平面化:感性至上

如前所述,后现代主义极力反对理性,漠视真理,有意轻视甚至拒绝传统注重逻辑思辨与严谨反思的理性思维活动,只注重现时立即可以获得愉悦和享受的感性活动。詹明信(1997)认为,"一种崭新的平面而无深度的感觉,是后现代文化第一个、也是最明显的特征。说穿了这种全新的表面感,也就给人那样的感觉——表面、缺乏内涵、无深度。这几乎可说是一切后现代主义文化形式最基本的特征。"②后现代主义大师鲍德里亚(1988)认为,"在通向一个不再以真实和真理为经纬的空间时,所有的指涉物都被清除了,于是仿真时代开始了","超真实离开了想象的庇护,离开了真实与想象的差别,它只为模型的轨道重现和仿真的差异生成留出空间。"③互联网技术发展与普及,进一步助推了这种仿真拟像世界的建构进程。而对于网络交际来说,"网络主体实际上是一种可以自主界定的客体,网络主体行为个性化是其最主要的特征,这使得语言的述行性带有强烈的个人色彩。网络语言可以说是语言的'重新部落化'。网络语言似

---

① 何自然,申自奇.2004.刻意曲解的语用研究.外语教学与研究,(3).
② [美]詹明信.1997.后现代主义,或晚期资本主义的文化逻辑.陈清侨,译.张旭东编.2003.晚期资本主义的文化逻辑:詹明信批评理论文选:440.生活·读书·新知三联书店.
③ [法]让—鲍德里亚.仿真与拟象.汪民安等主编.2000.后现代性的哲学话语——从福柯到赛义德:330.浙江人民出版社.

乎有意颠覆现代语言的各种规则。"①这种颠覆典型地表现为网络语言运用中的"平面化"和"表层化"后现代思维模式的运作与扩散。

网络语言运用中的"平面化"与"表层化"后现代思维模式主要表现为一种视觉语言符号的建构与运用。互联网技术将人类交际推进到"视屏时代"和"读网时代",也标志着人类社会文化正在经历一种读图转型,视觉文化已经成为当代文化的新范式。"网络媒介是以声光为介质的,它极大地拓宽了人类的视野,是人的视听器官的又一次延伸,使媒介文化走进了数字化'虚拟影像'的时代,全球网络就是建立在视觉形象设计之上的。"②这种文化视觉转型不但对人类的宏观交际模式产生重大影响,而且也助推了微观层面上的网络语言"读图符号"的建构与运用。借助网络媒介的技术优势和后现代"平面化"思维模式,大批直观具象的视觉感性符号应运而生。

1. 拟像符号

网络语言符号"平面化"设计与运用首先表现为大量拟像符号的建构,其中尤以示意符号和拟像图谱最为典型。示意符号也叫"图形符号",由法尔曼教授创造的两个脸谱表情符号首开先河。后来,该类网络表情符号得到了迅速发展与普及。就表达对象来看,可以分为表情类、表物类、动作类和综合类等多种类型。例如,表情类有"^_^"(眯着眼睛笑)、"::>_<::"(哭泣)、"< @ _ @ >"(醉了)等;表物类有"(=^^=)"(猫)、"@>>->--:"(玫瑰花)、"┏┷┯┯━┓"(枪)等;动作类有"{{{(>_<)}}}"(发抖)、"Y(^_^)Y"(举双手庆祝胜利)等;综合类有"(^_^)∠※"(送你一束花)、"(~ o ~)~zZ"(我想睡啦~)等。就建构方式来看,可以分为欧美版和日本版两种类型,欧美版采用侧面型,需顺时针旋转90°观看,如":-D"(大笑)、";-)"(眨眼)、":-O"(惊讶)等;日本版

---

① 秦志希,葛丰,吴洪霞.2002.网络传播的"后现代"特性.武汉大学学报(人文科学版),(6).

② 张品良.2007.网络文化传播:一种后现代的状况:158.江西人民出版社.

采用正面型,可以直接观看,如"(ˆOˆ)"(大笑)、"(T_T)"(哭泣)、"(ˆ_-)"(眨眼)等。拟像图谱是系统配置的一种表情示意符号,是一种更为直观形象的情态和物象表达手段,包括脸谱、动作、实物等各种图谱。其中最为典型的是 QQ 聊天工具所自带图库中的图谱。如 、、、、、、、、、等。

2. 古字别解

网络语言符号的"平面化"设计与运用还表现在对古汉字"望文生义"的形解与别解,从后现代视角赋予了古汉字以新的所指内涵。较之西方表音文字,属于表意文字体系的汉字本身就充斥着大量的可视化信息,与当代文化的读图转型具有天然的契合性。解构主义大师德里达(1967)也认为汉字不像西方文字跟着声音亦步亦趋,它自成一个完整的世界,具有恒久性,"澄怀观道,独立于绵绵历史之中"。汉字文化没有受逻各斯中心主义的"玷污",是逻各斯中心主义之外的伟大发明。汉字造字之初,本以象形为主,进而在这基础上加以标识,指明事理。汉字"能指从一开始就是它自身重复的可能性,是它自身的图画或相似性的可能性"①。莱布尼兹甚至认为汉字是"聋子创造的"。这种轻音重形的特点恰好满足了德里达反逻各斯中心主义(语音中心主义)的需求。汉语网络语言运用充分承继了这种解构思想,尽力恢复汉字原初的诗性智慧和象形示意特质,以成就当下可以即时体验的感性活动。

古汉字的"平面化"设计具有一定的复古倾向。中华民族的汉字文化源远流长,"早在新石器时代,我们的祖先就在岩壁上刻画,在原始的陶器上作画。这些画作,不仅是雕刻绘画的艺术品,更是汉字发展为象形文字的肇始渊源"。殷商时期出现的"甲骨文是象形文字,是中国早期岩画、陶

---

① [法]雅克·德里达.1967.论文字学:136.汪堂家,译.1999.上海译文出版社.

刻艺术发展变化的象形文字系统。许多甲骨文实际上就是形象生动的图画，令人一看就懂"①。如前所述，当代网络语境中的古字新用首推"囧"字的别解转移。该字原本作"冏"，像古代的窗户，"八"和"口"构成了雕花的窗棂。有窗就有亮，进而引申为"光明"义。网民们依形赋义将其重新设定为人的失意表情："囗"是人的一张脸，其中的"八"是耷拉的眉眼，"口"是一张嘴，整个造型酷似一张苦闷失意的人脸，因此被赋予郁闷、尴尬、悲伤、无奈、困惑、无语等意思，与"窘"相似。而"槑"是另一个较为典型的依形赋义古汉字。该字古同"梅"，象形，网络将其形解为"呆＋呆"，意为"很呆"、"很傻"。而"烎"，古意为"光明"，网络将其形解为"开＋火"，意为"斗志高"、"有血性"。其他如"兲、炎、踂、奭、氼、嚞、嬲"等都被网络形解为迥异传统的新的所指。对于这种语言现象，有人称之为语言运用"返祖"，有人称之为"现代会意造字"，说法不一，但所内蕴的"平面化"和"表层化"后现代思维模式是一以贯之的。所谓"返祖"，是指一种不常见的生物"退化"现象，这种"退化"现象在网络语言中的表现就是已经逐渐弱化的象形会意字符在网络语境中又悄然出现。而所谓"现代会意"，也是借助于已有字符对其能指与所指进行重置与拼贴。"返祖"和"会意"都是有意割裂已有符码体系的既定关联，根据符码形式特点进行"平面化"设计，旨在削平深度模式，摒弃严谨逻辑思维，让语言符号处于一种无确定性和无深度性的表层流放状态。

3. 混合表意

除了拟像符号和古字别解外，图文并茂式的混合表意也是网络语言符号"平面化"设计经常使用的一种重要方法。这种方法的出现与多媒体最新处理技术有关联。多媒体技术可以对信息进行自由编码、存贮、编辑和传输，电脑软件中存有大量的图标可供使用，图形处理软件可以对目标

---

① 阎志芬.2004.汉字与读图时代.汉字文化,(3).

对象进行剪贴、移动、旋转、缩放、重叠等操作。"电脑信息技术中,为了高效和便捷,从不拘泥于数码、文字、图像间的截然界限,而总是追求恰当的统一。现今电脑已经能够十分成功地把数码、文字、图形、图像、声音、色彩作一体化处理。"①于是,网络交际语境中诸多具有可视化的混合表意符号应运而生。

(1) 由"Orz"到"囧 rz"系列。"Orz"是一种来源于日文的网络象形文字,是失意体前屈的摹态拟像。其直观具象变体为"○⌈⌋_",状似一个人被事情击垮而跪倒在地的样子,常用来形容被事情打败或者很郁闷。问世以后,很快发展成为网络上极为流行的表情符号,且被网民们不断加工重构,进而滋生出诸多富有创意的新变体。基于"Orz"造型,网民们用"囧"置换"Orz"中的"O",建构成"囧 rz"(失意体前屈,亦称"囧国国民"),并继而生成以下新变体:

崮 rz ——囧国国王　　　　　茴 rz ——囧国皇后
同 rz ——囧到下巴都掉了　　商 rz ——戴斗笠的
卣 rz ——轰炸超人　　　　　曾 rz ——假面超人
圙 rz ——老人家的脸　　　　圂 rz ——没眼睛的
囜 rz ——没有眼和口的　　　圀 rz ——歪咀的
圐 rz ——无话可说的　　　　苊 rz ——女的

(2) 字符画。字符画是由字母、标点、汉字或其他字符组成的图画,属于图文混合表意类型。通常利用字符的形状代替图画的线条来构成简单的人物、事物等形象,或者利用占用不同数量像素的字符代替图画上不同明暗的点,从而建构成具有一定可视性的图文混合符号。其中,图形直观摹像,可以辅助表意;文字画龙点睛,使图形更为灵动。二者相辅相成,

---

① 康言午.1996.电脑专家为什么惊呼象形文字卷土又重来.汉字文化,(2).

赋予网络语言交际以后现代"平面化"色彩。(如图 8-1)

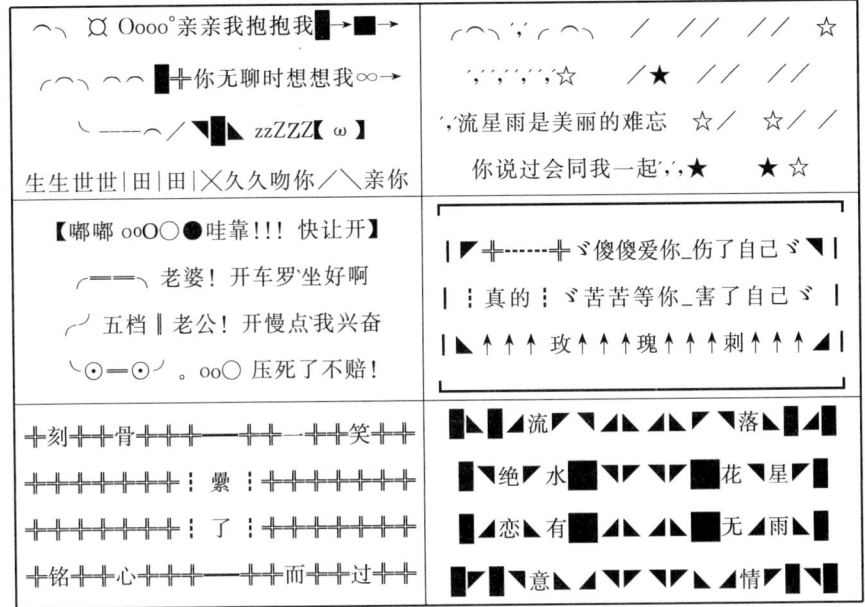

图 8-1　字符画建构示例图

(四)游戏化:语言狂欢

游戏化是网络语言后现代性变异的重要特征之一,也是对传统语言模式和规范的一种颠覆与超越。因为,在后现代主义者看来,人类生来就被囚禁在"语言的牢笼"中,其意义世界除了符号别无他物,所以只能借助语言符号来思想。因此,要想冲出这"语言的牢笼",就必须突破既有的、传统的、权威的语言模式与规范,进行不断创造与更新,使语言文字不再成为约束思想表达和自由创造的手段,而应该成为人类向自由王国过渡的一种符号阶梯。网络媒介以其先进的硬件装备和软件设施实现了后现代主义的理想和追求,以其符号工具的多元善变和颠覆延异消解了传统文化的整体、统一与稳定,将语言符号从传统语言规制中解救出来,尽情释放其被压抑的创造性和独特性。于是,一个具有颠覆性、游戏性和先锋性的网络语言"狂欢化"世界应运而生。狂欢所带来的启示是:人类所用的符号工具本可以丰富多彩,传统所强加的逻辑程式与理性规范都可以拆解和消除。

1. 无厘头表达

关于"无厘头"的来源,一般认为是广东佛山等地的一句俗话。意思是一个人说话做事令人难以理解,没有中心,语言和行为没有明确的目的,粗俗随意,乱发牢骚,莫名其妙。"放弃了对终极意义、绝对价值、生命本质的追求,通过游戏拆解了神圣性、秩序、常规、传统等深度概念。"①这种表达风格在互联网上得到了进一步的发扬光大,"互联网是无厘头的舞场,而无厘头则是互联网的魅力指数,无厘头之舞跳得越疯狂,互联网的魅力指数便越发扩张。"②以彻底摧毁传统的思维定势和陈腐的语言表达方式为己任,尽情欢娱与发泄,以缓解现代快节奏生活压力。漫无边际、胡言乱语、自相矛盾、言不由衷、言不及义、牛头不对马嘴是其语言常态。

首先,大话类语言游戏是这种无厘头表达的杰出代表。该类表达风格缘起于香港电影巨星周星驰所推出的一系列无厘头电影,其中尤以经典话语消费片《大话西游》最为典型。作为天下最大的免费娱乐市场,互联网进一步助推了《大话西游》的火爆。网络就是"大话"运作的舞场,《大话西游》的走红正是互联网推波助澜的结果,因其随心所欲的言语行为方式恰好满足了网络交际主体的后现代文化诉求,他们奉行自由至上的审美标准,通过自贬自否来拆解现实所强加的责任,以低智和粗鄙对抗神圣和崇高。《大话西游》中近乎白痴化的无厘头语言表达与网络"新新人类"语言表达风格如出一辙,因此,很快便成为网络热门用语,且通过戏仿、拼贴、重置与解构不断得到发扬光大,为网络语符世界增添了新景观。其无厘头表达主要表现为以下几个方面。

(1) 戏仿调侃。在"大话"语符世界里,除了无厘头的搞笑和改写之

---

① 赵金桂.2009.原型偏离理论与无厘头语言.忻州师范学院学报,(3).
② 阿祥.2001.网络无厘头:嚣张话语权.中国新时代,(12).

外,最常见的一种表达方式就是戏仿。"大话文学的基本话语特征是用戏拟、拼贴、混杂、并置、时空错乱等方式,对传统的或现有的话语秩序以及这种话语秩序背后支撑的美学秩序、道德秩序、文化秩序进行戏弄和颠覆。"①《大话西游》中最为经典的台词当推至尊宝对紫霞仙子的爱情独白,"曾经有一份真诚的爱情摆在我的面前,我没有去珍惜,等到了失去的时候才后悔莫及,尘世间最痛苦的事莫过于此。如果上天能给我一个再来一次的机会的话,我会对那个女孩子说三个字'我爱你',如果非要给这份爱加上一个期限的话,我希望是一万年!"这段表意简明的爱情宣言在网民们的精心策划下很快发展成为网络语言恶搞的戏仿模板。运用转移、置换、解构等手法,生成各种不同内容与风格的游戏版本,充分体现出网络语言的可塑性与寄生性。

A. 内容改编版。例如:

①曾经有一段真挚的爱情放在我面前,我没有好好地珍惜,如果上天再给我一次机会我会对你说三个字:我……饿了。怎么还没有把饭给我送来呀!

②曾经有份真挚的爱情摆在我的面前,我很好地珍惜着,如果上天再给我一个重新选择的机会,我一定会对你说5个字:陪你到永远。如果要在承诺上加一个期限,一万年不可靠,因为我知道我活不了那么久,我希望是我的一辈子。如果有来生,我希望自己和你出生在一个地方:相遇、相知、相爱到底。

B. 方言改编版。例如:

①北京话版——我知道我特该死,你丫宰了我都没的说,以前有份还不赖的爱情楞在我的跟前儿,我没搭理她,等过后就傻眼了,这鬼地方对

---

① 陶东风.2005.大话文学与消费文化语境中经典的命运.天津社会科学,(3).

我最好的那个人就是你丫的了,你丫用刀废了我吧,别琢磨了,如果老天爷能再让我回头,我保准儿会对你丫不停唠叨三个字:我 tmd 爱你 ya!如果非要我在这份爱上加上个日期,一万年成不成?

②上海话版——老历八早,有一段老刮三的感情摆勒吾的眼门前,碰到赤佬了,吾没去睬伊,等到格段感情窝死空勒以后,吾再晓得。奈么这记僵特了,假使讲老天爷令的清让吾再来一趟,吾勿会神之呜之了,呆卜落笃看伊跑特,吾会帮伊讲吾老欢喜侬额,假使来讲一定要拨伊敲定一段日节,格么吾想随便哪能总归要一万年。

③广东话版——曾经有啊份亘情摆系哦面琴,魁对哦吼吼架,但系哦某辉怎熄,以家魁翾左哦,雷海哦啦,哦先发国魁云雷系亘厚架。于跟,哦机错啦,嘿芒累合以比个给为哦,哦为吼吼对累,怎熄累,于果哦合以寻杂,哦为口份亘情合以起组丫曼林。

④南京话版——老早老早以前,有一段正儿八经的感情摆在我这边,我脑子里头有屎哎,心想多大事啊。结果歇得来,现在后悔得一米多高,不能跟我自己急唠。要是老天关照我个呆西,再把我一趟机会,我肯定兴的一头霍子,这把我要跟我胖西讲,哎,我对你蛮有意思的哎,我们叙叙还行啊?要是说非要定个日子的话喃,那就一万年嘛算赖,烦不了了。

C.外文改编版。例如:

①英文版——I once let the trustest love sliped away from below my eyes. Only to know that regreting myself when it was too late. It is no paint in the world can come near to this. If only god would give me another chance, I will said to the gril, I love you. If it had to be a limit of time. I pray it's ten thousands years.

②日文版——かつて、??な?が俺の前に置いていたが、大切にしていなかった。あの?を失った、どんなに後悔したか、分かってきた!世の中に一番つらいことは、これしかないと思う。お前の?が、俺の喉

から切ってくれよ！もう？予しないぞ！もし、神？から、もう一度やらせる？会がくれれば、俺は、あの男の子にそう言うのが？まっている？？？ してる！もし、この？に期限を付けなければならなかったら、俺の希望は：一万年！！！！

此外，《大话西游》中唐僧那些絮絮叨叨、磨磨唧唧、重复赘余的无中心和无目的性的话语也得到了网民的青睐，并被不断戏仿恶搞。例如：

大话版——你想要啊？悟空，你要是想要的话你就说话嘛，你不说我怎么知道你想要呢，虽然你很有诚意地看着我，可是你还是要跟我说你想要的。你真的想要吗？那你就拿去吧！你不是真的想要吧？难道你真的想要吗？……

网络版1——还要辣油啊？还要辣油啊？如果你要辣油，你就讲一声。我再讲一遍，哎，如果你要辣油，你就讲一声。哎！你他妈到底要还是不要啊？（南京方言歌曲《喝馄饨》）

网络版2——悟空，你是不是想要为师出电费啊？想要你就说嘛！你固然很有诚意地看着我，你还是要说的啊！你不说我怎么知道你想要呢？你要是想要你就说啊，不可能你说想要而为师却不帮你交电费，你说不要为师却硬要帮你交电费。你是不是想要啊，你不会是真的想要吧？……

戏仿电影台词已经成为当前网络最为流行的话语表达方式之一，网络近来流行的"葛优体"是其中又一典型例证。在影片《让子弹飞》里，汤师爷（葛优饰演）梳着一头越狱兔的发型，拿着喇叭高呼："麻匪，任何时候都要剿！不剿不行，你们想想，你带着老婆出了城，吃着火锅还唱着歌，突然就被麻匪劫了……所以，没有麻匪的日子才是好日子！"这段电影台词很快发展成为一种戏仿文体，引来后续不同版本的"吃火锅"和"唱着歌"类仿作积极跟进。例如：

加班版——加班,任何时候都要取消!不取消不行,你们想想,你下了班回了家,跟着男女朋友,吃着火锅还唱着歌,突然就告诉你要加班了……所以没有加班的日子才是好日子!

考试版——考试,任何时候都要取消!不取消不行,你们想想,你回了家,跟着同学,吃着火锅还唱着歌,突然就告诉你挂科了……所以没有考试的日子才是好日子!

春运版——春运,最好取消!不取消不行,你们想想,你带着老婆出了城,吃着火锅还唱着歌,突然就被告知没票了……所以,没有春运的日子才是好日子!

360版——360,任何时候都要取消,不取消不行,你们想想,你上了网,挂着QQ,泡着MM还唱着歌,突然被告知你不能登录QQ了……所以,没有360的日子才是好日子!

(2)拼贴重置。《大话西游》的无厘头表达风格还表现在诸多语言形式的语境倒错和语符混搭,将后现代主义的拼贴与重置艺术发挥得淋漓尽致。古语与今语、汉语与外语、雅语与俗语、宏大话语和琐碎话语被随心所欲地整合在一起,组成了各式各样话语大拼盘。例如:

①至尊宝瞪大眼睛问:"瞎子,你不是死了吗?"
瞎子说:"帮主,刚才我是装死的。"
至尊宝打了个响指,说:"我Kao,I服了You。"
②至尊宝:哇!干吗用火焰来烧我?
白晶晶:你把胡子剃光干什么?你知不知道你少了胡子一点性格都没有了?
至尊宝:是吗?
白晶晶:唉,文也不行武也不行,你不做山贼,你想做状元啊?
至尊宝:我有想过……
白晶晶:省省吧你!改变什么形象,好好地做你山贼这份很有前途的职业去吧!

至尊宝:我知道了,我一定会继续努力的!(转身奔去)

③至尊宝:可是我有老婆了……

紫霞:我知道啊!可是我也没办法,这段姻缘是上天安排的最大嘛!你现在呢就只有马上甩掉你那个老婆,然后跟我一起走。

至尊宝:也好啊!

上例中的"我 Kao!"、"I 服了 You"、"一点性格都没有了"、"很有前途的职业"、"我一定会继续努力的"、"甩掉你那个老婆,然后跟我一起走"等表达形式,将现代元素融进传统经典,将传统经典演绎成现代时尚,承载着中华民族反抗霸权和追求自由精神的经典变成了插科打诨的"无厘头"嬉闹。这种对传统经典的肆意曲解改编充分体现出语言具有"不可思议的弹性和变幻的可能",而"在网络这一远较现实社会更为自由的虚拟公共领域,这种彻底的颠覆精神被极度释放出来,于是它不可避免地变成网络一代的后现代狂欢"①。作为一种无厘头表达的典范,《大话西游》为网络群体提供了一种特殊的话语交际模式,一套可资游戏与玩味的语言符码。于是,网络语境中随处可见"颠覆性的词语重组和再次排列","'大词小用'或者'小词大用',书面词语口语化或者口头语言书面化"②更是屡见不鲜。诸如"I 服了 You"、"我走先"、"东东"、"秀逗"、"我 Kao"(我靠、我 K)等表达形式已进入网络语境并广为流传。各种符号杂陈的"火星文"的出现与"大话"无厘头的拼贴重置不无关联。

其次,网络流行水帖是这种无厘头表达的又一典型表现。其中,尤以 2009 年 7 月 16 日百度贴吧—魔兽世界吧中出现的"贾君鹏,你妈妈喊你回家吃饭"最为典型。该帖甫一问世便引发网民恶搞狂潮,短短一天之内就创造了 710 万的点击量和 30 万的回帖数,而没有文字解释,没有图片

---

① 杨剑锋.2005.从《大话西游》看网络时代的符号消费.甘肃理论学刊,(2).
② 严静.2008."大话"话语现象研究:13.西南大学硕士学位论文.

展示,单凭一标题空帖就能迅速蹿红网络,也堪称是网络传播史上的奇迹。问世之后,许多网民抢注新马甲,诸如"贾君鹏的妈妈"、"贾君鹏的姥爷"、"贾君鹏的二姨妈"、"贾君鹏的姑妈"、"贾君鹏的班主任"乃至"贾君鹏家的小狗"等等,不一而足。此外,该帖还被翻译成各地方言和十几种外国语言,甚至有网友将其改编成文言版《史记·贾君鹏列传》。与此同时,近千张"贾君鹏"PS图片被疯狂转载,普通孩童、央视主播、演艺明星、文化名流、政界要人等摇身一变,都成为该水帖的缔造者与传播者。游行大街、车站码头、名胜景区、百家讲坛、新闻联播、奖状语录、中央文件等都被加工成该水帖的流行载体。恶搞、队形、盖楼、抢楼、PS、人肉搜索等诸多网络流行文化在这一事件中得到全景呈现,俨然一场盛大的网络文化狂欢。但在集体狂欢背后,难掩的是亿万网民内心深处的空虚寂寞,身不由己地被一种无形的力量裹挟推搡,无目的地回帖跟帖,只是为了换来片刻的消遣娱乐。后现代主义反对逻辑理性,极力追求感官享受,于此可见一斑。

其他如源出于猫扑大杂烩的"不要迷恋哥,哥只是个传说"和"哥吃的不是面,是寂寞"等网络流行语,都因其中蕴含着消极情绪和无厘头流行因子而成为网络热门用语,且不断被模仿拼贴,呈现出爆发性流行之势。这种具有青少年亚文化特征的无厘头网络流行语,彰显了"新新人类"张扬个性、标榜另类的叛逆性格,满足了其颠覆传统与精英的个性追求,也折射出其无聊、颓废和反智的生活态度。

2. 解构经典

后现代主义奉行的是一种"专事摧毁的否定性思维"模式,对现代主义所苦心经营与维护的正统和经典进行颠覆与消解已成为其解构工作的主要内容。因为,在后现代主义者看来,"一切人类知识的正当性是值得怀疑的。首先,作为一切人类知识的基础,语言本身的生产与再生产,历来为社会和文化界的统治阶级所控制。其次,语言在建构文化和知识的运作过程中,不知不觉地变成了远比语言更复杂得多的事物。"①所谓正统和经典,都是特定阶级或群体的意志和利益的集中体现,参与建构的语言也顺理成章地成为"一种特定的社会历史力量"。基于这一认识,后现代主义所要做的工作就是破坏秩序,离析正统,消解经典,尽力摧毁既成思想体系。网络媒介凭借其特有的技术优势成为解构经典的最佳平台,传统思想体系及其语言表现形式在此平台上都可以作别样观。在网络"新新人类"的眼中,有名人,但没有权威;有时尚,但没有经典。这种离经叛道的先锋思潮表现在网络语言运用中就是对传统诸多经典语录的大胆戏仿与反串。(见表8-2)

表8-2 网络经典解构分析表

现实经典版	网络戏仿版
走自己的路,让别人说去吧! ——但丁	①走别人的路,让别人无路可走! ②走自己的路,让别人打车去吧! ③走自己的路,让狗叫去吧! ④穿别人的鞋,走自己的路,让他们找去吧! ⑤走自己的路,让别人也跟着走!
执子之手,与子偕老。 ——《诗经·邶风·击鼓》	①执子之手,与子同眠。 ②执子之手,拖去喂狗。
黑夜给了我黑色的眼睛,我却用它来寻找光明。 ——顾城《一代人》	①黑夜给了我黑色的眼睛,我却用它来翻白眼。 ②白天给了我白痴的大脑,我却用它来思考。
水能载舟,亦能覆舟。	水能载舟,亦能煮粥。
假如给我一根杠杆,我能撬起地球。 ——阿基米德	假如给我一根杠杆,我能撬起地球仪。
闲静时如姣花照水,行动处似弱柳扶风。 ——《红楼梦》	娴静时如母猪照镜,行动处若河马发疯。

---

① 高宣扬.2005.后现代论:76.中国人民大学出版社.

通过列表比较,不难发现,网络戏仿版有意颠覆和拆解了现实经典版中所蕴含的所谓价值、秩序、正统、崇高、神圣等深度概念,呈现出反智化、世俗化和戏谑化的解构意趣。如顾城诗歌《一代人》中的经典名句"黑夜给了我黑色的眼睛,我却用它来寻找光明",网络语境却将其中的"黑色的眼睛"和"寻找光明"分别置换为"白痴的大脑"和"翻白眼",具有极其强烈的反智化倾向。经典古训"水能载舟,亦能覆舟"被解构为"水能载舟,亦能煮粥",具有世俗化、生活化和游戏化特点。而但丁名言"走自己的路,让别人说去吧!"在网络语境中更是遭遇多向肢解与重构,其坚守自我的人生观也为损人利己的私欲杂念所取代,独立人格被贬为低俗与卑劣。

三、网络语言后现代性变异的认知阐释

高宣扬(2005)认为,"'后现代'与其说是一种社会文化性的范畴,不如说是表示某种时代精神的思想性范畴和表达心态的范畴。"[①]由此可见,作为一种文化现象,"后现代"实际上反映的是特定时代背景中的人类心智世界,与人类的思维方式与认知方式有关联。而这种能够彰显人类心智世界的文化现象又与语言符号有着千丝万缕的联系,也正是这种联系,促使德里达等解构主义大师们将语言文字设定为解构传统和颠覆真理的突破口,以期透过这一端口揭示出传统逻各斯中心主义的生成与运作奥秘。因为,文化就是借助语言符号来表情达意的一种人类行为,意义的创造、交往和理解是其核心运作机制,其最终形态也必须要落实到语言符号层面上,也可以说,语言符号可以表征人的存在及其所创造的文化。因此,后现代主义社会文化思潮必然拥有其特有的一套话语系统,必然表现为一种语言形态。而伴随新兴网络技术而生的网络变异语言现象正是这一先锋派社会文化思潮的典型表现。相关问题可以作两面观,后现代主义为网络语言变异提供思想资源,网络媒介为后现代主义提供运行场

---

① 高宣扬.2005.后现代论:63.中国人民大学出版社.

域,二者的相辅相成和互渗互透可以在人类的思维认知层面获得较为深刻而统一的阐释。

(一)认知语境的变化与影响

认知语言学持有经验主义认知观,认为人类的概念系统是人类经验的产物,人类经验是连接客观现实与人类语言之间的桥梁。语言的意义并不限于语言系统内部,而是植根于人类与世界互动过程中所形成的经验。语言的内部知识与外部知识不能截然分开,语言形式结构的分析解释必须要联系语言内外综合性诸要素。以此理论来透析当今网络语言的后现代性变异,笔者发现,其形式和意义关系的变异乃是网络交际语境和后现代认知思维模式共同作用的结果。也可以说,网络媒介与后现代主义思潮结缘,为人类创造出一个新的特殊的认知实践活动场域,网络语言的诸多后现代性变异正是这种特殊认知场域和认知情境的折射与反映。

首先,网络语符的后现代性变异是特定情境中人类认知活动的产物。后现代主义所钟爱的专事摧毁的否定性思维策略及其所从事的解构性批判运动,对当代网络语言的变异产生了重大而深远的影响。后现代主义已经成为当代最具影响力的思想潮流,其解构精神和批判意识已经渗透到当代人类认识活动之中,其思想理念及其相关活动构成一个巨大而高效运转的认识实践场域,不断散发出批判性与破坏性能量,为人类的认识活动注入了新的活力。而网络媒介的出现,对后现代主义思想理念的运行与播撒又具有极大的推动作用。"第一,在后现代社会中,科学技术和文化的功能发生了根本的变化,其人工复制能力尤其增强,使得话语获得了增殖和散播的特殊能力;第二,在后现代社会中,大众媒介的触角无所不在和无孔不入,形成了空前未有的全球文化统一结构,也使得话语能够借助这一通道迅速地和高效率地增殖和散播。"[①]由此可见,互联网与后现代具有先天的适配性和契合性,思想资源与运行场域的完美结合,二者

---

① 高宣扬.2005.后现代论:244.中国人民大学出版社.

联手打造出一个全新的活动平台,一个特殊的认知情境。作为人类智性活动表征的语言符号,必然会随着这种认知情境的变化而变化。

其次,网络语符的后现代性变异本质上是为了满足特定情境中人类认知活动的表达需求。因为,"在后现代主义者看来,表达既是隶属于思考,并为思考服务的手段,又是其本身具有创造和再创造的生命力的活动和存在方式。"①语言符号既是人类认识活动的产物,又是人类认识活动的工具,双重身份使其与人类的认识活动密不可分。后现代主义的认识活动及其成果需要运用一定的媒介形式进行包装,而认识活动及其成果的变化必然会在这种媒介层面上反映出来,这种反映典型地表现在网络语言诸多特殊表达方式的使用上,诸如网络语言符号的多元性、解构性、平面化和游戏化等。同样,作为认识活动成果包装的语言符号又是人类开展进一步认识活动的必备工具,而对于新的认识活动来说,这种工具必须具有适应性与顺应性,必然会随着认知对象和认知活动的变化而作出相应的调整与改变。而当代网络认知语境中所包含的常规感知和认识方式所无法把握和表达的因素,正是网络语言符号后现代性变异的深层动因之一。

(二)认知方式的创新与影响

认知语境的变化必然会引起相应的认知思维方式的变化,这种变化主要表现在两个方面。

1. 否定性发散思维

后现代主义所信奉与执行的专事摧毁的否定性思维策略,是一种特殊的认知思维方式。这种认知思维方式是在检阅与审视传统"在场形而上学"和"逻各斯中心主义"的基础上发展起来的,强调逆向与多元,解构主义是其典型代表。致力于打破现有的单元化秩序,尤其是个人意识、思

---

① 高宣扬.2005.后现代论:75.中国人民大学出版社.

维惯习和民族集体无意识层面上的秩序。其常用的策略是:运用现代主义的语汇,却颠倒、重构各种既有语汇之间的关系,从逻辑上否定传统的基本设计原则,由此产生新的意义。用分解的观念,强调打碎、叠加、重组、重视个体和部件本身,反对总体统一而创造出支离破碎和不确定感。而网络语境所拥有的"散点辐射、触觉延伸方式,是一种天然的消解中心话语模式,它从技术路线和文化精神上延续并强化了后现代文化的边缘姿态"①,也进一步强化了网络语境解构性认知思维特点。在这种认知思维的干预下,传统语言符号能指与所指的既定关联在网络语境中呈现出分崩离析的漂浮游离状态。能指并非所指的固定形式,汉字、数字、字母、图像以及其他特殊符号等"多种代码汇合于一个特定成分上形成特定符号,来表达特定的文本内容"②,能指呈现出异质性和多元化特点;所指也并非能指的固有内涵,隐喻、别解、象征等手段的运用使网络语符的所指呈现出多向流变的特点,于是"青蛙"可以喻指"丑男","稀饭"可以谐音"喜欢","可爱"可以曲解为"可怜没人爱"。后现代主义对传统思想窠臼的检讨、挑战与批判反映在网络语境中就是诸多具有逆反思维特质的变异语符的产生与流行,也可以说,认知思维方式的变化直接导致作为其表现形式的语言符号的变化。

2. 平面感性思维

这一认知思维特点是后现代主义与网络语境相互作用的产物。首先,后现代主义的最本质特征就是"表面、缺乏内涵与无深度"。以反对理性和消解现代性为己任,尽力拆解所谓的"权威"、"本质"与"中心",对现代化过程中出现的剥夺人的主体性和感觉丰富性的死板僵化、机械划一的整体性以及中心同一性等现象持否定批判态度,并着力解构其中的思维根基与运作模式。就本质而言,后现代主义强调平面感性认知思维还

---

① 参见:李玉侠.网络文学的后现代主义情结.新浪博客,http://blog.sina.com.cn/s/blog_4aedecc0010007de.html.[2007-05-05].
② 张品良.2004.网络传播的后现代性解析.当代传播,(5).

具有其哲学认识基础。后现代主义反对真理符合论,强调实用主义的真理观和知识的商品化。认为事物的本质不是客观的,而是人为解释的结果,事物不存在一个先天的本质、基础,等待人们去客观地、如实地反映和把握,事物的本质、意义只存在于人们对事物的阅读和解释行为之中。于是,"削平深度模式"就成为后现代主义的典型特征之一,取消对终极价值和深层内涵的追求,消除现象/本质、表层/深层、真实/非真实、能指/所指之间的二元对立,将一切平面化。其次,数字传媒技术将人类带进了"读屏时代"与"读图时代",对人类认知思维方式的改变产生了重大影响。直观思维和形象思维成为主流思维模式,理性思维和逻辑思维备受冷落而被边缘化,网络"新新人类"普遍崇尚"不再思考"的认知思维模式,追求视听感官的刺激享受,倾心于直观、浅白、快捷和刺激的浅阅读,漠视理性阐释。人被虚拟符号异化着,"网络符号已成为控制人、奴役人的异己力量","使人逐渐地在丧失感悟力、理解力、想象力、审美判断力,处于一种心神涣散的状态"①。音像媒介成为其主要认知手段与认知对象,语言文字则时常沦为音像的附属和注解。"视觉文化时代阅读主体的变化,首先在于视觉文化形态的直观形象性和视觉代码表意的直接浅白性。语言文字因直接表示概念,读者无法通过感觉器官直接感受和领悟其中的文化内涵,而必须绕过感觉器官而诉诸理智,对它的接受必然结合对一定语词的理解、组织、选择而进行,因此也必然更多地与理性和反思联系在一起。而视觉文化艺术因剥离了高度抽象的语言文字代码,卸载了印刷媒介沉重的物质重负而代之以生动、逼真、直观的影视画面,使得作为能指的画面符号与作为所指的对象情景获得了直观上的完全相似,对它的接受不必经由代码的解析而径直通过视觉感受即可完成。"②这种认知模式与思维范式的转换偕同传媒技术的更新,对网络语言的后现代性变异产生了直接影响,使网络语言呈现出高度自然性、形象性、个性化和感性化的"返

---

① 张品良.2004.网络传播的后现代性解析.当代传播,(5).
② 赵维森.2003.视觉文化时代人类阅读行为之嬗变.学术论坛,(3).

祖"态势,追求一种失落已久的天然性,以重新获得一种原生态的生命灌注。网络语境中的拟像符号、古字形解、混合表意和字符画等不同变异形式都是这种认知思维范式运作的产物。

综上所述,后现代主义与当代网络传媒具有极高的契合性,一方面,后现代主义的思维模式与理论内涵对当代网络传媒的精神建构产生了重要影响;另一方面,当代网络传媒也为后现代主义理论运作提供了最佳平台。二者联袂合作,催生出大批具有后现代主义变异特质的语符形式。该类变异典型地表现在能指漂浮的多元性、所指滑动的解构性、感性至上的平面化、语言狂欢的游戏化等方面,充分体现出后现代主义所极力宣扬的主体消散、意义延异与意指自由的解构理念。网络媒介与后现代主义结缘所营造的特殊认知活动场域,以否定发散思维与平面感性思维为代表的认知思维模式,是促发相关语言符号发生后现代变异的主要推手。

第九章　社会认知情境与网络语言暴力

互联网技术的迅速发展与普及为人类创设了一个更为复杂多变的社会活动环境，赋予了人类更为个性化与人性化的生存方式，对人类的社会生活产生了巨大影响。就功能来看，它以隐匿性、开放性、交互性和解构性等传播特征已经超越了传统媒介，成为新时期网民们关注民生、实施社会监管的新利器。不过，"每一种技术或科学的馈赠都有其黑暗面，数字化生存也不例外。"① 网络媒介又是一把双刃剑，其对社会事务的介入与干预产生了正负效应。从正效应来看，其特有的开放性与自由性为普罗大众提供了一个自由发表个人意见的便捷渠道，传统高层机构和权威媒体所把持的话语权得到了一定程度的下放、分散与转移，社会事务处理趋于公开透明，弱势群体的利益得到维护，网民参政议政的热情空前高涨，社会民主化进程不断得到推进与加强。从负效应来看，网络虚拟交际环境极易滋生极端化暴力情绪和攻击性不当言论。借助虚拟网络的掩护，人性中的私欲本能得以无节制的释放。现实社会中的种种矛盾冲突会在虚拟网络语境中不断被推演、放大与扩散，于是冷静客观为狂热冲动所取代，理性思辨为语言暴力所置换。全员参与极易导致偏信盲从，集体施暴；绝对自由必然会造成混乱无序，不辨真假，一哄而上，在群体施暴中享受破坏性的变态快乐。以"道德卫士"自居，实际上上演的是践踏道德和蹂躏正义的闹剧和丑剧，当事人的合法权益遭到了严重侵犯。网络在某种程度上已经成为滋生语言暴力的温床和极端化非理性情绪的宣泄出

---

① ［美］尼葛洛庞蒂.1995.数字化生存:267.胡泳,范海燕,译.1997.海口出版社.

口。鉴于网络媒介信息传播具有一定的负面效应,本章拟以其中的暴力性风格变异作为研究对象,采用描写与解释相结合的研究方法,重点考察探究网络语言暴力问题的表现形态与生成动因,以揭示出当代网络语言暴力的生成机制、运行模态及其所内蕴的社会认知情境与文化心理动因。

一、社会认知情境及其新表现

所谓社会认知情境,是指人类赖以存在的广义的社会实践场域,包括人类生活其中的物质世界和精神世界。该场域对人类认知活动具有决定性的影响,因为人类的一切认知活动都不是在真空中运行的,必须基于一定的社会现实情境。目前,关于人类认知活动中社会现实情境要素的作用与影响已经受到了人们的极大关注。美国心理学家勒温强调心理学研究中的社会性情境要素,曾提出研究人类行为的一条著名公式:$B=f(P, E)$,其中 B 为行为,P 为个体,E 为情境,f 为函数关系,即行为是个体与其所处情境的函数,认为人的行为是个体与其周围环境相互作用的结果。"关联理论把认识主体所能感知到的或者推断出来的各种事实统称为总认知环境",认为"认知环境里的各种事实能够构成认识主体的总视景,这些视景对认识主体进行刺激,引发其思维;认知环境里的各种事实不是孤立存在着的,它们表现出错综复杂的关系"[1]。新兴的认知社会语言学则直接将认知语言学与社会语言学融合,强调语言和认知的社会性,认为"人类对经验现实的识解不仅受普遍的躯体经验和人作为同类生物有机体的躯体特征、神经解剖结构的影响,而且受人作为特定社会文化成员的社会文化环境的影响"[2]。相关研究显示,社会认知情境对人类各项智性活动具有重要影响,因此,研究者在考察探究人类思维与行为方式时必须要联系其赖以存在的现实社会认知情境。而作为人类认知成果与工具的

---

[1] 刘绍忠.1998.认知环境、相互明白与语际语言交际.解放军外语学院学报,(1).
[2] 张辉,周红英.2010.认知语言学的新发展——认知社会语言学.外语学刊,(3).

语言也必定会随着社会认知情境的变化而变化,因为"语言关系并不存在于特殊的社会实践之外,也不是在这种实践之外学得的,语言关系本身就是社会实践的一个不可分割的部分"①。

互联网时代的到来,使人类置身其中的社会认知情境变得异常复杂,相应的认知活动方式及其表现也有了巨大变化。因为新兴的网络活动空间具有虚拟、开放、自由、平等、交互等多种新特点,网络新传媒所营造的活动环境较之以往显得更为丰富多样与宽松自由,活动在其中的网民拥有了更多的认知主动权和表达自由性,因此,网民们的精神世界也获得了极大的解放。环境的改变、观念的解放促进了认知与表达活动的开展,而相关活动的开展又进一步增强了人类认知环境的复杂性与多样性,循环往复,交互影响。于是,人类在不经意中已经深陷网络设置的圈套,迷失在泛滥杂陈的网络信息浪潮中,随波逐流。万花筒般的网络认知情境分散了人们的认知注意力,搅乱了常规思维程序,人性中的不完美也被无限放大,于是,网络暴力情绪与暴力言论随之而起。

二、网络语言暴力及其运作模态

(一)网络语言暴力概说

为了弄清网络语言暴力问题,笔者先从语言暴力谈起。所谓语言暴力,是指使用谩骂、诋毁、蔑视、嘲笑等侮辱性和歧视性语言,致使他人在精神上和心理上受到侵犯与损害,属于一种精神伤害。这种暴力问题由来已久,其中最为典型的当属"文革"时期的"大字报话语"。"作为阶级斗争不断升级的产物,大字报话语本身是政治理论预设的虚空话语在现实社会寻求现实土壤的表征,由于这种意识形态在理论上缺少具体指涉,大字报话语自然也就处在无端的指涉、攻击之中,通过不断创造、发明具有攻击性的而又缺乏内涵的新式政治名词在漫漫人海中寻找着敌人并显示

---

① 王寅.2007.认知语言学:58-59.上海外语教育出版社.

着自己的力量。"①其典型特征是断章取义,无中生有,经常佐以"砸烂"、"横扫"等所谓的"革命"语言,随意上纲上线,任意口诛笔伐,欲置被征讨者于死地而后快,"打倒在地,再踏上一只脚,叫其永世不得翻身"是当时流行的批判话语。时过境迁,随着"文革"作古,相伴而生的"大字报话语"也逐渐淡出了人们的语言生活。然而,随着互联网特殊话语空间的形成,这种销声匿迹已久的话语形式似有卷土重来之势,逐渐走俏网络,被称为"网络大字报",亦即网络语言暴力。所谓网络语言暴力,是指发生在互联网虚拟交际环境中,以语言为媒介对特定对象进行诋毁、辱骂和攻击,致使他人在精神和心理上遭受侵犯和伤害的不道德言语行为。较之常规言语行为,这种暴力现象体现的是一种话语风格变异,即违背了常规语言的"条件原则、诚意原则、文化对应原则、平和原则和准确原则"②。

　　这种暴力语言通常滋生并运行于网络热门舆论活动版块之上,以网络论坛、博客、跟帖和微博最为典型,具有偶发性、群殴性、高辐射性和强危害性等特点。其暴力性倾向一般起因于社会负面新闻事件或有争议问题的发布,所发布的信息往往具有一定的导向性。甚至有些网站为了赚取浏览量而刻意制造耸人听闻的新闻话题,并在一些敏感的、涉及道德底线的问题上设置议题,以有意挑起争端,激发网民的参与欲,进而引发秽语狂欢。相关运作已经内蕴了能够引发语言暴力的活性元素。于是,随着参与评论人员的逐渐增多,舆情开始发生变化,相关评论的发展方向呈现出一定的不确定性,其中只要有一人出言不逊,就有可能引起群体竞相参与,使议程偏离正常轨道,同仇敌忾或相互攻讦会愈演愈烈,语言暴力行为会不断升级,进而一发不可收,"蝴蝶效应"随之出现。这种运行状况充分体现出网络舆论产生与运作的多变性和脆弱性。其出现与网络虚拟交际情境以及网民的心理需求密切相关,其中既有参与者的个性诉求,又有群体舆论的强势干预,本质上是当代社会矛盾与网民内心世界的真实

---

① 张加春.2007.网络大字报话语的知识考古——一种话语和权力的分析:45. 中国传媒大学硕士学位论文.

② 金立鑫.2001."文革"语言的社会文化心理分析.书屋,(3).

反映,相关问题可以纳入社会认知情境和文化心理层面进行考察分析,以寻求更为科学而合理的阐释。

(二) 网络语言暴力的运作模态

较之"文革"语言暴力,当代网络语言暴力的运作模态和表现形式更为复杂多样。首先,其攻击对象已不单局限于政治领域,而是遍及现实社会生活中的各个领域。网络传媒的数字化、多元化、全媒化、实时性、交互性和虚拟性等特征有利于其对社会生活的全面介入与干预,相应的暴力问题也呈现出全面渗透之势。网络论坛是网络语言暴力生产与运营的梦工厂与集散地,很多热点人物与事件都是在这里被推向了集体群殴式的舆论深渊,万劫不复,"众口铄金"和"积毁销骨"于此得到最为真实而生动的诠释。韩国当红女星崔真实因被卷入"导致安在焕死亡的25亿韩元高利贷"的网络恶性谣言当中,不堪重负,最终选择自杀了断。而源于网络虚拟游戏世界中的"铜须门"事件,更是引起了"流言蜚语和指责谩骂像沙尘暴一样,刮过互联网的天空",网络玩家群起而攻之,舆论呈现出一边倒的诅咒与谩骂,网络追杀令又重现江湖。网络所集聚起来的愤怒,再次彰显出其强大的毁灭性力量。自由开放的互联网允准全员参与,鼓励张扬个性,但在某种程度上也助长了网络不法分子的嚣张气焰,纵容其突破了道德与良知的底线,预示着一个"新群氓时代"的到来。其次,网络语言暴力的表现形态与运作模式也呈现出多样化特点。就表现形态来看,大致可以分为内容暴力和形式暴力两种类型。所谓内容暴力,是指语言内容层面具有暴力倾向,多用诋毁、造谣、诽谤等恶意中伤性语言手段;而形式暴力则是指语言形式层面具有暴力倾向,表现为谩骂、蔑视、讥讽等侮辱性语言形态。其产生与运作的一般程序为:内容暴力在前面开路,为后续的形式暴力张本;形式暴力随后跟进,用极其暴虐的语言形式助推事态不断升级,二者具有一定的关联性。戴玉磊(2009)称之为原发性语言暴力和继发性语言暴力。原发性语言暴力以内容暴力为主,楼主、博主是其始作俑者,运用造谣诽谤等手段致使当事人名誉败坏,精神受损。或者是无中生有,恶意强加,或者是捕风捉影,肆意放大,致使暴力倾向愈演愈烈,乃至发展到极端性的"人肉搜索"。宋祖德新浪博客对娱乐明星的"炮轰"是其典型代表。继发性的语言暴力以形式暴力为主,不明真相、随风跟舵的网民是其施暴主体。在原发性的内容暴力煽动下,情绪失控的网民往往以所谓的道德卫士自居,极尽谩骂侮辱之能事,将事态无限扩大化。"韩白之争"所引发的网民"秽语狂欢"即为典型例证。① 由此可见,网络语言暴力尽管具有一定的偶发性和多变性,但是其基本表现形式与运作模态仍有一定的规律可循。总体来看,大致包括以下几种类型。

1. 谣传误报→跟帖追风

该类语言暴力一般起源于网络上流传的谣言或者相关新闻的不实报道,属于原发性暴力,亦即内容暴力。但是随着相关谣言和不实报道在网络环境中不断散布与流传,继发性暴力会随后跟进,大批不明真相的所谓网络"道德卫士"会参与进来,使事态发展不断升级,内容暴力和形式暴力双管齐下,进而对当事人造成严重的身心伤害。典型案例当属"史上最毒后妈"网络语言暴力事件。据新浪新闻中心报道,该网络语言暴力事件是由一篇题为《史上最恶毒后妈把女儿打得狂吐鲜血》的网文引发。网文大意是,江西省上饶市鄱阳县一名后妈把六岁女孩打到不停吐血,六块脊椎断裂、尿失禁,极可能下半身瘫痪。随着该段网文见诸网络,大批不明真相的网民的愤怒之情被充分点燃,网络声讨鞭挞之声四起,"简直是畜生"、"最没人性的事"、"禽兽不如"等最恶毒的语言铺天盖地袭来,甚至有网民发出网络通缉令要严惩后妈。但是后经媒体采访调查,事情的真相得以浮出水面,原来是小慧因患血友病,导致吐血和身上出现淤青等症状,并无被打骨折现象,小慧后妈陈彩诗确实是被冤枉了。这一暴力事件的发展过程及其结果显示,在真相出来之前,后妈陈彩诗已深陷网络卫士所挖掘的道德地狱之中,有口难辩。而参与道德审判的网民已经被群体

---

① 戴玉磊.2009.浅析网络语言暴力的心理机制.开封大学学报,(3).

施暴的洪流所包围,不能也不愿去了解事实真相,探究事件的前因后果,所能做的就是尽快投身这场语言抨击风暴,以体现网络道德卫士的所谓道德良心和社会关怀意识。这种动机与行为是当前网络语言暴力的一种典型表现。而子虚乌有的谣言在网络环境中发展成为一种群体冲动和无休止的挞伐,其背后潜藏的心理动因也值得探究。

2. 新闻事件→过激评论

除了谣言误报所引发的语言暴力外,一般新闻事件在缺乏理性的网络跟帖评论中也极易演变成集体群殴和相互攻击的语言暴力事件。其中群殴暴力常常表现为多对一的谩骂攻击,即由于个体言论不当而犯了众怒,导致群起而攻之。如摄影记者刚峰先生于2010年10月19日在网易刊发了一则题为《喂面·行走海南》的图片新闻。大致内容是,海南遭受强台风暴雨袭击,记者在文昌会文镇灾民安置点上拍到几张照片,其中一位八十六岁的老阿婆,是九点刚从决堤的大水中逃出来的,她的村庄名叫梅山,如此年纪却在如此时刻用政府救济的方便面喂小孩子,而自己却舍不得吃。她那苍老的面容所展现出来的沧桑让人感到悲凉。针对这则新闻,其中一位名叫 Alan ImangE 的网民发表了一句不经意的"不吃代表还没饿,又何必喂呢?"的评论,由此引发众怒。现将其中部分网友的暴虐性评论节选如下(为确保语料真实,节选内容皆为原创,未作改动)。

Alan ImangE
不吃代表还没饿,又何必喂呢?
Eric.MS.H 回复 Alan ImangE
狗一样的东西
hainanren 回复 Alan ImangE
好一个大煞笔
零下几度 回复 Alan ImangE
你是吃人饭长大的吗?什么东西!你要不是家人喂大的你早就挂了～!

123345 回复 Alan ImangE

你垃圾

一个人 回复 Alan ImangE

你丫不是人生，

浪子 回复 Alan ImangE

没有教养，读你妈妈的书 啊！

你是愣子 回复 Alan ImangE

也许你就是新时代的愣子，真希望等你饿死那天没有人喂你，新一代脑残的代表，

tommi 回复 Alan ImangE

长得卡，说话也卡……

zhengzhiqiang44 回复 Alan ImangE

我什么都不会说你，因为你不够资格"畜生"，还有你从现在开始你会十分倒霉，倒霉到你明白什么叫"人情事故"，如果你一辈子都没法懂，那你就注定一辈子倒霉

jjj 回复 Alan ImangE

高度怀疑你脑子有点残。

niba 回复 Alan ImangE

你他妈的还有人味没

风雨木棉（chingens）回复 Alan ImangE

脑残！

… 回复 Alan ImangE

你都这么 二 了，别在糟蹋粮食了

明灯 回复 Alan ImangE

你就是个吃屎长大的狗东西！

caolihx 回复 Alan ImangE

狗娘养的，不是东西

没资格、任性 回复 Alan ImangE

没人性

——摘自2010年10月19日网易新闻《喂面·行走海南》跟帖评论

从上述所引的跟帖评论来看,对于网民Alan ImangE的评论,其他网民都统一采取了极端性的谩骂攻击行动,言辞暴虐粗野,讨伐气势逼人。究其犯了众怒的原因,显然是其评论偏离了该新闻报道内容所设定的主流舆论方向,即对灾区人民的同情,对长辈无私关爱的赞美,甚至还可以批评一下政府不作为,未能将预防工作做到位,等等。而网民Alan ImangE"不吃代表还没饿,又何必喂呢?"的评论显然不是该网络报道以及网民评论所关心的问题,其评论未能进入预定轨道,迎合主流舆论走向,结果犯了众怒,招来网民集体恶语群殴。网络舆论的非理性、排斥异己和暴力化倾向在这起语言暴力事件中又一次得到了验证。

而相互攻击的暴力倾向主要表现为网络论坛与跟帖中的人身攻击与地域攻击,且有一定的仇富仇官心理和狭隘的民族主义情结。例如,双汇火腿肠的瘦肉精事件曝光后,相关新闻跟帖评论除了痛骂企业领导昧良心和主管部门不作为外,还将矛头指向"双汇"所在地——河南,大骂河南人素质差,进而引发不同地域之间的相互谩骂攻击。2010年11月15日上海静安区高楼失火事件发生后,网络新闻跟帖舆论中除了同情死者、怒斥监管部门外,也有少数外地跟帖者幸灾乐祸,大难当前,丧失了最起码的道德良心,体现出极度仇视上海人的阴暗心理。2011年7月23日晚温甬线特别重大铁路交通事故发生后,甚至有网民发帖希望车上乘客都是官员,而不是普通百姓,体现出部分网民对政府官员积怨深重。而从对国际重大事件的反应来看,我国部分网民的态度及其言行也体现出狭隘的民族主义心理,具有隐性暴力化倾向。2001年美国"9·11"恐怖袭击事件发生后,部分网民竟然发帖庆贺,过激评论也带上了强烈的"9·11"恐怖色彩,丧失了对事件性质的准确判断和应有的国际人道主义精神,思想意识已经打上了深深的民族矛盾印记。纵观这些热点新闻事件所引发的跟帖评论,笔者发现网络舆情出现了一定程度上的道德沦丧和正义泯灭。网民们对于当前种种社会问题失去了应有的耐心与理智，采取了极其简单粗暴的处理办法，致使极端化暴力语言泛滥，严重污染了网络交际环境。

3. 常规论辩→人身攻击

由常规论辩发展到人身攻击的语言暴力事件经常发生在网络博客和论坛之中。这种暴力语言事件通常起因于不同观点的发布与辩论，起初一般比较冷静客观，但是随着论辩的推进，非理性言辞逐渐增多，还会吸引更多同道加入，进而演化成"打口水仗"式的秽语狂欢，偏离了常规辩论的正常轨道。2006年发生的"韩白之争"网络事件是该类语言暴力的典型代表。事情起因于2006年2月24日著名文学评论家白烨在新浪博客上贴出原发于《长城》杂志2005年第六期的《80后的现状与未来》一文。文中评价韩寒的作品"越来越和文学没有关系"，并认为"'80后'作者和他们的作品，进入了市场，尚未进入文坛"。3月2日，韩寒作出回应，在新浪博客上贴出了《文坛是个屁，谁都别装逼》一文。文章写道："每个写博客的人，都算进入了文坛。文坛算个屁，茅盾文学奖算个屁，纯文学期刊算个屁。"其中"什么坛到最后也都是祭坛，什么圈最后也都是花圈"甚至迅速发展成为网络流行语句，红极一时。文章动了粗口，并吸引了许多韩寒粉丝跑到白烨的博客上肆意谩骂，由此将严肃的文学争鸣引向了语言暴力歧途，最终迫使白烨关闭博客而收场。朱大可在博客上总结"韩白之争"时指出，韩寒战胜对手的武器之一是犀利坚硬的秽语，认为韩寒的系列短文迅速扩大为一场风格粗鄙的战争，并引发互联网民众的秽语狂欢。这种分析不无道理。

尽管"韩白之争"已经硝烟散尽，但却留下了许多值得反思的东西。撇开文学争鸣的内容不谈，单就辩论形式看，"韩白之争"已经偏离了传统"百花齐放，百家争鸣"的自由平等的辩论轨道。对于不同文学观与创作观，人们都有权利发表意见和参与讨论。作家陆天明认为，"文学之争本是无可厚非，但发展到使用如此肮脏的粗话向对方进行谩骂，就已经超出文学争论的范畴了,就显得非常不正常了"。并认为"他们的这种做法,总让我想起当年的红卫兵,想起一些黑道上的人欺行霸市"。① 显然,作为新生代的代表,韩寒及其追随者已经充当了网络语言暴力急先锋,缺少应有的冷静与克制。而网络的虚拟性、自由性与交互性又进一步助长了这种暴力倾向,便于网络"红卫兵"的联络与集结,极易形成群体暴力。对于不同观点的交锋,网络传媒已经悄然生成一种潜规则,即理性分析与逻辑思辨已经过时,极端性暴力语言更具战斗性和杀伤力,可以给对手以毁灭性的打击,显得特别过瘾与解气。因此,网络媒介在某些人手中已经成为助纣为虐的暴力性工具,暴力语言已经成为网络"红卫兵"经常动用的战斗武器,凡事不问来龙去脉,不管青红皂白,统一以辱骂解决,致使网络语言暴力愈演愈烈。

4. 网络炒作→秽语狂欢

较之上述语言暴力,该类语言暴力所攻击的目标对象并非什么严肃的社会事件,而是网络特意策划的一些搞怪的奇人异事。网络精心策划炒作意在制造笑料,为网络生活增添更多的喜剧和闹剧色彩。而所引发的竞相嘲讽谩骂也成了游戏娱乐的组成部分,且随着搞怪花样翻新和程度加深,相应的秽语狂欢也会不断升级,进而掀起网络语言暴力狂潮。由网络红人"凤姐"所引发的语言暴力狂欢是该类语言暴力的杰出代表。"凤姐"本名罗玉凤,重庆綦江人,凭借各种雷言囧语和不切实际的征婚启事而走红网络。其以喜剧性的丑角形象出场,偏离了传统女性的审美定位,不自量力的自恋自诩与其"呕像"形象气质形成极大反差,于是被戏称为"宇宙无敌超级第一自信",也为网络语境平添了许多笑柄和骂料。其每次发布的雷人语录都会吸引网民疯狂围观,群体热议,引发轰动效应。"论坛上,贴吧里,围观者匿名而行,群起而攻之,无情的谩骂接踵而至,羞

---

① 陆天明."韩白之争"背后的若干问题.陆天明的 BLOG,http://blog.sina.com.cn/s/blog_46d54ecd010002j9.html.[2006-03-13].

辱的言辞比比皆是。哄客们在尽情宣泄个人情绪的同时,得到了更多人群的'共鸣'。于是这种小群体间的互动和认同迅速升温和扩张,哄客的群体也越来越庞大。"①其中最为典型的当属其声称美国总统奥巴马符合其择偶标准所引发的网络讽刺谩骂狂潮。现将腾讯网上的部分跟帖评论摘引如下:

(1)腾讯广州市网友 梦日行 2010-02-05 09:44:39
　　从相片上看凤姐的嘴,凤姐处于类人猿进化时代。她能读懂故事会。是一个奇迹。从皮肤上看,和奥巴马真相配！从类人猿进化的角度看,前后一万年没"人"超过凤姐。

(2)腾讯郑州市网友 小蜗牛 2010-02-05 11:21:22
　　长得极度抽象不是你的错,脑袋被驴踢了也不是你的错,错就错在还出来显摆！！难道那驴一脚踢了你全家？！

(3)腾讯德阳市网友 风爆第一丑男 2011-09-26 12:10:41
　　长得像一坨大便,早死早投胎,不要再丢人现眼,垃圾！

(4)腾讯河南省网友 君子兰 2011-09-17 20:35:25
　　做成肉干当屎卖。

(5)腾讯吕梁市网友 匹诺曹 2011-09-16 22:30:31
　　你就是一个在傻A和傻C之间～～～徘徊～～～的人

(6)腾讯郑州市网友 简单是美 2011-09-13 08:24:33
　　我将近四十了,在这四十年里终于知道什么叫"悟空出世 厚颜无比"。

(7)腾讯滁州市网友 Cher 2011-09-13 05:18:17
　　我真想一巴掌把她拍到WC里,去吃粑粑！

(8)腾讯网友 汽车迷 2011-09-10 22:51:18
　　这样的人应该把她送进精神病院去,省得她在外面惹是生非。

---

① 邬聪媛.2010.审丑时代与符号红人——传媒消费主义视角下的"凤姐"现象.青年记者,(35).

(9) 腾讯广州市网友 独 2011-09-10 12:28:53

乱东西,前三百年后三百年都没有这么不要脸的人。

(10) 腾讯东莞市网友【逐鹿东莞】2011-06-15 12:49:36

见过不要脸的人,但没有见过这样厚颜无耻的女人!一看照片就知道是个近亲结婚的产物!人的不是,猪的不如,头脑大大的坏了!看她一眼后悔300年,再看一眼恶心300年。强烈建议把她发配到伊拉克、阿富汗、利比亚,她太有震撼力。

相关评论无法穷举,但网络"哄客"追求审丑刺激的畸变心理已经得到充分展现。网络的开放性、包容性与猎奇性成就了"凤姐",让其从芸芸众生中脱颖而出,成为另类公众人物,而其"丑角"形象也在网络媒体的不断炒作中得以无限放大,进而引发"哄客社会"的秽语狂欢。从某种意义上来说,"凤姐"与"哄客"之间已经实现了互利双赢:一方面,"凤姐"在"哄客"的嬉笑怒骂声中修成正果,成为网络"红人";另一方面,"凤姐"的丑角形象也为"哄客"提供了最大的"娱值",满足了他们低俗化的娱乐心理。邬聪媛(2010)认为,"在网络传播的场域里,'丑角'们心甘情愿地主动'被消费'着,而看客们则津津乐道地'消费'着这份娱乐快餐!"而事实上,"凤姐只是秀场中一个虚拟的'符号红人'。凤姐的神话,是由无数网民通过网络点击累积的数字符号。"[1]笔者认为,这种"符号红人"是建立在语言暴力基础之上的,是大批网民的讽刺谩骂所造就的"红人"。恒源祥广告宣传理念中的"宁可被骂,也不能被忘",用在"凤姐"身上也同样适用,追求的就是一种大众传播效应,而不论手段的高尚与卑劣。在五花八门的讽刺诅咒声中,最为经典的当属下列超长詈骂性语篇建构。

你这个进化不完全的生命体,基因突变的外星人,

---

[1] 邬聪媛.2010.审丑时代与符号红人——传媒消费主义视角下的"凤姐"现象.青年记者,(35).

幼稚园程度的高中生,先天蒙古症的青蛙头,
圣母峰雪人的弃婴,化粪池堵塞的凶手,
非洲人搞上黑猪的后裔,阴阳失调的黑猩猩,
被诺亚方舟压过的河马,新火山喷发口,
超大无耻传声扩音喇叭,爱斯基摩人的耻辱,
和蟑螂共存活的超个体,生命力腐烂的半植物,
会发出臭味的垃圾人,"唾弃"名词的源头,
每天退化三次的恐龙,人类历史上最强的废材,
上帝失手摔下来的旧洗衣机,能思考的无脑袋生物,
损毁亚洲同胞名声的祸害,祖先为之蒙羞的子孙,
沉积千年的腐殖质,科学家也不敢研究的原始物种,
宇宙毁灭必备的原料,连半兽人都瞧不起你的半兽人,
10倍石油浓度的沉积原料,被毁容的麦当劳叔叔,
像你这种可恶的家伙 只能演电视剧里的一坨粪,
比不上路边被狗洒过尿的口香糖,
连如花都美你10倍以上,
找男朋友得去动物园甚至要离开地球,
想要自杀只会有人劝你不要留下尸体以免污染环境,
你摸过的键盘上连阿米吧原虫都活不下去,
喷出来的口水比SARS还致命,
装可爱的话可以瞬间解决人口膨胀的问题,
帅的话人类就只得用无性生殖,
白痴可以当你的老师,智障都可以教你说人话,
只要你抬头臭氧层就会破洞,
要移民火星是为了要离开你,
如果你的丑陋可以发电的话全世界的核电厂都可以停摆,
去打仗的话子弹飞弹会忍不住向你飞,
手榴弹看到你会自爆,

别人要开飞机去撞双子星才行而你只要跳伞就有同样的威力,
你去过的名胜全部变古迹,你去过的古迹会变成历史,
18 辈子都没干好事才会认识你,连丢进太阳都嫌不够环保……
如果你看了还不回帖,
那你明天醒来枕边躺着一只蚊子,旁边有一封遗书,
我奋斗了一夜也没能刺破你的脸,你脸皮厚得让我无颜活在这个世上!

网络语言风格变异在该詈骂语篇的建构与传播中得到了充分体现。它既是个体创作灵感的自由发挥,又是集体游戏心理的率性表达。奇特的想象和极度的夸张造就了该詈骂语篇的另类风格,精心构筑的语篇内容及其特殊表达形式已经具有了强烈的游戏化色彩。尼尔·波兹曼所言的"我们成了一个娱乐至死的物种"并非危言耸听。互联网时代,人们的生存环境已经为非理性的游戏化因子所充斥,"从'芙蓉姐姐'到'芙蓉哥哥'、从'凤姐'到'犀利哥',这些有别于身边正常世界的'非常'人物,正是某些精神空虚的当下人以游戏化的人生态度制造的'猎奇'所致。"① 显然,网络媒介对人类生活的娱乐化进程又起到了进一步的推动作用,使人类耽于游戏,乐此不疲。"芙蓉姐姐"、"犀利哥"、"凤姐"、"兽兽门"、"闫凤娇艳照"等网络红人及其相关事件都是网络媒体炒作的结果,所引发的秽语狂欢已成为娱乐活动的重要组成部分。当这些浅薄庸俗的文化大行其道时,人类理性精神正在日渐式微,波兹曼所言的"娱乐之城"已经成为网络时代人类无法突围的生存困境。

5. 其他

除了由具体事件和人物所引发的语言暴力外,还有一些暴力因素是

---

① 金丹元,文斌.2011.科学主义与超现实主义"合谋"下的"游戏"——对"影像时代"中艺术与技术相糅合的反思.东南大学学报(哲学社会科学版),(5).

渗透在网络常规交际用语和另类飞白之中的。前者表现为一般性的詈骂语，如"操、靠、白痴、垃圾、变态、人渣、SB（傻逼）、SJB（神经病）、WBD（王八蛋）、TMD（他妈的）、TNND（他奶奶的）"等。其中还有一些是专门针对人的外貌进行贬损性评价的，如"长得很科幻"、"长得很违章"、"长得很抽象"、"长得很无辜"、"长得很惊险"、"长得真 TM 后现代"等。还有一些暴力语言是属于诅咒性的，如"看帖不回死全家"、"出门被车撞死"等。后者通过故意使用白字的方式达到攻击对方的目的，如"砖家"（专家）、"叫兽"（教授）、"妓者"（记者）、"烂鞋"（篮协）、"国猪"（国足）、"央屎"（央视）、"要命"（姚明）、"比尔该死"（比尔盖茨）等。比较发现，所换用的同音或近音白字具有一定的贬损性与侮辱性，意在丑化贬化目标对象，进而达到攻击目标对象以发泄私愤的目的。而 2008 年年底网上出现的"中国十大神兽"网帖中的"草泥马"、"尾申鲸"、"潜烈蟹"、"达菲鸡"、"吉跋猫"、"吟稻雁"、"雅麼蝶"、"菊花蚕"、"法克鱿"、"春鸽"等都隐含着一定的谐音色情暴力倾向。

此外，笔者在考察研究相关问题时还发现，网络上已经开设了专门的"代骂网站"，为有需要的客户提供"职业代骂"服务①。其中有些代骂网站还将脏话分门别类：如一家网站分为"广东话专区"、"东北话专区"等十多种方言区；还有一家网站有"骂娘区"、"祖宗区"、"禽兽区"等专页，并特辟了"骂人动作"、"骂人小曲"等②。网络上还有专门的《骂人宝典》供"职业代骂"使用，如《QQ 骂人宝典》，他们可以将"宝典"中的语句直接下载下来，有的时候直接设成快捷键，以保证敲键成"脏"，发送成篇。③ 由此可见，网络丰富便捷的骂人资源，也对网络语言暴力的泛滥成灾起到了推波助澜的作用。

---

① 代骂：竟被称为"新兴职业". 搜狐 IT, http://it.sohu.com/S2005/daima.shtml. [2012 - 03 - 20].
② 王鹏. 网站明码实价做"代骂"生意可用不同方言骂人. 东北新闻网, http://www.nen.com.cn/77994956827918336/20050824/1745790_1.shtml. [2005 - 08 - 24].
③ 骂人宝典|骂人不带脏字|骂人的话—不骂人, http://www.bumaren.com. [2012 - 03 - 20].

三、网络语言暴力成因的多维考察

（一）人格三重论与网络语言暴力

网络技术的迅猛发展及其所营造的特殊交际环境,为弗洛伊德人格三重论的理解与运用提供了新的视角与材料。互联网在拓展了人类生存空间的同时,也极大地改变了人类的生存样态,游弋在现实语境和网络语境的边缘,人以两种姿态出场。现实社会中的公民经受了文明教化的熏陶,以及各种科条律令的约束,人性趋于理性与文明;而活动在虚拟社会中的网民都隐去了其真实社会身份,"ID"是其统一身份标识,还可以利用"马甲"以及其他自定义虚拟交际角色,以消解现实生活中的各种利害关系与顾虑,人性趋向私欲与本能。这种变化在其语言运用层面得到了充分体现,因为尽管网络传播介质已呈现出多样化特点,但言语交际活动仍是其主流形态。因此,考察网络传媒对人类思维方式、生存样态,乃至人格结构的影响,网络言语活动应是最佳窗口。"言为心声",网络语言风格变化折射出的正是活动在虚拟网络世界中的主体——网民的心理变化。而作为网络语言风格变异的极端化代表,网络语言暴力与网民的心理世界具有一定的内在关联性,迥异于现实常规语言风格的暴力倾向凸显的正是虚拟环境下人性的原始本真状态。具有极强心理分析性的弗洛伊德人格三重论可以用来透视这一变化过程,因为语言暴力性变异实质上是一种心理需求变化,人格三重结构在网络环境中出现了一定程度的重心偏移和支点倾斜。因此,网络语言暴力和人格三重论可以互为观照,既可以透过网络语言暴力去考察其所系连的人格心理结构的表现形态,也可以运用人格心理结构理论去探究网络语言暴力的潜在生成动因。

1. 弗洛伊德人格三重论概说

人格三重论是弗洛伊德人格心理结构理论的重要组成部分,由"本我"、"自我"和"超我"三部分组成。其中"本我"是潜意识的结构部分,由先天本能和基本欲望组成,无视社会道德和外在行为规范,总是按照"快乐原则"追求满足。"自我"是"现实化了的本能",处于前意识阶段,是在现实的反复训诫下由"本我"分化出来的一部分,不再受"快乐原则"的支配而去盲目地追求满足。它在"现实原则"的指导下为"本我"服务,既要获得满足,又要避免痛苦,具有防御职能和中介职能。它是"三个暴君"——外部世界、超我、本我的仆人,成为外部与内部之间、本我和超我之间的过滤器。而"超我"是指人格结构中最文明、最为道德的部分,是"道德化了的自我",处于人格结构的最高层,根据"至善原则"而活动。"超我"的主要职能是指导"自我"去限制"本我"的冲动,其本身也在限制着"本我"。

由此可见,人格结构具有立体性、复杂性与动态性等特点。"超我"与"本我"位于这一结构的两极,分别作为善与恶、灵与肉、人性与物性的代表,"自我"是维系这两极的纽带,具有平衡和控制职能,可以根据具体情境适时作出调整,以便更好地保护自己,免遭伤害。作为两极中的上限,"超我"是人格结构中代表理想的部分,它是个体在成长过程中通过内化道德规范、内化社会及文化环境的价值观念而形成,其机能主要在监督、批判与管束自己的行为,以追求完美。并要求自我按社会可接受的方式去满足本我,遵循的是"道德原则"。而作为两极中的下限,"本我"是暂时被压抑和摈斥的个人非理性的、无意识的生命力、内驱力、本能、冲动、欲望等心理本能,由各种生物本能的能量所构成,完全处于无意识状态。按照进化论的观点,人是从高级动物进化而来的,因此,人的身上始终存在着动物性的欲求。但是,人之所以为人还在于他不愿意被这种动物性欲求所支配,总是力求超越,使自己向理想化的完美人格迈进。于是,在追求完美人格的进程中,人类的灵魂深处常常充满着动物性与神圣性的深刻矛盾,这种"情"与"理"、"道德"与"本能"、"崇高"与"卑劣"等人格精神的内在冲突,使"自我"在"本我"和"超我"之间进行对话,从而调节"自我"的行为。

人格的立体性建构使人格呈现出一定的复杂性与暂存性,三重人格的位次和权重并非一成不变,随着内外情境的变化,三者之间通常会经历一番此消彼长的博弈与较量，它们的关系也会发生相应的调整与变化。具体来说，位于两极之间专司调节职能的"自我"会随着情境的变化而出现相应的偏移，外界约束程度走高，"自我"偏向"超我"，理性与文明占据上风；外界约束程度走低，"自我"偏向"本我"，本能与私欲占据上风。作为两极中介的"自我"既是平衡两极冲突的缓冲器，也是监测环境变化的风向标，总是本着趋利避害原则行使其相应的调节职能。

2. 网络语言暴力生成的人格心理动因

将当代网络媒体滋生的语言暴力置于弗洛伊德人格结构理论视阈中进行审视，笔者发现网络语言暴力倾向与网民心理结构的失衡与错位密切相关。依据上述弗洛伊德"三位一体"人格结构理论，在现实语境中，遵循趋利避害原则、专司中介调控职能的"自我"需要尽其所能地压制"本我"，成就"超我"。而网络语境状况恰好相反，传统媒介的单向传播和把关人过滤已发展成为时下开放性的交互式网络传播，网络公共话语空间已经形成。网络交际中的匿名性为个人自由地发表意见提供了便利条件，但也为人们宣泄对社会的不满情绪提供了便捷渠道。在匿名性的掩护下，现实生活中的道德与行为规范失去了其应有的约束力，现实社会中的人格心理结构出现了一定程度的变化，专司中介调控职能的"自我"尽其所能地满足"本我"，而背离"超我"。因此，现实语境中的人格心理结构在网络语境中出现了一定程度的倒转移位，相关变化见表9-1。

表9-1 现实语境与网络语境人格心理结构对照表

语境类型 结构位序	现实语境	网络语境
上	超我	本我
中	自我	自我
下	本我	超我

通过列表分析发现，网络语境中的"本我"已经跃居到人格心理结构的最高层，而"超我"却被打入到底层冷宫中。网络语言暴力正是人格心

理结构中"本我"的充分展现,正如网友楚贝勒所言,"网络本没有暴力,网络的暴力来源于网络后面的人和人性。"①即特定情境中交际主体内在心理需求的变化是导致网络语言发生暴力性变异的根本原因。对于网民来说,只要条件许可,他们被控制与约束的私欲、本能、冲动等非理性心理情绪就会尽情释放出来。因为根据弗洛伊德人格理论的解释,"本我"是最真实的人格,"只是在人类文明发展中,它的许多欲望和要求被视为不道德,受到了压抑,它是无意识结构层次的东西。说它是'无'意识,并不是没有,作为一种原始的能量,它是'有',是存在着的,只是人类道德规范把它压在最低层罢了,只要有机会,它就会通过幻想、想象和梦等方式表露出来。"②因此,人在虚拟自我和想象的人格身份中,那种在现实社会中受压抑的部分会充分表现出来,而虚拟和想象的"自我"身份实际上就是本我人格的表现和外露。显然,自由开放的虚拟网络交际情境已经将此前的幻想梦境变成了现实,一种另类空间中的现实。在这种特殊现实中,人们可以自由言说和尽情表达,而这种言说与表达又必然是暴力性的。因为,在虚拟网络世界中,现实世界中的各种科条律令已无法发生作用,现实所强加的社会道德和外在行为规范被全部排除,人获得了极大的自由。"于是在思想自由的支配下,少数人失去了自我定位和道德判断标准,将极端的自我充分暴露出来,以获得某种在现实社会无法获得的快感。"③因此,人格心理结构中的"自我"遵循趋利避害原则重新实施调节功能。既然外在的各种约束已经解除,那么原有的人格心理结构平衡杠杆就会向"本我"倾斜,以追求基本欲望层面上的最大满足。而暴力情绪的尽情释放就是这种最大满足的重要表现。生态学家康拉德·劳恩兹(Konrad Lorenz)认为,"攻击倾向源于我们生物本性构成,不是后天习得的,这一点尤其适合于我们人类"。"天生的行为机制会因为轻微的、不明显的环

---

① 王雄伟.2006.网络舆论演变现实追杀 铜须事件曝光网络暴力.南方日报,06-13.
② 邹智贤,陆俊.2001.论网络"自我".求索,(1).
③ 杨世国.2010.关注"网络社会"的和谐构建.南方论丛,(1).

境条件的改变而失去平衡。"①人在遭遇挫折与困难时需要发泄,这是人类的一种本能反应,可以痛哭、疾呼、怒吼、大骂,甚至会出现虐物打人等极端行为,其中咒骂是宣泄和平息心中怨气最常用的方法之一。就网络语言暴力来看,其出现是网民们长期在现实世界中所积聚的不满与怨恨的集中爆发。在现实世界中,人们需要接受各种制度性束缚,以隐忍和臣服的姿态出场;而网络舆论多元化空间的形成,为网民意见发布与情绪宣泄提供了一个疏导出口。长期禁锢与突然释放形成强烈反差,于是,久遭压抑而倍感郁闷的各色人等纷纷涌向这一平台,来不及观察与思考,已被卷进了群体舆论的滚滚洪流,任凭语言暴力在虚拟语境中四处蔓延,恣意肆虐。

而社会转型期的各种矛盾冲突又为人的基本欲望增添了新的内容,使理想与现实的距离进一步拉大,相应的人格心理结构失衡进一步加剧,诉求与发泄的欲望进一步加强,于是语言暴力问题随之而生。因为由中国社会科学院发布的有关中国社会心态年度调查报告显示,"压力大"、"不平衡"、"安全感差"、"满意度低"等已经成为描述现阶段公众心态的常用关键词,强烈的心理挫折感已经成为当前中国民众较为普遍的心理状态。这种心理状态反映在网络语言生活中就是大批暴力性语言符号的不断产生与广泛流行。因为根据心理学家伦纳德·贝雷沃兹(Leonard Berowitz)的研究,"任何不愉快的事情都有可能引起攻击性的反应,挫折便是其一,但总的来说,我们受到一种否定因素的刺激性。这时候,我们客观而不带偏见地对待周围事物的能力就会下降,在其他场合我们认为中立的观点一下子就变得具有否定的效果。"②由此可见,对于网络交际语境及其参与者来说,由社会现实所产生的心理挫折感不仅催生出暴力性反应,而且还进一步强化了这种反应,致使网络语言暴力呈极度扩张之势。当然,如果从积极效用角度看,网络语言暴力还是观察社会现状和了

---

① 转引自:[美]帕特·华莱士.1999.互联网心理学:127-128.谢影,苟建新,译.2001.中国轻工业出版社.

② 转引自:[美]帕特·华莱士.1999.互联网心理学:132.谢影,苟建新,译.2001.中国轻工业出版社.

解民意的特殊窗口,考察结果有助于社会矛盾的化解;同时,网络语言暴力还具有社会问题减压阀和避震器的作用,可以释放与缓解网民们的诸多负面情绪,有利于维护社会的和谐稳定。

(二)沉默的螺旋与网络语言暴力

1. 关于"沉默的螺旋"

"沉默的螺旋"理论术语最早见于德国传播学家伊丽莎白·内尔—纽曼于20世纪70年代初发表的一篇论文,并在1980年以德文出版的《沉默的螺旋:舆论——我们的社会皮肤》一书中得到了进一步发展。该理论主要描述了这样一种社会现象:人们在表达自己想法和观点的时候,如果看到自己赞同的观点,并且受到了广泛欢迎,就会积极参与进来,这类观点越发大胆地发表和扩散;而发觉某一观点无人或很少有人理会时,即使自己赞同它,也会保持沉默。意见一方的沉默造成另一方意见的增势,如此循环往复,便形成一方的声音越来越强大、另一方越来越沉默下去的螺旋式发展过程。纽曼在调查研究的基础上还提出了有关"沉默的螺旋"的五个假定。

(1)社会使背离社会的个人产生孤独感;
(2)个人经常恐惧孤独;
(3)对孤独的恐惧感使得个人不断地估计社会接受的观点是什么;
(4)估计的结果影响了个人在公开场合的行为,特别是公开表达观点呢还是隐藏起自己的观点;
(5)这个假定与上述四个假定均有联系。综合起来考虑,上述四个假定形成、巩固和改变公众观念。①

---

① [德]伊丽莎白·内尔—纽曼.大众观念理论:沉默的螺旋的概念.张敏敏,译.常昌富,李依倩编选.2000.大众传播学:影响研究范式:140.关世杰,等,译.中国社会科学出版社.

该理论主要是基于心理学、大众传播学和社会学等学科理论基础建构起来的,"害怕孤立"、"意见气候"和"准感官统计"是其核心概念。从心理学来看,"害怕孤立"是引发人类社会行为的最强烈的动力之一,个人因为害怕孤立而往往会改变自己的行动;"意见气候"是指自己所处的环境中的意见分布状况,包括现有意见和未来可能出现的意见;"准感官统计"是指每个人都具有"准感官统计"的能力,这种能力能够判断"意见气候"的状况,判断什么样的行为和观点能被他们所处的环境认同或不被认同,什么样的意见和行为正在得以强化或弱化。三者协同作用于人类的社会行为,促使其接受社会舆论的控制,并作出相应的调整与变化。

该理论问世以后引起了很大的反响,在得到肯定的同时,也引来了一些批评。批评的焦点主要集中于:"'对社会孤立的恐惧'(趋同行为动机)不应是一个绝对的常量,而应是一个受条件制约的变量。"①而互联网的出现对这一理论又提出了新的挑战,因为网络传播的交互性和匿名性不仅为人类提供了一个前所未有的自由传播空间,而且也为人类提供了一种全新的生活方式和思维视角。传播结构也发生了巨大变化,在原理论体系中起重要作用的从众心理也会因新媒体的出现而有所改变。因此,在互联网时代,纽曼的"沉默的螺旋"理论需要结合新的传播环境进行新的思考与探索。

尽管网络传播环境已经迥异于现实传播环境,但是"沉默的螺旋"理论依然有其存在价值与应用价值,只是网络传播环境的出现进一步增强了该理论应用的复杂性,而"害怕孤立"的心理机制依然存在。"个人在网络上表现得比现实中更为大胆,这并不是因为互联网的出现改变了他个人本能的对社会孤立的恐惧,而是因为使社会孤立恐惧产生的条件出现了缺失,或者说有充分的理由认为自己所作所为不可能被社会孤立起来。"②由此可见,互联网的出现非但不能消除孤立恐惧,还可能会在一定的情境中强化这种心理机制。因为,较之现实传播,网络传播的效率更

---

① 郭庆光.1999.传播学教程:203.中国人民大学出版社.
② 刘海龙.2001.沉默的螺旋是否会在互联网上消失.国际新闻界,(5).

高,辐射范围更广,所形成的集团舆论具有强大的裹挟力和威慑力,可以将中立派同化到自己队伍中来,使己方舆论集团不断壮大;将异己派推向舆论深渊,使其销声匿迹。因此,从传播效应来看,网络传媒使"沉默的螺旋"旋转速率进一步提高,不同意见的强弱之分更为突出。而网络语言暴力的生成与运作机制也充分验证了这一变化趋势,因为,网络语言暴力通常表现为一种集团性舆论暴力,强势意见气候形成之后,可以对弱势意见构成高压态势,使其影响逐渐减小,直至销声匿迹。暴力舆论集团的形成与参与者的从众心理有关,相关问题可以纳入到"沉默的螺旋"理论视阈中进行考察探究。

2. 网络语言暴力中的"沉默的螺旋"

网络语言暴力大多发生于网络舆论空间,其产生与运作同样内蕴了"沉默的螺旋"理论机制。首先,网络语言暴力一般都是群体性的,是强势意见的集中表现,对少数异己派构成威胁,使其不敢发声。因为,网络传播的一个重要特点是极易造成群体极化。所谓"群体极化",是指"团体成员一开始即有某些偏向,在商议后,人们朝偏向的方向继续移动,最后形成极端的观点"①。这种极端观点极易发展成为语言暴力,因为在网络环境中,情绪的肆意宣泄远比理性的逻辑思辨更具魅力,结果导致理性的声音逐渐消弭沉寂,广场政治式的语言暴力占据上风,成为强势意见气候,左右着舆论的发展走向。就网络语言暴力来说,其群体极化现象主要表现在两个方面:一是针对相关人物事件的评论态度已经达成了集体共谋,一旦出现其他声音,便会引发集体群殴。中国女排在2011年世界女排大奖赛总决赛中连输四场仅列第八,创造了本队大奖赛19年参赛历史上的最差战绩。此消息一出,便引来骂声一片,从国家排球管理中心到教练和队员,无一幸免。网易体育以《总决赛中国女排2~3意大利 四战全败垫底排第八》为题报道了比赛结果,引来了3 900多条跟帖评论。纵览相关

---

① [美]凯斯·桑斯坦.网络共和国——网络社会中的民主问题:47.黄维明,译.2003.上海人民出版社.

评论,要么冷言嘲讽,要么恶语相向,一片群情激愤,偶有头脑冷静的也很快被淹没在痛骂声中,舆论走向呈现出一边倒的态势。上述所列举的《喂面·行走海南》图片新闻报道所引发的集体声讨也属于同样类型。二是由相关谣传误报所引发的秽语群殴式暴力事件,参与者盲目跟风,致使事态不断扩大升级,受害者有冤无处诉,事情真相难以大白于天下。典型案例有"铜须门事件"和"史上最毒后妈事件"等。该类语言暴力起源于谣传误报,一开始就"朝偏向的方向继续移动,最后形成极端的观点"。其基本发展流程为,一些有意无意炮制出来的谣言和不实报道发布于网上,而相关内容已经涉及伦理道德问题,成为语言暴力的"引爆点",吸引大批网络"道德卫士"参与进来,共同声讨。而随着这种"道德卫士"队伍的不断壮大,后来者已经无法了解事件的来龙去脉,而且也不愿去了解相关事实真相。对于他们来说,事实真相已无关紧要,重要的是可以成为"道德卫士"队伍中的一员,来行使维护所谓"网络道德"的权利与职责,而这种权利与职责的行使又必然是暴力性的。罗昕(2008)将这种传播模式命名为"龙卷风"模型,并进行了图解说明。(见图9-1)

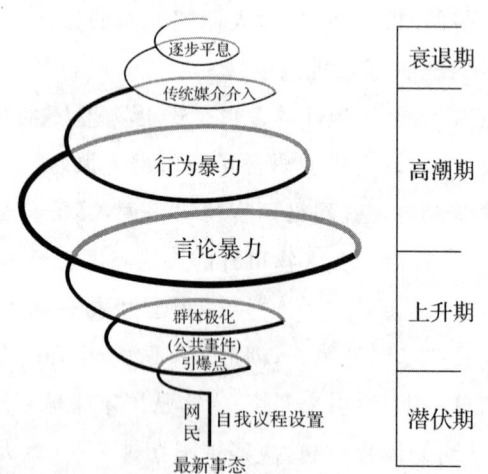

图9-1 网络舆论暴力形成与发展的传播规律(罗昕,2008)①

---

① 罗昕.2008.网络舆论暴力的形成机制探究.当代传播,(4).

由图9-1可以看出,"言论暴力"是整个舆论暴力形成与发展过程中的重要一环,是"群体极化"的必然结果,又是"行为暴力"的前奏。"龙卷风"模型充分说明了这一暴力具有极强的影响力与破坏性,可以主导舆论发展方向,可以对目标对象实施沉重打击。因为这种"言论暴力"代表了强势舆论,少数反对派意见势单力薄,无力与之抗衡,致使强势舆论可以横行霸道,统治一切。诺依曼"沉默的螺旋"效应在网络特定环境中非但没有削弱,反倒有进一步强化的趋势。

其次,从心理学角度看,网络语言暴力的产生与运行还与网民的从众心理有关。所谓从众心理,是指个人受到外界人群舆论行为的影响,而在自己的知觉、判断、认识和行为上表现出符合公众舆论或多数人行为方式的一种心理状态。人是社会性动物,需要集体的支持与保护,只有融入集体才能获得安全感。这种心理状态反映在网络语境中就是极易导致舆论扎堆,俗称"随大流",强势舆论由于人多势众而占据统治地位,进而产生集团性语言暴力。沉默的螺旋理论于其中发挥了效力,即大多数人为了避免因持有某种态度和信念而被孤立甚至遭群殴时通常会根据意见气候的变化做出相应的调整与改变,会在持有强势意见和保持沉默的人数增加的时候放弃原有的想法和态度,选择与强势意见趋同的做法。本质上是网民从众心理的一种反应。较之现实语境,网络语境进一步强化了这一心理,因为在网络虚拟公共空间中,"人们很容易获得某种虚拟的群体认同感,从而出现一些认识上的偏差。置身于网络环境中的人往往倾向于把某些意见的规模和力量夸大化,从而出现'偏听偏信'的群体盲从,导致情绪型的极端舆论在网络中不断弥漫。"[①]而网络语境对异己力量的打压力度远远超过了现实语境,其特有的强交互性和高辐射性为语言暴力的施行提供了便利条件,一旦出现与主流非理性情绪和暴力言论不一致的言论,就会招来秽语群殴,引发网络"革命风暴",致使少数异己派心理遭受重创。遵循趋利避害原则,原来的异议者和理

---

① 戴静静,王婧.2010.网络语言暴力的传播学分析.青年记者,(24).

性者为了保护自己,要么转身投靠强势意见集团,加入秽语狂欢行列;要么明哲保身,保持沉默。这种分化最终会导致网络语境中理性的声音逐渐消弭,非理性的暴力语言大行其道,网络舆论的客观性与公正性遭到严重破坏。因此,在网络语境中,迫于非理性情绪和语言暴力的强大威慑力,网民的从众心理表现得更为明显,而这种心理又进一步助推了语言暴力的产生与蔓延。

(三)拟态环境论与网络语言暴力

1. 拟态环境论概说

"拟态环境"(Pseudo-environment)理论最初是由20世纪20年代美国著名政论家李普曼在其所著的《公众舆论》一书中提出。所谓拟态环境就是由大众传播活动所形成的信息环境。它有两个特点:一方面,拟态环境不是现实环境"镜子式"的摹写,不是"真"的客观环境,或多或少与现实环境存在偏离;另一方面,拟态环境并非与现实环境完全割裂,而是以现实环境为原始蓝本。在李普曼看来,在大众传播极为发达的现代社会,人们的行为与三种意义上的"现实"发生着密切的联系:一是实际存在着的不以人的意志为转移的"客观现实",二是传播媒介经过有选择地加工后所形成的"象征性现实",即拟态环境,三是存在于人们意识中的"关于外部世界的图像",即"主观现实"。人们的"主观现实"是在他们对客观现实的认识的基础上形成的,而这种认识在很大程度上需要经过媒体搭建的"象征性现实"的中介。经过这种中介后形成的"主观现实",已经不可能是对客观现实"镜子式"的反映,而是产生了一定的偏移,成为一种"拟态"现实。在被大众传媒包围的社会环境中,人已不再生活在客观真实的物理世界中,已无法对客观环境及其变化做出直接反应,只能通过大众传媒去了解身外世界。当大众传媒把现实世界传递给人们时,就为人们创造了一个间接环境,一个被媒介选择、解释、转述和重塑之后的世界,这就是"拟态环境"。这种环境不是人们实实在在能够感觉到的事件本身，而是现实世界的一种象征世界，一种映射在受众心智世界中的脑海图景。

在人类传媒发展历程中，互联网是传媒手段的集大成者，它吸收了传统媒体的许多优点，并将其发扬光大，同时又克服了它们的很多缺点。它具有良好的开放性和很高的信息共享度。普通大众都可以为互联网络提供信息，使其信息扩充具有无限可能性。同时，网络媒体可以依靠这些宝贵的资源，用"超链接"的方式将各方面的信息纳入共享平台，这种信息共享极大地丰富了网络媒体的信息量，拓展了信息的广度与深度。这一新兴媒介的出现助推了"拟态环境"的建构，使人类的生存环境愈益复杂。因为新媒介的出现改变了人们的交际方式，使维系在人与人之间的那种本真状态的真实感逐渐丧失。在波德里亚（1998）看来，"一切都由这一逻辑（消费逻辑）决定着，这不仅在于一切功能、一切需求都被具体化、被操纵为利益的话语，而且在于一个更为深刻的方面，即一切都被戏剧化了，也就是说，被展现、挑动、被编排为形象、符号和可消费的范型。"①"人类目前正处于一个新的类象时代，计算机、信息处理、媒体、自动控制系统以及按照类象符码和模型而形成的社会组织，已经取代了生产的地位，成为社会的组织原则。尽管媒体也造成事件，媒体制造热点，媒体也忽略那些不应忽略的价值，甚至媒体也制造虚假和谎言。人们所凝视的仅仅是事件与其他媒体之间不断参照、传译、转录、拼接而成的'超真实'的媒体语境，一个'模拟'组合的世界，一个人为的'复制'的世界。"②媒介和交际环境的变化对舆论的发布和意见的形成产生了重要影响。复杂的交际环境增强了人们对媒介的依赖性，深陷信息浪潮中，"我们没有条件去对付那么多难以捉摸、那么多的种类、那么多的变换的综合体。"③因此，人们所

---

① ［法］让·波德里亚.1998.消费社会：224.刘成富，全志钢，译.2006.南京大学出版社.

② 王岳川.2002.消费社会中的精神生态困境——博德里亚后现代消费社会理论研究.北京大学学报（哲学社会科学版），(4).

③ ［美］沃尔特·李普曼.1965.舆论学：10.林珊，译.1989.华夏出版社.

接触的社会环境实际上是由媒介再造的间接的"拟态环境",而且由于各种主客观条件的影响,这种"拟态环境"对人类认识所施加的影响具有一定的复杂性和不确定性。"我们的舆论所涉及的现实环境是在许多方面受到阻扰的,例如,一方面在来源上受到检查和保密的阻扰,另一方面又受到自然界和社会的阻碍,注意力的不集中,语言的贫乏,精神的涣散,感觉的无意识的体系,折磨、暴力和单调等等,这些都是我们接近现实环境的种种限制,加上事实本身的含糊不清和复杂性,就破坏了感觉的清晰和正确,以骗人的虚构代替真实的思想,并且不让我们对那些有意识地进行骗人的东西作适当的检验。"① 显然,网络媒介又进一步加剧了人类认识上的复杂性和不确定性。它成为"以一切沟通模式之电子整合为核心的新的网络沟通系统",其特点并非是诱发虚拟实境(virtual reality),反而是建构了"真实虚拟"(real virtuality)。长期生活在与现实割裂的拟态环境中,人们对现实的真假判断能力就会降低,非理性情绪会不断积聚膨胀,网络语言暴力由此而生。

2. 拟态环境中的语言暴力

以经验主义认知观来透析当代网络所营造的拟态环境,你会发现,在新兴电质传媒时代,人类所面对的现实环境以及所从事的各项活动都呈现出不同以往的新的特点。互联网在为人类搭建起一个有别于传统媒介的交际平台时,也为人类构筑起一个全新的认知环境。在这一环境中,大流量信息和及时互动的交际模式是其重要特点,信息传播的主客体界限被消弭,分权之后的"去中心化"传播格局让信息的发布和接收可以频繁双向置换,互联网已经成为"信息集散地"和"舆论自由市场",具有极强的平等性和包容性。先进的技术性辅助设备使人类的认识活动进一步趋于简单化和间接化。一方面,新媒介凭借技术优势,将现实世界中的庞杂信息进行整合与集成,并将其投放到同一个交际平台上,致使不同信源的信

---

① [美]沃尔特·李普曼.1965.舆论学:49.林珊,译.1989.华夏出版社.

息挤向同一个出口,信息的大流量和高密度对人类的认识活动产生重大影响。以往的信息稀缺曾使人感到空虚和无知,而当今信息的泛滥过剩则使人陷入了迷茫与困惑。另一方面,互联网拟态环境是一种间接认知环境,亦称虚拟认知环境,是一种人为的"第二自然",其所容纳的信息都是经过加工处理的二手信息,"去情境化"是其重要特点。这种"一站式"信息服务方式在给人类的认识活动带来便利的同时,也助长了一种信息依赖性和认知懒惰性。久而久之,将会削弱人类的是非判断力和认知敏感度,导致偏信盲从、意气用事、丧失思辨、缺乏理性。

网络语言暴力的产生与这种间接的"拟态环境"密切相关。网络的全媒体和大容量在助长人类信息依赖性的同时,也在削弱人类的理性思辨能力。大多数时候,人们已经习惯于从网络获取信息,至于信息可能包含的主观偏向乃至虚假内容则很少关注,潜意识中人们已经将经过媒体加工的"拟态环境"等同于现实环境。而网络信息传播的最大特点之一就是努力寻找现实生活中的热门看点和卖点,甚至会无中生有地炮制负面新闻,并将其无限夸张放大,以满足新闻策划者的主观传播意愿,进而达到吸引受众眼球的目的,并最终引发语言暴力。总体来看,"拟态环境"对网络语言暴力所产生的影响主要表现在两个方面:一是由新闻报道所营造的"拟态环境"。这种"拟态环境"对其后的跟帖评论产生重要影响。相关新闻报道涉及的大都是社会热门事件,其中已经内蕴了报道者的主观意愿,为其后的跟帖评论埋下伏笔。所报道的事件概况及其内蕴的主观意愿构成了后续跟帖评论者所能接触到的唯一认知环境,即"拟态环境"。于是,相关新闻报道者无形之中已经充当了"意见领袖"的角色,主导了舆情发展方向。而所报道的社会热门事件大多集中于社会阴暗面,以负面事件居多,意在挑起公愤众怒,使事态影响扩大。于是,语言暴力在所难免。二是由网民刻意炮制的谣言所构成的"拟态环境"。这种"拟态环境"具有极强的欺骗性与蛊惑性,往往通过打着维护伦理道德的旗号来激发民愤,煽动暴力情绪。"史上最毒后妈"语言暴力事件是其典型案例。网文所发布的小女孩被打的凄惨处境就构成了一个极具煽动性的"拟态环境",而"后妈心狠"的传统成见又进一步巩固了这一"拟态环境"。因为"诸如储存的印象、先入之见和用偏见来阐明、补充等等都怎样影响到这些来自外界点点滴滴的消息,以及又怎样转过来有力地指导我们的注意力和我们的视线本身"①。于是,一场声讨后母虐童的语言风暴在所难免。而关于事件本身的真实情况已被不明真相网民的非理性情绪所淹没,因为,人们对于没有经历过的事件,都愿意通过自己的想象来勾勒相关情景,进而表达相应的情感。由此可见,该类"拟态环境"应是谣言制造者和网络"道德卫士"共同建构的,相关语言暴力也是二者合作共谋的结果。

(四)碎片化理论与网络语言暴力

1. 碎片化理论及其新表现

所谓"碎片化"(Fragmentation),原指完整的东西破碎成诸多零散小块,意味着整体的不复存在。后现代主义用其喻指一种思想状况和文化形态,以抗拒现代主义所倡导的统一性、整体性、元叙事和宏大叙事等核心概念。在后现代主义者看来,现代主义的思想理念强调了单一维度,忽视了许多其他发展过程,并常常导致灾难性的后果,因此极力主张"去中心化",崇尚碎片化叙事。作为现代主义的对立面,解构主义对现代主义的正统原则和核心标准进行了批判与解构,运用现代主义的概念术语,却颠倒和重构了各种概念术语之间的关系,从逻辑上否定传统的基本设计原则,由此产生新的意义。用分解的观念,强调打碎、叠加、重组,重视个体部件本身,反对整体统一而创造出支离破碎和不确定感。作为一种解构主义理论思潮,"碎片化"已经渗透到当代社会机体组织的每一个细胞之中,成为当代社会转型期的一种典型特征。"这种'碎片化'造成传统的社会关系、市场结构及社会观念的整体消解,代之以利益群体的差异化诉

---

① [美]沃尔特·李普曼.1965.舆论学:19.林珊,译.1989.华夏出版社.

求及社会成分的碎片化分割。"①这种"碎片化"分割发生在人类社会生活的各个层面上,从有形的物质领域到无形的精神领域,诸如技术领域中的磁盘碎片化处理、政治外交领域中的独联体"色彩革命"、社会领域中的阶层分化、思想领域中的认识差异等等,本质上反映出当代社会公共事务的复杂性以及公民需求的多元化、分散化与个性化。

网络新媒介的出现,进一步加速了当代社会生活和意识形态的"碎片化"进程。回溯人类传播技术的发展历程,迄今为止,人类传播方式大致经历了三次巨变:第一次是由口语传播向文字传播的飞跃,第二次是由文字传播向电子传播的飞跃,第三次是现在正在进行中的电子传播向网络传播的飞跃。每一次信息传播技术的革新与进步,都会对人类的思维方式与生活方式产生重要影响,同时也是在推进"分众化"和"碎片化"进程。当前,互联网技术的迅猛发展使我们正处在一个信息泛滥过剩的时代,一个信息极度"碎片化"的时代,麦克卢汉的"媒介是人体的延伸"在这一时代体现得尤为明显。"如果说这个时代与过去相比到底有什么不同,大概是工具的无所不在,如影随形。办公室里的计算机,卧室里的黑莓,沙发上的iPad,客厅里的Xbox,咖啡馆的WiFi,人与外界的每一次交互,几乎都要借助于工具。作为代价,我们的时间、空间、知识、注意力、心智都被一点点切割成碎片——即时通信工具切割了时间;搜索引擎使知识碎片化了;社会化网站使人与人之间的关系碎片化了。"②传播技术的进步使人类迷失在海量信息浪潮中,大量庞杂零乱的信息纷至沓来,抢占人们接受信息的有限空间,分散人们有限的注意力。"我们每次上网平均要打开8个窗口,平均浏览时间有多少?25秒。摩尔定律宣告电脑性能18个月就能提升两倍,但是人脑却无法无止境地疯狂进化下去,理论上无限的信息正肆无忌惮地抢夺着我们有限的、脆弱的注意力和心智空间,像把隐形

---

① 韩立新,霍江河.2008."蝴蝶效应"与网络舆论生成机制.当代传播,(6).
② 陈赛.2010.碎片化时代:又一次新旧工具交替.三联生活周刊,08-20.

的利刃,毫不留情地切割我们可怜的大脑空间。"[1]网络传媒所造就的信息交流空间与传播模式代表了迄今为止"碎片化"传播的最高形态。

2. 网络碎片化传播中的语言暴力

新兴网络媒介的碎片化传播表现在传播主体、传播方式与传播内容等各个层面上。就传播主体碎片化来说,当网络新媒介将其传播触须延伸到每一个在线用户终端时,就意味着一个"人人都有麦克风"时代的来临。传统媒介的"把关人"过滤和议程设置为自由参与和个性表达所取代,网络交际主体出现多层分化。其中,个体在性别、年龄、性格、兴趣、地域、收入、职业、社会地位和文化程度等方面的不同,导致了在表达与接受信息方面产生了一定的差异。而群体大多是建立在个人兴趣与共同利益基础上的,他们活动在不同的网络空间中,形成了一个个趣味相投和有共同利益诉求的"文化部落",如 QQ 群组织、网络社区正式会员、个性论坛注册用户等。这种交际个体与群体的碎片化严重瓦解了传统媒体的单向传播与行政部门的权威发布,使信息传播呈现出多向分流与全面覆盖的自由状态,同时也不可避免地带来了信息传播的复杂化与混乱化。传播方式的"碎片化"主要表现为"广播→窄播→点播"[2]三级传播模式的变化。传统媒介"点对面"的整体化大众传播已经逐渐为"点对点"的碎片化分众传播和交互式平等性传播所取代。互联网先进的全媒体传播技术为"碎片化"传播提供了物质保障,综合门户、垂直网站、网络游戏、聊天工具、博客以及其他交际平台为网民全员参与和个性表达提供了便利条件,信息交流的及时性、交互性、匿名性和自由性有利于"碎片化"传播格局的形成。网络已经成为一个去中心、无界域、主客体交互、富有可塑性与不确定性的特殊交际空间,交际主体可以自由构建信息传播与接收体系。传播主体与传播方式的碎片化必然会带来传播内容的碎片化。这种碎片

---

[1] 叶茂中. 碎营销. 新浪博客,http://blog.sina.com.cn/s/blog_496f70540102dtdm.html.[2011-09-21].

[2] 张明,赵铭.2010.直面媒体碎片化趋势.新闻知识,(9).

化既表现在相关信息内容上,也表现在受信息内容影响而形成的思想意识层面上。较之其他媒体,互联网的一个重要特征是其拥有无限的信息容量。人类目前正处于一个信息泛滥过剩的时代,信息呈指数级爆炸衍生状态,而人脑处理信息的能力却很有限。于是,人们只能在海量信息浪潮中不停游弋,随波逐流,浮光掠影,注意力被分散在信息碎片中,很难组织起一个完整的脑海图景。快速切换与走马观花已经成为当代信息接收的典型特征。

这种碎片化传播极易导致网络语言暴力的产生与流行。首先,网络信息碎片化传播分割了传统整齐划一的信息传播平台,传播与接收的门槛降低,信源和信宿呈现出多样性、交互性和不确定性等特征。这一变化导致网络信息泥沙俱下,鱼龙混杂,且带上了更多的个性化诉求和情绪化表达,为流言蜚语的发布扩散打开了方便之门,极易引发网络"哄客"的语言暴力行动。其次,泛滥过剩的信息分散了受众的注意力,造成思维混乱,容易导致偏信盲从,进而引发语言暴力。因为,面对大量极速呈现的庞杂信息,人们应接不暇,往往只能快速切换浏览,无法经过大脑深加工,因此长时间接触网络必然会降低人们的感知能力,容易变得浮躁、麻木和易怒。而认知心理学研究认为,当外界信息输入超过了人类正常接受负荷后,即信息超载时,容易造成人的心理压力和思维混乱。人们过多的消费现成的网络信息,思维会变得被动僵化、碎片化和浅层化,形成表面的、狭隘的、被动式的思维习惯。在大量的信息碎片中快速地切换必然会导致思维过程的减少乃至消失,网络在不经意间已经让人们远离了那个崇尚理性思辨的"阐释时代"。人们只在乎当下的感官刺激与心理满足,肆意地消费各种浅层次的流变信息,乐此不疲。这种感性化信息接收方式在面对负面热点新闻和有争议的问题时,极易导致心理变态和情绪失控,进而引发秽语狂欢。因为,当大量芜杂紊乱的信息从各种渠道纷至沓来时,人们的智力资源被过度消耗,处理能力被严重削弱,对相关信息的处理很难做到冷静、客观与公正。未来学家阿尔文·托夫勒研究发现,"生物体适应感觉输入的能力取决于其生理构造。生物体感官的性质和外来刺激流经神经系统的速度,使它所能接受的感觉刺激量有一定的生理限度",而"人的神经传递信息速度约为每秒 30 000 周,这个极限已经很可观了(电脑较之快几十亿倍)。但是,感官和神经系统既然有极限,那么周围事件发生的频率如果过快,我们就很难跟上,至多只能尽量取其有代表性的那些部分。……如果信息杂乱无章,光怪陆离,无法预知,意象的准确性就必然会降低,我们对现实的看法就会变形。我们受过度的感觉刺激时,会陷入混乱,混淆幻觉与现实之间的界线,其原因即在于此"①。显然,互联网信息传播使人类正处于一种过度刺激的特殊时期,信息泛滥,认知混乱,思考不再,理性式微,任凭个体情绪与群体意志在网络空间中肆意宣泄张扬,而作为过度刺激与肆意宣泄的产物,网络语言暴力化风格变异在所难免。这种暴力倾向折射出的正是"碎片化"传播环境中的一种特有的生存状况与思维方式、一种网络虚拟游戏中的真实人性。

综上所述,网络语言暴力倾向属于一种言语交际风格变异。其典型表现是:在网络环境中,以语言为媒介对特定对象进行诋毁、辱骂和攻击,致使他人在精神和心理上遭受侵犯和伤害。谣传误报→跟帖追风、新闻事件→过激评论、常规辩论→人身攻击、网络炒作→秽语狂欢,以及其他类型是其主要运行模态。较之常规语言运用,该类语言现象已明显违背了条件、诚意、平和、准确和文化对应等原则,呈现出强烈的暴力性表达偏好。其暴力性风格变异的致成动因具有一定的复杂性,与网络特殊认知情境和交际主体的心理状态密切相关。人格三重论、沉默的螺旋、拟态环境和碎片化等理论可系统而全面地阐释网络语言暴力倾向中的相关问题。

---

① [美]阿尔文·托夫勒.未来的冲击:295.孟广均,等,译.1996.新华出版社.

参考文献

中 文 部 分

安志伟.2010.论当代网络语言的社会影响.理论学刊,(4).

白亚峰.2009.复得的"表情"——网络表情的表征及其亚文化特征,西北大学硕士学位论文.

蔡长虹.2010.论改革开放以来的语音造词法——以网络语言中的新词新语为例.辞书研究,(2).

柴磊.2005.网络交际中的语言变异及其理据分析.山东外语教学,(2).

陈松岑.1999.语言变异研究.广东教育出版社.

陈一民.2007.数字网语:网络语言中的数字表意.湖南科技学院学报,(11).

程同春.2005.非语言交际与身势语.外语学刊,(2).

池昌海,钟舟海.2004."白骨精"与"无知少女":托形格略析.修辞学习,(5).

崔学新.2007.选择与建构:从 meme 到"模因".外语研究,(6).

戴玉磊.2009.浅析网络语言暴力的心理机制.开封大学学报,(3).

但海剑,石义彬.2009.后现代语境下的网络语言研究.湖北大学学报(哲学社会科学版),(3).

丁连红,时鹏.2008.网络社区发现.化学工业出版社.

高宣扬.2005.后现代论.中国人民大学出版社.

樊昌志,袁佳穗.2011.共在时空下的电子文本游戏——虚拟主体的符号化生存探析(之一).湘潭大学学报(哲学社会科学版),(2).

郭艳,肖美华.2008.论网络语言的隐喻、转喻认知机制.江汉大学学报(人文科学版),(4).

韩立新,霍江河.2008."蝴蝶效应"与网络舆论生成机制.当代传播,(6).

何自然.2005.语言中的模因.语言科学,(6).

何自然主编.2007.语用三论:关联论·顺应论·模因论.上海教育出版社.

胡惮,李丽.2003.网络交际中双话题平行推进的语用特征与话轮结构.外语电化教学,(2).

黄缅.2007.语言模仿之谜——幂姆的认知研究.外语研究,(3).

李艳,韩金龙.2003.IRC——聊天室非语言交际研究.外语电化教学,(6).

李战子,庞超伟.2010.反语言、词汇语法与网络语言.中国外语,(3).

梁国伟,王芳.2009.蕴藏在网络动漫表情符号中的人类诗性思维.新闻界,(5).

梁艳碧.2006.日本的网络表情符号"颜文字"及其文化内涵.广东外语外贸大学学报,(2).

林秋茗.2003.ICQ网上会话特点分析.外语电化教学,(2).

刘海龙.2001.沉默的螺旋是否会在互联网上消失.国际新闻界,(5).

刘正光.2006.语言非范畴化:语言范畴化理论的重要组成部分.上海外语教育出版社.

卢植.2006.认知与语言——认知语言学引论.上海外语教育出版社.

罗昕.2008.网络舆论暴力的形成机制探究.当代传播,(4).

吕明臣,李伟大,曹佳,刘海洋.2008.网络语言研究.吉林大学出版社.

欧阳友权.2003.网络文学的后现代文化情结.文艺理论与批评,(2).

秦俊红,张德禄.2005.网上会话中的话轮转换.外语电化教学,(5).

秦秀白.2003.网语和网话.外语电化教学,(6).

秦志希,葛丰,吴洪霞.2002.网络传播的"后现代"特性.武汉大学学报(人文科学版),(6).

沈娉.2004.网络词语语义别解类型初探.修辞学习,(2).

陶东风.2005.大话文学与消费文化语境中经典的命运.天津社会科学,(3).

田钦.2010.网络公共领域的新特征.福建论坛(人文社会科学版),(2).

王文斌.2007.隐喻的认知构建与解读.上海外语教育出版社.

王希杰.2006.零度和偏离面面观.语文研究,(2).

王彦彦.2010.网络语"杯具"及衍生词句的认知研究.修辞学习,(1).

王寅.2007.认知语言学.上海外语教育出版社.

谢蓉蓉.2011.网络会话语篇连贯性的语境阐释.长沙大学学报,(1).

谢新洲,肖雯.2006.我国网络信息传播的舆论化趋势及所带来的问题分析.情报理论与实践,(6).

辛仪烨.2010.流行语的扩散:从泛化到框填——评本刊2009年的流行语研究,兼论一个流行语研究框架的建构.修辞学习,(2).

严静.2008."大话"话语现象研究.西南大学硕士学位论文.

阎志芬.2004.汉字与读图时代.汉字文化,(3).

杨剑锋.2005.从《大话西游》看网络时代的符号消费.甘肃理论学刊,(2).

杨月波.2007.零度偏离理论与网络语言规划.南昌大学硕士学位论文.

余秀才.2010.网络舆论场的构成及其研究方法探析.现代传播,(5).

张辉,周红英.2010.认知语言学的新发展——认知社会语言学.外语学刊,(3).

张加春.2007.网络大字报话语的知识考古——一种话语和权力的分析.中国传媒大学硕士学位论文.

张品良.2004.网络传播的后现代性解析.当代传播,(5).

张品良.2007.网络文化传播:一种后现代的状况.江西人民出版社.

张云辉.2010.网络语言语法与语用研究.学林出版社.

张之沧.2004."赛博空间"释义.洛阳师范学院学报,(3).

赵艳芳.2001.认知语言学概论.上海外语教育出版社.

赵燕华.2007.当代汉语解构式缩略语分析.语言文字应用,(2).

郑远汉.2002.关于"网络语言".华中科技大学学报(人文社会科学版),(3).

周卫红.2006.论网络语言的后现代文化内涵.晋阳学刊,(5).

周宪.2001.视觉文化与消费社会.福建论坛(人文社会科学版),(2).

邹智贤,陆俊.2001.论网络"自我".求索,(1).

戴维·克里斯特尔.2001.语言与因特网.郭贵春,刘全明,译.2006.上海科技教育出版社.

弗里德里希·温格瑞尔,汉斯—尤格·施密特.2006.认知语言学导论(第二版).彭利贞,等译.2009.复旦大学出版社.

恩斯特·卡西尔.1944.人论.甘阳,译.2003.西苑出版社.

凯斯·桑斯坦.网络共和国——网络社会中的民主问题.黄维明,译.2003.上海人民出版社.

曼纽尔·卡斯特.2000.网络社会的崛起.夏铸九,王志弘,等,译.2001.社会科学文献出版社.

尼尔·波兹曼.1985.娱乐至死.章艳,译.2004.广西师范大学出版社.

尼葛洛庞蒂.1995.数字化生存.胡泳,范海燕,译.1997.海口出版社.

乔纳森·卡勒.1983.论解构.陆扬,译.1998.中国社会科学出版社.

R.道金斯.1976.自私的基因.卢允中,张岱云,译.1998.吉林人民出版社.

沃尔特·李普曼.1965.舆论学.林珊,译.1989.华夏出版社.

沃尔特·翁.1982.口语文化与书面文化:词语的技术化.何道宽,译.2008.北京大学出版社.

耶夫·维索尔伦.1998.语用学诠释.钱冠连,霍永寿,译.2003.清华大学出版社.

外 文 部 分

A. Martinet. 1962. *A Functional View of Language*. Oxford:Clarendon Press.

B. Heine,U. Claudi and F. Hünnemeyer. 1991. *Grammaticalization:A Conceptual Framework*. Chicago:University of Chicago Press.

C. M. Turbayne. 1970. *The Myth of Metaphor*. Columbia,South Carolina:University of South Carolina Press.

C. S. Peirce and L. V. Welby. 1977. *Semiotic and Signifies:The Correspondence between Charles S. Peirce and Victoria Lady Welby*. Bloomington:Indiana University Press.

D. Geerarets. 1999. Diachronic prototype semantics:A digest. A. Blank and P. Koch(eds). 1999. *Historical Semantics and Cognition*. Berlin:Mouton de Gruyter.

F. Heylighen. 1998. What Makes a Meme Successful?. Proceedings of 16th International Congress on Cybernetics (Namur:Association Internat. de Cybernetique).

G. K. Zipf. 1949. *Human Behavior and the Principle of Least Effort*. Cambridge,MA:Addison-Wesley Press.

G. Lakoff and M. Johnson. 1980. *Metaphors We Live By*. Chicago:The University of Chicago Press.

G. Lakoff. 1990. *Women,Fire,and Dangerous Things:What Categories Reveal about the Mind*. Chicago:The University of Chicago Press.

G. N. Leech. 1969. *A Lingustic Guide to English Poetry*. Britain:Longman.

I. Fónagy. Why iconicity. M. Nänny and O. Fischer(eds). 1999. *Form Miming

Meaning: Iconicity in Language and Literature. Amsterdam: John Benjamins.

J. Lacan. 1978. *The Four Fundamental Concepts of Psycho-Analysis*. Jacques-Alain Miller(ed), trans., Alan Sheridan, NY: Norton.

M. A. K. Halliday. 1976. Anti-languages. Jonathan J. Webster(eds). 2007. *Language and Society*. Beijing: Peking University Press.

M. Knapp. and J. Hall. 1972. *Nonverbal Communication in Human Interaction*. San Francisco: Wadsworth Publishing Co Inc.

S. Blackmore. 1999. *The Meme Machine*. Oxford: Oxford University Press.

S. Haack. 1994. "Dry Truth and Real Knowledge": Epistemologies of Metaphor and Metaphors of Epistemology. J. Hintikka. 1994. *Aspects of Metaphor*. London: Kluwer Academic Publishers.

后　记

　　本书是笔者主持的江苏省社会科学基金项目"网络变异语言现象的认知研究"（09YYB012）同名成果。在此首先要感谢江苏省哲学社会科学规划办公室的立项资助，为我开展相关研究提供了经济支撑。项目成功获批意味着接受了一份光荣而艰巨的任务，"鸭梨"很大，不敢懈怠。从课题立项到完成书稿为时两年有余，两年多来，我畅游于五彩缤纷的网络语符世界之中，采撷着奇异的语符花蕾，并尝试用认知显微镜来观察这奇异花蕾的构成及性能，最后将采撷的花蕾与观察的结果记录下来，于是就有了眼前这本小书。

　　成书之际，要特别感谢课题组成员孙卓彩教授和导师林玉山先生。在书稿撰写过程中，孙教授给予了悉心指导，所提出的"提纲细化法"和"写作冷却法"让我受益匪浅；导师林先生远在福建，仍关心我的课题研究进展情况，并给予了热情鼓励，还拨冗赐序，让我感动不已。此外，还要感谢宿迁学院院系两级领导对课题研究工作所给予的大力支持与帮助。在出版过程中，南京师范大学出版社领导和责任编辑提供了热情周到的服务，并提出了宝贵的修改意见，在此一并致谢！

　　需要说明的是，为了恪守学术行为规范，书中绝大多数引文都注明了出处，但是，也有少数引文来自于网友的随意评论，或是片言只语，或是多方转引，无法一一标明出处，在此谨表谢意与歉意。

　　限于学术水平和研究能力，书中不足之处在所难免，恳请专家学者批评指正。

吉益民
于宿迁千籁居
2012 年 7 月 13 日